练习 2-3　导入"插画"文件　P025

在线视频：第2章\练习2-3\导入"插画"文件.mp4

练习 3-2　制作扇子　P042

在线视频：第3章\练习3-2\制作扇子.mp4

练习 3-4　制作饮料海报　P053

在线视频：第3章\练习3-4\制作饮料海报.mp4

练习 4-2　复制曲线段　P061

在线视频：第4章\练习4-2\复制曲线段.mp4

练习 4-3 通过【贝塞尔】绘制京剧
脸谱
P063

在线视频：第4章\练习4-3\通过【贝塞尔】绘
制京剧脸谱.mp4

练习 5-3 绘制足球
P087

在线视频：第5章\练习5-3\绘制足球.mp4

练习 6-1 制作蜜蜂宝宝
P102

在线视频：第6章\练习6-1\制作蜜蜂宝宝.mp4

练习 7-1 选择相邻节点
P124

在线视频：第7章\练习7-1\选择相邻节点.mp4

练习7-3 绘制杯垫   P125
在线视频：第7章\练习7-3\绘制杯垫.mp4

练习7-5 制作焊接游戏   P130
在线视频：第7章\练习7-5\制作焊接游戏.mp4

练习8-6 制作旋转背景   P161
在线视频：第8章\练习8-6\制作旋转背景.mp4

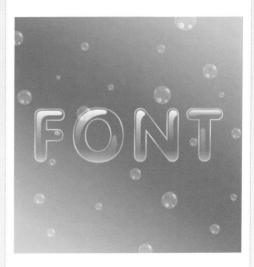

练习9-3 制作气泡字   P185
在线视频：第9章\练习9-3\制作气泡字.mp4

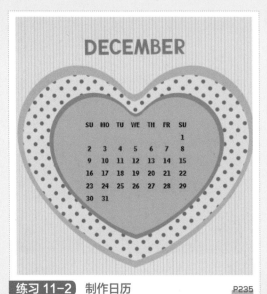

练习 11-2　制作日历　P235

在线视频：第11章\练习11-2\制作日历.mp4

13.1　实物设计　P254

在线视频：第13章\13.1实物设计.mp4

13.2　UI设计　P261

在线视频：第13章\13.2 UI设计.mp4

13.3　POP广告设计　P265

在线视频：第13章\13.3 POP广告设计.mp4

13.4　插画设计　P269

在线视频：第13章\13.4插画设计.mp4

零基础学

CoreIDRAW 2018

全视频教学版

张静 ◎ 编著

人民邮电出版社

北京

图书在版编目（CIP）数据

零基础学CorelDRAW 2018：全视频教学版 / 张静编
著. -- 北京：人民邮电出版社，2019.7（2020.3重印）
ISBN 978-7-115-51197-3

Ⅰ. ①零… Ⅱ. ①张… Ⅲ. ①图形软件 Ⅳ.
①TP391.412

中国版本图书馆CIP数据核字(2019)第085623号

内 容 提 要

　　CorelDRAW 2018 是 Corel 公司出品的专业图形设计和矢量绘图软件，具有功能强大、效果精细、兼容性好等特点，被广泛应用于平面设计、插画绘制、包装装潢等领域。本书根据初学者的学习需求和认知特点梳理和构建内容体系，循序渐进地讲解了 CorelDRAW 2018 的核心功能和应用技法。全书共 13 章。第 1 章和第 2 章讲解了 CorelDRAW 2018 的入门与基础操作，第 3 章讲解了对象的操作，第 4、5 章讲解了直线、曲线和几何图形的绘制，第 6～8 章分别讲解了图形的填充、对象和特殊效果的编辑，第 9 章讲解了文本的编辑与处理，第 10～12 章讲解了位图的操作、应用表格以及如何管理和打印文件，第 13 章解析了 4 个综合性商业设计实例。

　　本书提供丰富的资源，包括书中所有实例的素材文件和效果源文件，以及所有实例的在线教学视频，帮助读者提高学习兴趣和效率。

　　本书内容全面、知识丰富，非常适合作为初、中级读者的入门及提高参考书。同时，本书也可作为培训班及各大、中专院校的参考教材。

　◆　编　　著　张　静
　　　责任编辑　张丹阳
　　　责任印制　马振武
　◆　人民邮电出版社出版发行　　北京市丰台区成寿寺路 11 号
　　　邮编　100164　　电子邮件　315@ptpress.com.cn
　　　网址　http://www.ptpress.com.cn
　　　临西县阅读时光印刷有限公司印刷
　◆　开本：700×1000　1/16
　　　印张：17.25　　　　　　　　　　彩插：2
　　　字数：416 千字　　　　　　　　2019 年 7 月第 1 版
　　　印数：2 801－4 000 册　　　　　2020 年 3 月河北第 2 次印刷

定价：59.00 元
读者服务热线：(010)81055410　印装质量热线：(010)81055316
反盗版热线：(010)81055315
广告经营许可证：京东工商广登字 20170147 号

前言
FOREWORD

CorelDRAW 2018 是图形工具的完整集合，可以帮助设计人员、艺术工作者和专业技术人员提高创造想象能力。作为一个强大的绘图软件，CorelDRAW 2018 为设计者提供了一整套绘图工具。另外，在图形的精确定位和变形控制、色彩配置及文字处理等方面，CorelDRAW 2018 提供了相比其他图形软件都更完备的工具盒命令，为设计者带来极大的便利。

本书内容

本书是一本全面介绍 CorelDRAW 2018 基本功能及实际运用的书，完全针对零基础读者而开发，是入门级读者快速而全面掌握 CorelDRAW 2018 的必备参考书。本书从 CorelDRAW 2018 的基本操作入手，结合多个可操作性实例，全面而深入地阐述了 CorelDRAW 2018 的矢量绘图、标志设计、字体设计及平面设计等方面的技术。向读者展示了如何运用 CorelDRAW 2018 制作出精美的平面设计作品，帮助读者学以致用。

本书特色

为了使读者可以轻松自学并深入了解如何使用 CorelDRAW 2018 软件对图形进行设计，本书在版面结构的设计上尽量做到简单明了，如下图所示。

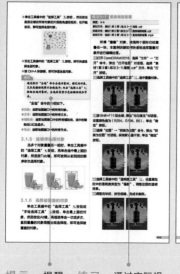
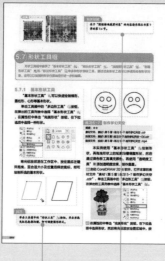
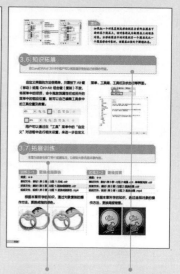

提示：提醒读者在操作过程中需要注意的事项。

练习：通过实际操作学习软件功能，掌握各种工具、面板和命令的使用方法。

技巧：告知读者简便操作的方法，或者另外一种操作方式。

相关链接：第一次介绍陌生命令时，会给出该命令在本书中的对应章节，供读者翻阅。

拓展训练：通过课后训练，使读者巩固本章节所学到的知识。

知识拓展：通过知识拓展补充书本中没有涉及的知识点。

麓山文化
2019年5月

资源与支持
RESOURCES AND SUPPORT

本书由数艺社出品，"数艺社"社区平台（www.shuyishe.com）为您提供后续服务。

配套资源

书中所有实例的源文件和素材文件。读者可扫描下方二维码获取资源下载方式。

配套在线教学视频。读者可随时随地进行学习，提高学习效率。

资源获取请扫码

"数艺社"社区平台，为艺术设计从业者提供专业的教育产品。

与我们联系

我们的联系邮箱是 szys@ptpress.com.cn。如果您对本书有任何疑问或建议，请您发邮件给我们，并请在邮件标题中注明本书书名以及 ISBN，以便我们更高效地做出反馈。

如果您有兴趣出版图书、录制教学课程，或者参与技术审校等工作，可以发邮件给我们；有意出版图书的作者也可以到"数艺社"社区平台在线投稿（直接访问 www.shuyishe.com 即可），如果学校、培训机构或企业，想批量购买本书或数艺社出版的其他图书，也可以发邮件给我们。

如果您在网上发现有针对数艺社出品图书的各种形式的盗版行为，包括对图书全部或部分内容的非授权传播，请您将怀疑有侵权行为的链接通过邮件发给我们。您的这一举动是对作者权益的保护，也是我们持续为您提供有价值的内容的动力之源。

关于数艺社

人民邮电出版社有限公司旗下品牌"数艺社"，专注于专业艺术设计类图书出版，为艺术设计从业者提供专业的图书、U 书、课程等教育产品。领域涉及平面、三维、影视、摄影与后期等数字艺术门类；字体设计、品牌设计、色彩设计等设计理论与应用门类；UI 设计、电商设计、新媒体设计、游戏设计、交互设计、原型设计等互联网设计门类；环艺设计手绘、插画设计手绘、工业设计手绘等设计手绘门类。更多服务请访问"数艺社"社区平台 www.shuyishe.com。我们将提供及时、准确、专业的学习服务。

目录
CONTENTS

第 1 章　CorelDRAW 2018 极速入门

1.1 CorelDRAW 2018 简介 **012**
1.2 进入 CorelDRAW 2018 ....**012**
  1.2.1　安装与卸载 CorelDRAW 2018.... 012
  练习 1-1　自定义安装 CorelDRAW 2018.. 012
  练习 1-2　卸载电脑中的 CorelDRAW 2018 013
  1.2.2　启动与退出 CorelDRAW2018........013
  1.2.3　认识欢迎屏幕.................... 014
  1.2.4　获取 CorelDRAW 帮助信息 015
1.3 了解色彩和图形术语....................**016**
  1.3.1　认识色彩模式.................... 016
  1.3.2　认识位图和矢量图.............. 017
  1.3.3　认识图形格式.................... 017
1.4 知识拓展 **018**

第 2 章　CorelDRAW 2018 基础操作

2.1 认识 CorelDRAW 2018 操作界面 **020**
  2.1.1　标题栏.......................... 020
  2.1.2　菜单栏.......................... 020
  重点 2.1.3　标准工具栏 021
  2.1.4　属性栏.......................... 021
  2.1.5　工具箱.......................... 021
  练习 2-1　隐藏或显示工具 022
  2.1.6　标尺.......................... 022
  2.1.7　页面.......................... 022
  2.1.8　导航器.......................... 022
  2.1.9　状态栏.......................... 022
  2.1.10 泊坞窗.......................... 022
  2.1.11 调色板.......................... 022
2.2 管理图形文件 **023**
  2.2.1　创建与设置新文档.............. 023
  练习 2-2　新建名片模板文档.............. 023
  2.2.2　打开文档 024

  重点 2.2.3　在文档内导入其他文件.............. 025
  练习 2-3　导入"插画"文件.............. 025
  2.2.4　导出文档....................... 026
  2.2.5　保存文档....................... 026
  2.2.6　关闭文档....................... 027
2.3 控制页面显示 **027**
  新增 2.3.1　更改页面设置.............. 027
  练习 2-4　为页面填充图片背景.............. 028
  新增 2.3.2　编辑页面.................... 029
2.4 视图显示控制 **030**
  2.4.1　更改对象显示模式.............. 030
  2.4.2　使用缩放工具.................. 031
  2.4.3　使用平移工具.................. 031
  2.4.4　定位页面...................... 032
  重点 2.4.5　更改预览模式.................. 032
2.5 绘图辅助设计 **033**
  重点 2.5.1　设置辅助线.................. 033
  2.5.2　设置贴齐...................... 034
  2.5.3　设置标尺...................... 034
  2.5.4　设置网格...................... 035
2.6 知识拓展 **036**
2.7 拓展训练 **036**
  训练　中国元素封面.................... 036

第 3 章　对象操作

3.1 选择对象 **038**
  3.1.1　选择单一对象.................. 038
  3.1.2　选择多个连续的对象.............. 038
  3.1.3　选择多个不相邻对象.............. 038
  重点 3.1.4　选择全部对象.................. 038
  3.1.5　按顺序选择对象.............. 039
  3.1.6　选择被覆盖的对象.............. 039
  练习 3-1　更换海报背景.............. 039
  新增 3.1.7　隐藏或显示对象.............. 040

3.2 变换对象......................................**040**

　3.2.1　移动对象 040

　3.2.2　旋转对象 041

　　练习 3-2　制作扇子 042

　3.2.3　缩放对象 043

　3.2.4　镜像对象 043

　3.2.5　倾斜对象 044

　3.2.6　清除变换对象 044

3.3 对象的复制与再制.......................**044**

　3.3.1　对象的基本复制 044

　3.3.2　再制对象 045

　　练习 3-3　制作复古信纸 046

　3.3.3　使用步长与重复命令 047

3.4 控制对象......................................**047**

　3.4.1　更改对象叠放效果.....................047

　3.4.2　群组与取消群组 048

　3.4.3　合并与拆分对象 049

　3.4.4　锁定与解锁对象 050

　3.4.5　对齐与分布对象 051

　　练习 3-4　制作饮料海报 053

3.5 使用图层管理对象.......................**054**

　3.5.1　使用对象管理器编辑图层 054

　3.5.2　在图层中添加对象 055

　3.5.3　在图层间复制与移动对象 055

3.6 知识拓展......................................**056**

3.7 拓展训练......................................**056**

　　训练 3-1　更换戒指颜色 056

　　训练 3-2　更换背景 056

第 4 章　直线及曲线的绘制

4.1 手绘工具......................................**058**

　4.1.1　基本绘制方法 058

　　练习 4-1　绘制卡通熊 059

　4.1.2　线条的设置 060

4.2 贝塞尔工具..................................**061**

　4.2.1　直线绘制方法 061

　4.2.2　曲线绘制方法 061

　　练习 4-2　复制曲线段 061

　4.2.3　贝塞尔的设置 063

　4.2.4　贝塞尔的修饰 063

　　练习 4-3　通过【贝塞尔】绘制京剧脸谱 ..063

4.3 触控笔...**065**

4.4 艺术笔工具..................................**066**

　4.4.1　预设 066

　4.4.2　笔刷 066

　4.4.3　喷涂 067

　4.4.4　书法 067

　4.4.5　表达式 068

　　练习 4-4　创建自定义笔触 068

4.5 钢笔工具......................................**068**

4.6 2 点线工具...................................**069**

　4.6.1　基本绘制方法 069

　4.6.2　设置绘制类型 070

4.7 B 样条工具..................................**070**

　　练习 4-5　绘制彩虹 071

4.8 3 点曲线工具...............................**072**

4.9 折线工具......................................**072**

4.10 连接器工具................................**073**

　4.10.1　直线连接器工具 073

　4.10.2　直角连接器工具 073

　4.10.3　圆直角连接符 073

　4.10.4　编辑锚点工具 074

4.11 度量工具....................................**074**

　4.11.1　平行度量工具 074

　　练习 4-6　测量房间尺寸 076

　4.11.2　水平或垂直度量工具 076

　　练习 4-7　用水平或垂直度量工具绘制

　　　　　　　产品设计图 076

　4.11.3　角度量工具 077

　4.11.4　线段度量工具 078

　4.11.5　3 点标注工具 078

4.12 知识拓展....................................**078**

4.13 拓展训练....................................**079**

　　训练 4-1　绘制波浪花 079

　　训练 4-2　制作鸡蛋杯 079

第 5 章　几何图形的绘制

5.1 矩形和 3 点矩形工具....................**081**

　5.1.1　矩形工具 081

5.1.2　3 点矩形工具................................082
练习 5-1　制作手机................................082
5.2 椭圆工具和 3 点椭圆工具.................083
5.2.1　椭圆工具...................................083
5.2.2　3 点椭圆工具..............................084
练习 5-2　制作卡通场景..........................084
5.3 多边形工具...................................086
5.3.1　多边形的绘制.............................086
5.3.2　多边形的修饰.............................086
5.3.3　多边形的设置.............................087
练习 5-3　绘制足球...............................087
5.4 星形工具和复杂星形.....................088
5.4.1　星形的绘制...............................088
5.4.2　星形的参数设置..........................088
练习 5-4　绘制绚丽花朵..........................089
5.4.3　绘制复杂星形.............................090
5.4.4　复杂星形的设置..........................090
5.5 螺纹工具...................................090
5.5.1　绘制螺纹..................................090
5.5.2　螺纹的设置...............................091
练习 5-5　制作蚊香...............................091
5.6 图纸工具...................................092
5.6.1　设置参数..................................092
5.6.2　绘制图纸..................................092
练习 5-6　制作美丽拼图..........................093
5.7 形状工具组.................................094
5.7.1　基本形状工具.............................094
练习 5-7　制作梦幻天空..........................094
5.7.2　箭头形状工具.............................095
练习 5-8　制作水晶箭头..........................095
5.7.3　流程图形状工具..........................096
5.7.4　标题形状工具.............................097
5.7.5　标注形状工具.............................097
5.8 智能绘图工具...............................097
5.8.1　基本使用方法.............................097
5.8.2　智能绘图属性.............................098
5.9 知识拓展...................................098
5.10 拓展训练...................................099
训练 5-1　制作 VIP 卡...........................099
训练 5-2　绘制电视机............................099

第 6 章　图形的填充

6.1 交互式填充工具的应用.....................101
6.1.1　均匀填充..................................101
练习 6-1　制作蜜蜂宝宝..........................102
6.1.2　渐变填充..................................103
练习 6-2　制作护肤品瓶..........................105
6.1.3　图样填充..................................106
练习 6-3　填充卡通背景..........................108
6.1.4　底纹填充..................................109
6.1.5　PostScript 填充...........................110
6.2 应用调色板.................................110
6.2.1　填充对象..................................110
练习 6-4　制作名片...............................111
6.2.2　添加颜色到调色板.........................112
6.2.3　创建调色板...............................113
6.2.4　打开创建的调色板.........................113
6.2.5　编辑调色板...............................114
6.3 应用其他填充工具.........................115
6.3.1　使用网状填充工具.........................115
练习 6-5　绘制逼真苹果..........................116
6.3.2　使用滴管工具.............................117
6.3.3　使用智能填充工具.........................118
练习 6-6　绘制逼真标志..........................119
6.4 知识拓展...................................120
6.5 拓展训练...................................120
训练 6-1　制作儿童节图标........................120
训练 6-2　绘制小老虎............................120

第 7 章　对象的编辑

7.1 形状工具...................................122
7.1.1　将特殊图形转换成可编辑对象....122
7.1.2　选择节点..................................122
7.1.3　移动与添加、删除节点.................123
7.1.4　对齐节点..................................123
7.1.5　连接与分隔节点..........................123
练习 7-1　选择相邻节点..........................124
练习 7-2　自定义节点............................124
7.2 编辑轮廓线.................................125
7.2.1　改变轮廓线的颜色........................125
练习 7-3　绘制杯垫...............................125

重点 7.2.2 改变轮廓线的宽度......126
重点 7.2.3 改变轮廓线的样式......126
7.2.4 清除轮廓线......127
7.2.5 转换轮廓线......127
练习7-4 绘制创意字体......127
7.3 重新修整图形 128
7.3.1 造型......128
重点 7.3.2 图形的焊接......128
重点 7.3.3 图形的修剪......129
练习7-5 制作焊接游戏......130
重点 7.3.4 图形的相交......131
重点 7.3.5 图形的简化......131
重点 7.3.6 移除前面对象......132
重点 7.3.7 移除后面对象......132
重点 7.3.8 创建对象边界......132
7.4 图框精确裁剪对象 133
重点 7.4.1 置入对象......133
重点 7.4.2 编辑内容......133
练习7-6 制作儿童相册......133
7.4.3 调整内容......134
7.4.4 提取内容......135
7.4.5 锁定内容......136
7.5 修饰图形 136
7.5.1 自由变换工具......136
重点 7.5.2 涂抹工具......137
练习7-7 用涂抹绘制树木......137
7.5.3 粗糙工具......138
7.5.4 转动工具......139
7.5.5 吸引和排斥工具......139
7.5.6 删除虚拟线段......140
重点 7.5.7 裁剪工具......140
练习7-8 制作照片桌面......141
新增 7.5.8 刻刀工具......142
7.5.9 橡皮擦工具......142
7.6 知识拓展 143
7.7 拓展训练 143
训练7-1 绘制礼品盒......143
训练7-2 阿拉丁神灯插画......143

重点 8.1.1 调和效果......145
重点 8.1.2 设置调和属性......146
练习8-1 制作斑斓的孔雀......148
重点 8.1.3 设置调和路径......149
练习8-2 制作巧克力奶油字......150
8.1.4 编辑调和对象......151
新增 8.1.5 交互式滑块......152
8.2 轮廓图效果 153
8.2.1 创建轮廓图......153
8.2.2 轮廓图参数设置......154
8.2.3 轮廓图操作......155
练习8-3 用轮廓图绘制粘液字......156
8.3 创建变形效果 158
8.3.1 推拉变形......158
练习8-4 制作光斑效果......159
8.3.2 拉链变形......159
练习8-5 制作复杂花朵......160
重点 8.3.3 扭曲变形......161
练习8-6 制作旋转背景......161
8.4 创建阴影效果 162
重点 8.4.1 添加阴影......162
重点 8.4.2 设置阴影属性......163
练习8-7 制作水晶按钮......165
新增 练习8-8 使用【高斯模糊】羽化阴影......166
8.5 创建透明效果 167
重点 8.5.1 创建标准透明效果......167
8.5.2 创建渐变透明效果......168
8.5.3 创建图样透明效果......169
8.5.4 创建底纹透明效果......170
8.6 应用透镜效果 170
重点 8.6.1 创建透镜效果......170
8.6.2 编辑透镜......173
练习8-9 使用透镜处理照片......174
8.7 知识拓展 175
8.8 拓展训练 175
训练8-1 制作啤酒图标......175
训练8-2 制作奶油字......175

第 8 章 特殊效果的编辑

8.1 创建调和效果 145

第 9 章 文本编辑与处理

9.1 输入文本 177

重点 9.1.1 美术文本 177
练习9-1 制作纸板字效果 177
重点 9.1.2 段落文本 178
重点 9.1.3 文本类型的转换 178
重点 9.1.4 文本的导入、复制与粘贴 179
9.1.5 在图形中输入文本 179
9.1.6 输入路径文本 179
练习9-2 制作环形咖啡印章 181

9.2 安装字体库 182
9.2.1 从系统盘安装 182
9.2.2 从控制面板安装 182

9.3 文本美化 183
9.3.1 文本属性设置 183
9.3.2 文本字符设置 184
练习9-3 制作气泡字 185
9.3.3 段落文本设置 187
9.3.4 艺术文本设计 188
练习9-4 艺术文本设计 188
重点 9.3.5 插入特殊字符 190

9.4 文本排版 190
9.4.1 自动断字 190
9.4.2 添加制表位 191
9.4.3 首字下沉 192
9.4.4 断行规则 192
9.4.5 分栏 193
练习9-5 分栏排版杂志 193
9.4.6 项目符号 194
9.4.7 图文混排 195

9.5 查找与替换文本 195
9.5.1 查找文本 195
9.5.2 替换文本 196

9.6 使用书写工具 197
9.6.1 拼写检查 197
9.6.2 语法检查 197
9.6.3 同义词查询 198
9.6.4 快速更正 198

9.7 文本统计、选择与设置 199
9.7.1 文本统计 199
9.7.2 字体乐园 199
9.7.3 设置字体列表 200

9.8 知识拓展 200

9.9 拓展训练 201
训练9-1 制作立体字 201
训练9-2 制作情人节贺卡 201

第 10 章 位图操作

10.1 位图的编辑 203
重点 10.1.1 将矢量图转换为位图 203
10.1.2 矫正位图 204
练习10-1 矫正透视变形 204
10.1.3 重新取样 204
10.1.4 位图边框扩充 205
10.1.5 校正位图 205

10.2 描摹位图 206
重点 10.2.1 快速描摹位图 206
练习10-2 制作复古插画 206
重点 10.2.2 中心线描摹位图 207
重点 10.2.3 轮廓描摹位图 207

10.3 位图颜色转换 208
10.3.1 转换黑白图像 208
10.3.2 转换灰度模式 209
10.3.3 转换 RGB 图像 209
10.3.4 转换 CMYK 图像 209

10.4 调整位图色调 209
10.4.1 高反差 210
10.4.2 局部平衡 210
重点 10.4.3 调合曲线 211
重点 10.4.4 亮度 / 对比度 / 强度 212
重点 10.4.5 颜色平衡 212
10.4.6 伽玛值 213
重点 10.4.7 色度 / 饱和度 / 亮度 213

10.5 调整位图的色彩效果 214
10.5.1 去交错 214
10.5.2 反显 214
10.5.3 极色化 214

10.6 位图滤镜效果 215
重点 10.6.1 【三维效果】滤镜组 215
练习10-3 制作立体包装盒 216
10.6.2 【艺术笔触】滤镜组 217
10.6.3 【模糊】滤镜组 219
练习10-4 制作粉笔字 221
10.6.4 【颜色转换】滤镜组 222
10.6.5 【轮廓图】滤镜组 223
10.6.6 【创造性】滤镜组 224
10.6.7 【扭曲】滤镜组 225
10.6.8 【杂点】滤镜组 227

10.7 知识拓展 228

10.8 拓展训练 •••••••••••••••••••••••••**228**
 训练 制作线描图 •••••••••••••••••••••••• 228

第 11 章　应用表格

11.1 创建表格 ••••••••••••••••••••••**230**
 重点 11.1.1　表格工具创建 ••••••••••••••••• 230
 重点 11.1.2　使用菜单命令创建 ••••••••••••• 230
11.2 文本与表格的相互转换 •••••••••**230**
 11.2.1　将文本转换为表格 •••••••••••••• 230
 11.2.2　将表格转换为文本 •••••••••••••• 231
11.3 表格设置 ••••••••••••••••••••••••**232**
 重点 11.3.1　表格属性设置 •••••••••••••••• 232
 练习 11-1 绘制明信片 ••••••••••••••••••• 233
 重点 11.3.2　单元格属性设置 ••••••••••••• 233
 练习 11-2 制作日历 •••••••••••••••••••••• 235
11.4 操作表格 ••••••••••••••••••••••••**236**
 11.4.1　选择单元格 ••••••••••••••••••••• 236
 重点 11.4.2　插入单元格 •••••••••••••••••• 236
 11.4.3　删除单元格 ••••••••••••••••••••• 238
 11.4.4　调整行高和列宽 •••••••••••••••• 238
 11.4.5　平均分布行列 •••••••••••••••••• 238
 11.4.6　设置单元格对齐 •••••••••••••••• 239
 11.4.7　在单元格中添加图像 ••••••••••• 239
11.5 知识拓展 ••••••••••••••••••••••••**240**
11.6 拓展训练 ••••••••••••••••••••••••**240**
 训练 11-1 绘制遥控器 ••••••••••••••••••• 240
 训练 11-2 绘制礼品卡 ••••••••••••••••••• 240

第 12 章　管理和打印文件

12.1 在 CorelDRAW 2018 中管理文件 ••••**242**
 12.1.1　CorelDRAW 与其他图形
    文件格式 •••••••••••••••••••• 242

12.1.2　发布到 Web ••••••••••••••••••• 242
 12.1.3　发布到 Office •••••••••••••••••••• 244
 12.1.4　发布到 PDF •••••••••••••••••••••• 244
12.2 打印和印刷 •••••••••••••••••••••••**245**
 12.2.1　准备标题供打印 •••••••••••••••• 245
 12.2.2　打印设置 ••••••••••••••••••••••• 246
 12.2.3　打印预览 ••••••••••••••••••••••• 247
 12.2.4　合并打印 ••••••••••••••••••••••• 248
 12.2.5　收集用于输入的信息 ••••••••••• 250
 12.2.6　印前技术 ••••••••••••••••••••••• 251
12.3 知识拓展 ••••••••••••••••••••••••**252**
12.4 拓展训练 ••••••••••••••••••••••••**252**
 训练 12-1 嘴口酥 •••••••••••••••••••••••• 252
 训练 12-2 人物 •••••••••••••••••••••••••••• 252

第 13 章　综合案例

13.1 实物设计 ••••••••••••••••••••••••**254**
 13.1.1　案例分析 ••••••••••••••••••••••• 254
 13.1.2　具体操作 ••••••••••••••••••••••• 254
13.2 UI 设计 •••••••••••••••••••••••••••**261**
 13.2.1　案例分析 ••••••••••••••••••••••• 261
 13.2.2　具体操作 ••••••••••••••••••••••• 261
13.3 POP 广告设计 •••••••••••••••••••**265**
 13.3.1　案例分析 ••••••••••••••••••••••• 265
 13.3.2　具体操作 ••••••••••••••••••••••• 265
13.4 插画设计 ••••••••••••••••••••••••**269**
 13.4.1　案例分析 ••••••••••••••••••••••• 269
 13.4.2　具体操作 ••••••••••••••••••••••• 270
13.5 知识拓展 ••••••••••••••••••••••••**276**
13.6 拓展训练 ••••••••••••••••••••••••**276**
 训练 13-1 电影海报 •••••••••••••••••••••• 276
 训练 13-2 鲸鱼插画 •••••••••••••••••••••• 276

CorelDRAW 2018
极速入门

在学习CorelDRAW 2018绘图软件之前，本章首先介绍什么是CorelDRAW 2018，然后介绍CorelDRAW 2018的安装与卸载、启动与退出、新增功能及色彩和图形术语等基本知识，从而使读者对CorelDRAW 2018及其操作方法有一个全面的了解和认识，为熟练掌握该软件的应用打下坚实的基础。

本章重点

CorelDRAW 2018的安装与卸载

CorelDRAW 2018的新增功能

1.1 CorelDRAW 2018简介

CorelDRAW Graphics Suite 2018 是一款领先的图形设计软件，受到数百万专业人士、小型企业主及全球设计爱好者的青睐。它可以提供流畅的图形、版面、插图、照片编辑、摹图、网络图像、印刷项目、美术作品、排版等设计体验。用户可以随心设计，并可获得较好的设计效果。

CorelDRAW 2018是由加拿大Corel公司开发的一款平面设计软件，该软件是Corel公司出品的矢量图形制作工具软件，该软件给设计师提供了矢量动画、页面设计、网站制作、位图编辑和网页动画等多种功能。

作为一款套装软件，CorelDRAW 中包含两个绘图应用程序：一个用于矢量图及页面设计，另一个用于图像编辑。这套绘图软件组合为用户提供了强大的交互式工具，使用户可以轻松、快捷地创作出多种富于动感的特殊效果及点阵图像即时效果。CorelDRAW的全方位的设计及网页功能还可以灵活地运用到用户现有的设计方案中。

1.2 进入CorelDRAW 2018

在使用CorelDRAW 2018软件绘制图形时，首先要学会安装与卸载该软件，以及如何启动和退出CorelDRAW 2018。

1.2.1 安装与卸载CorelDRAW 2018

想要学习和使用CorelDRAW 2018，首先需要正确地安装该软件。CorelDRAW 2018的安装与卸载的方法其实很简单，与其他设计类软件大致相同。

练习1-1 自定义安装CorelDRAW 2018

难度：☆☆
素材文件：无
效果文件：无
在线视频：第 1 章 \ 练习 1-1\ 自定义安装 CorelDRAW 2018.mp4

本实例介绍了如何在电脑中安装Corel-DRAW 2018软件。

01 找到应用程序文件"Setup"，双击图标运行文件。运行后，弹出初始化安装程序界面，等待程序初始化。

02 进入 CorelDRAW 2018 安装向导，弹出软件许可协议对话框，勾选"我同意最终用户许可协议和服务条款"的复选框，单击"接受"按钮，再填写序列号，单击"下一步"按钮。

03 进入安装界面后，可以选择"典型安装"或"自定义安装"两种安装方式，这里选择的是"典型安装"，即默认安装设置。选择好安装方式后，即可进入正在安装画面进行安装。

04 安装完成后，显示登录账户界面，如果已有账户，则勾选"我已有一个账户"，并填写账户的"电子邮件"和"密码"，单击"确定"按钮。再单击"完成"按钮，即可退出安装界面完成安装。

练习1-2 卸载电脑中的CorelDRAW 2018

难度:	☆☆
素材文件:	无
效果文件:	无
在线视频:	第 1 章 \ 练习 1-2\ 卸载电脑中的 CorelDRAW 2018.mp4

本实例介绍了如何在电脑中卸载CorelDRAW 2018软件。

01 打开电脑中的"控制面板"对话框，单击"卸载程序"命令按钮。

02 弹出"程序和功能"对话框后，单击选择"CorelDRAW 2018"安装程序，再单击"卸载 / 更改"命令按钮。

03 弹出界面，等待程序初始化。单击选择从计算机中删除，再单击"删除"按钮。

04 转到卸载界面，开始卸载"CorelDRAW 2018"并显示卸载进度。卸载完成后，单击"完成"按钮，即可退出卸载界面完成卸载。

1.2.2 启动与退出CorelDRAW 2018

启动CorelDRAW 2018软件的方法有以下几种。

● 执行"开始"→"所有程序"→"Corel DRAW 2018"→"CorelDRAW 2018"命令，就可以启动 CorelDRAW 2018 软件。

- 双击桌面上的"CorelDRAW 2018"快捷方式图标快速启动 CorelDRAW 2018 软件，或者打开 CorelDRAW 文件。

- 双击电脑中已经存盘的任意一个文件类型为 CorelDRAW 2018 的 文 件，也 可 以 启 动 CorelDRAW 2018 软件。

退出CorelDRAW 2018软件的方法有以下几种。

- 单击 CorelDRAW 2018 软件工作界面右上角的关闭按钮，退出 CorelDRAW 2018 软件。
- 执行"文件"→"退出"命令，或者按Alt+F4 快捷键，也可以退出 CorelDRAW 2018 软件。

1.2.3　认识欢迎屏幕

启动CorelDRAW 2018软件后，默认情况下会弹出欢迎屏幕，欢迎屏幕便于浏览查找大量可用资源，用户在其中可以轻松访问应用程序资源，并快速完成常见任务，如打开文件及从模板启动文件。欢迎屏幕还提供软件新增功能、获取最新的产品更新及查看由全球各地CorelDRAW用户创建的设计等选项。

CorelDRAW 2018的欢迎屏幕包括立即开始文件、工作区选择、新增功能、学习资源、启发用户灵感的作品库、应用程序更新、提示与技巧、视频教程、官网及成员与订阅信息等内容。

立即开始

启动CorelDRAW软件，在此界面中单击"新建文档"即可根据自己的需求在创建对话框中设置属性，创建新文档。还可以选择"从模板新建"以便从模板新建文本，选择"打开文档"打开其他文档，或选择最近打开的文件。

工作区

重新设计的欢迎屏幕包括"工作区"选项卡，为不同熟练程度的用户和特定任务设计了各种不同工作区。可用的工作区包括"Lite""受到X6启发""默认""触摸""插图""页面布局"和"Adobe Illustrator"。

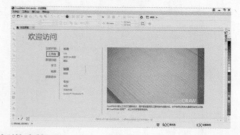

新增功能

新增功能让创意和 CorelDRAW 2018功能进行了完美的结合，用户可以通过新增功能设计图形和版面、编辑照片或创建网站。凭借对Windows10的兼容、多监视器查看和4K显示屏，该套件可让初级用户、图形专家、小型企业主和设计爱好者自信快速地交付超乎想象的结果。用户还可以通过高水准、直观的工具创作徽标、手册、Web图形、社交媒体广告或任何原创项目，打造专属风格。

学习

CorelDRAW 2018中内置了很多教学内容，可以帮助用户快速学习和掌握CorelDRAW的使用方法，创作出个性化的作品。帮助途径主要有快速入门指南、视频教程、产品帮助、在线教程，用户还可以加入CorelDRAW社区进行反馈。

画廊

CorelDRAW提供了很多学习资料，用户还可以利用欢迎屏幕中的"画廊"获取最新的产品更新或查看由全球各地CorelDRAW用户创建的设计。

获取更多

通过"获取更多"用户可以直接在Corel-DRAW和Corel PHOTO-PAINT中下载应用程序、插件和扩展工具，以扩充创作工具集。可以下载免费许可的Corel Website Creator，购买AfterShot Pro用于终极RAW工作流，或体验Corel ParticleShop惊艳的位图效果等。

1.2.4　获取CorelDRAW帮助信息

帮助主题

CorelDRAW 2018的"帮助主题"是一个以网页形式提供的互助式教育平台，可以为用户提供全面的CorelDRAW 2018操作基础知识。执行"帮助"→"产品帮助"命令，即可在默认浏览器中打开CorelDRAW 2018的帮助主题并查看自己需要的内容。

Corel TUTOR

CorelDRAW 2018还提供了视频教程，执行"帮助"→"视频教程"命令，打开"视频教程"对话框，选择要观看的视频教程，即可观看视频进行学习。

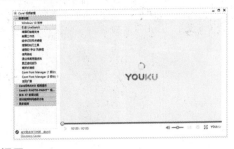

提示

"提示"泊坞窗中包含了程序内部工具

箱中所有工具的相关使用信息和视频，在工具箱中选择任意一个工具，"提示"泊坞窗将显示该工具的所有提示。单击提示中的视频，用户可通过窗口内提供的视频学习使用工具的方法。CorelDRAW 2018中默认状态下"提示"泊坞窗处于开启状态，关闭提示后，可在菜单栏单击执行"帮助"→"提示"命令，重新打开"提示"泊坞窗。

技术支持

执行"帮助"→"Corel支持"命令，CorelDRAW 2018将立即在默认浏览器中打开产品帮助。再在其左侧的目录中单击执行"入门指南"→"Corel账户和服务"→"Corel支持服务"命令，单击右侧的链接，即可获取该产品的功能、规格、价格、上市情况、服务与技术支持等方面的信息。

1.3 了解色彩和图形术语

在CorelDRAW 2018中，可以进行编辑的图像包含矢量图和位图两种。本章根据图像的颜色模式、位图、矢量图及图形格式来介绍有关图像的基本知识。

1.3.1 认识色彩模式

图像颜色模式是将某种颜色表现为数字形式的模型，或者说是一种记录图像颜色的方式。执行"位图"→"模式"命令，在弹出的子菜单中包含7种颜色模式。

● 黑白：在黑白模式下，使用黑色、白色两种颜色中的一个来表示图像中的像素。将图像转换为黑白模式会使图像减少到两种颜色，从而大大简化图像中的颜色信息，同时也减小文件的大小。

● 灰度：灰度模式是单一色调的图像。在图像中可以使用不同的灰度级，在8位图像中，最多有256级灰度，其每个像素都有一个0（黑色）~255（白色）之间的亮度值；在16位和32位图像中，灰度级数比8位图像要多出许多。

● 双色：双色调模式是由1~4种自定油墨创建的单色调、双色调、三色调和四色调的灰度图像。单色调是用单一油墨（非黑色）打印出灰度图像，双色调、三色调和四色调分别是用2种、3种和4种油墨打印出灰度图像。

- **调色板色**：调色板色是位图图像的一种编码方法，需要基于RGB、CMYK等更基本的颜色编码方法。可以用限制图像中的颜色总数来实现有损压缩。如果要将图像转换为调色板色模式，那么该图像必须是8位通道的图像、灰度图像或RGB颜色模式的图像。

- **RGB颜色**：RGB颜色模式是进行图像处理时最常用的一种模式，该模式只有在发光体上才能显示出来，如显示器、电视等。该模式包含的颜色信息（色域）有1670多万种，是一种真彩色的颜色模式。
- **Lab颜色**：Lab颜色模式由L、a、b这3个要素组成，其中L相当于亮度，a表示从红色到绿色的范围，b表示从黄色到蓝色的范围。在Lab颜色模式下，亮度分量（L）取值范围是0~100；a分量（绿色－红色轴）和b分量（蓝色－黄色轴）的取值范围是+127~-128。

提示

Lab是最接近真实世界颜色的一种色彩，它同时包括RGB颜色模式和CMYK颜色模式中的所有颜色信息。因此，在将RGB颜色模式转换成CMYK颜色模式前，要将RGB颜色模式先转换成Lab颜色模式，再将Lab颜色模式转换成CMYK颜色模式，这样才不会丢失颜色信息。

- **CMYK颜色**：CMYK颜色模式是一种印刷模式。其中C代表青色，M代表洋红色，Y代表黄色，K代表黑色。CMYK颜色模式包含的颜色总数比RGB模式少很多，所以在显示器上观察到的图像要比印刷出来的图像亮丽许多。

提示

在制作需要印刷的图像时，就要用到CMYK颜色模式。将RGB图像转换为CMYK图像会产生分色。如果原始图像是RGB图像，那么最好先在RGB颜色模式下进行编辑，待编辑结束后再转换为CMYK颜色模式。

相关链接

关于色彩模式的转换，请参见本书第10章的10.3节。

1.3.2　认识位图和矢量图

位图

位图又称为点阵图像、像素图或栅格图像，由称作像素（图片元素）的单个点组成，这些点可以进行不同的排列和染色以构成图样。当放大位图时，可以看见赖以构成整个图像的无数单个方块。扩大位图尺寸的结果是增大单个像素，从而使线条和形状显得参差不齐。

矢量图

矢量又称为"向量"，矢量图像中的图像元素（点和线段）称为对象，每个对象都是一个单独的个体，它具有大小、方向、轮廓、颜色和屏幕位置等属性。简单地说，矢量图像软件就是用数学的方法来绘制矩形等基本形状，适用于图形设计、文字设计和一些标志设计、版式设计等。

矢量图与分辨率无关，因此在进行任意移动或修改时都不会丢失细节或影响其清晰度。当调整矢量图形的大小、将矢量图形打印到任何尺寸的介质上、在PDF文件中保存矢量图形或将矢量图形导入基于矢量的图形应用程序中时，矢量图形都将保持清晰的边缘。无论将其放大多少倍，图像上都不会出现锯齿。

1.3.3　认识图形格式

图像文件格式是记录和存储影像信息的格式。对数字图像进行存储、处理、传播，必须采用一定的图像格式，也就是把图像的像素按照一定的方式进行组织和存储，把图像数据存储成文件就得到图像文件。常用的图形格式包括BMP、

TIFF、GIF、JPEG、PDF、PNG等。

BMP(Bitmap) 格式

BMP（位图格式）是DOS和Windows计算机系统的标准Windows图像格式。BMP格式支持RGB、索引颜色、灰度和位图颜色模式，但不支持Alpha通道。BMP格式支持1、4、24、32位的RGB位图。

TIFF(TagImage File Format) 格式

TIFF（标记图像文件格式）是用于应用程序和计算机平台之间进行数据交换的文件格式。TIFF是一种灵活的图像格式，兼容所有绘画、图像编辑和页面排版应用程序。

GIF(Graphic Interchange Format) 格式

GIF(图像交换格式)是一种LZW压缩格式，用来最小化文件大小和传递时间。在WorldWideWeb和其他网上服务的HTML(超文本本标记语言)文档中，GIF文件格式普遍用于现实索引颜色和图像。GIF还支持灰度模式。

JPEG（Joint Photographic Experts Group）格式

JPEG（联合图片专家组）是目前所有格式中图像压缩率最高的格式。目前大多数彩色和灰度图像都使用JPEG格式压缩图像，压缩比很大而且支持多种压缩级别，当对图像的精度要求不高而存储空间又有限时，JPEG是一种理想的压缩方式。JPEG格式保留RGB图像中的所有颜色信息，通过选择性地去掉数据来压缩文件。

PDF(Portable Document Format) 格式

PDF(可移植文档格式)用于AdobeAe robat应用程序，AdobeAerobat是Adobe公司用于Windows、UNIX和DOS系统的一种电子出版软件，目前十分流行。

PNG 格式

PNG格式为透明的图片，可以以任何颜色深度存储单个光栅图像。PNG 是与平台无关的格式。优点：PNG 支持高级别无损耗压缩；支持 Alpha 通道透明度。缺点：较旧的浏览器和程序可能不支持 PNG 文件；作为 Internet 文件格式，与 JPEG 的有损耗压缩相比，PNG提供的压缩量较少；作为Internet文件格式，PNG对多图像文件或动画文件不提供任何支持。

1.4 知识拓展

本章了解了CorelDRAW 2018的入门知识，再学习一下CorelDRAW 2018的增强功能。

1. 应用并管理填充和透明度

用户可以体验完全重新设计的填充和透明度挑选器，在 CorelDRAW 和 Corel PHOTO-PAINT 中使用并管理填充和透明度时，将有助于提高效率，感受卓越性能。

2. 自定义曲线预览和编辑

用户可以使用键盘快捷键实现次色调替换主色调，或反向替换；还可以更加轻松地预览节点和手柄，甚至在最复杂的设计中也可轻松实现。

3. LiveSketch 工具

用户可以直接使用最先进的 LiveSketch 工具（基于人工智能和机器学习最新发展成果打造）开始工作。在启用画笔的设备上，可以直接将形式自由的草图转换为精准的矢量曲线。相较于在纸上绘制草图、扫描并描绘为矢量，可以节省大量时间。

4. Corel Font Manager

用户可以通过直观的 Corel Font Manager 组织和管理字体库，在无须安装的情况下能够使用自己最喜爱的字体，并借助网络存储功能更快地使用字体。

第 **2** 章

CorelDRAW 2018
基础操作

使用CorelDRAW 2018软件进行绘图前，首先要学习CorelDRAW 2018基本操作。本章主要介绍的基本操作包括认识CorelDRAW 2018的操作界面、管理图形文件、控制页面显示、视图显示控制及绘图辅助设计。

本章重点

认识CorelDRAW 2018的操作界面
在文档内导入其他文件 | 更改页面设置
更改预览模式 | 设置辅助线

2.1 认识CorelDRAW 2018操作界面

随着版本的更新，CorelDRAW 2018的操作界面布局也更加人性化。CorelDRAW 2018的操作界面包括标题栏、菜单栏、标准工具栏、属性栏、工具箱、标尺、页面、导航器、状态栏、泊坞窗及调色板等。启动CorelDRAW 2018软件后，新建一个空白文档，即可进入到CorelDRAW 2018的操作界面。

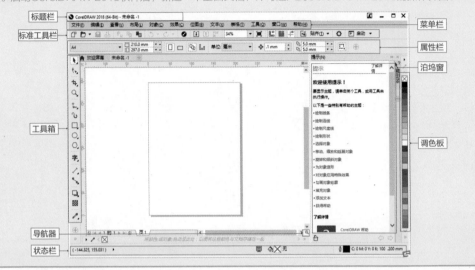

2.1.1 标题栏

标题栏位于CorelDRAW 2018软件窗口的最顶端，显示软件图标（CorelDRAW 2018）、名称及打开文档的名称。标题栏也包含程序图标，分别为最大化、最小化、还原、关闭按钮。

2.1.2 菜单栏

菜单栏位于标题栏的下方，由文件、编辑、查看、布局、对象等12个菜单项组成，用于控制并管理整个界面的状态和图像的具体处理。在菜单栏单击任一菜单项，均会弹出下拉菜单，从中选择任一命令，即可执行相关操作。菜单中部分命令后面带有▶图标，将光标移动至该图标上，可弹出隐藏的子菜单。

● 文件：由一些最基本的操作命令集合而成，用于管理与文件相关的基本设置、文件信息后期处理等。

提示

如果想要保存透明背景图片，需要用到"导出"命令，在菜单栏中执行"文件"→"导出"命令，在导出对话框中的文件类型中选择PNG（或者PSD、TIFF）的透明格式。

● 编辑：此菜单中的命令主要用于控制图像部分属性和基本编辑。

● 查看：用于控制工作界面中版面的视图显示，方便用户根据自己的工作习惯进行操作。

● 布局：用于管理文件的页面，如组织打印多页文档、设置页面格式等。

- **对象：**该菜单命令用于编辑对象，可以排列对象的顺序，对对象进行变换和造型等操作。

- **效果：**该菜单用于为对象添加特殊的效果，以及对矢量绘图丰富的功能进行完善。利用这些特殊的功能，可以针对矢量对象进行调节和预设。

- **位图：**用于对位图图像进行编辑。将矢量图转换为位图后，可应用该菜单中大部分的命令。
- **文本：**用于排版、编辑文本，允许用户同时对文本进行复杂的文字处理和特殊艺术效果转换，并可结合图形对象制作形态丰富的文本效果。
- **表格：**用于绘制并编辑表格，同时也可以完成表格和文字间的相互转换。

- **工具：**为简化实际操作而设置的一些命令，如设置软件基本功能和管理对象的颜色、图层等。

- **窗口：**用于管理工作界面的显示内容。
- **帮助：**针对用户的疑问提供了一些答疑解惑的功能，用户可以从中了解CorelDRAW 2018的相关信息。

2.1.3　标准工具栏 重点

标准工具栏位于菜单栏的下方，集合了一些常用命令按钮，操作方便快捷，可节省从菜单中选择命令的时间。CorelDRAW 2018的标准工具栏主要包含新建、打开、保存、打印、剪切、复制、粘贴、撤销、重做、搜索内容、导入、导出、发布PDF、缩放比例、全屏预览、显示标尺、显示网格、显示辅助线、关闭贴齐、贴齐、选项及应用程序启动器。

2.1.4　属性栏

属性栏位于标准工具栏的下方，包含活动工具或对象相关的命令分离栏。

2.1.5　工具箱

工具箱位于CorelDRAW 2018界面的左侧，包含在绘制中可用于创建和修改对象的工具。其中部分工具默认可见，其他工具需要单击右下角的黑色小三角标记，即可展开工具栏查看并使用。

难度：☆☆

素材文件：无

效果文件：无

在线视频：第2章\练习2-1\隐藏或显示工具.mp4

本实例介绍了在CorelDRAW 2018软件中将工具隐藏或显示的方法。

01 启动CorelDRAW 2018软件，新建一个空白文档，单击工具箱底部的"快速自定义"按钮⊕，在弹出的对话框中设置隐藏或显示工具。

02 单击形状工具组前面的复选框，取消勾选，即可隐藏该组所有工具，勾选即为显示。

03 单击形状工具组下的"转动"前面的复选框，取消勾选，即可隐藏该工具，勾选即为显示。

技巧

如果需要隐藏或显示工作组中的部分工具，必须先勾选该工具所在工作组的复选框，再设置隐藏或显示的工具。

2.1.6 标尺

标尺位于工具箱的右侧及属性栏的下方，用于确定绘图中对象的大小和位置，以及创建带标记的校准线。

2.1.7 页面

绘图页面位于CorelDRAW 2018软件的核心位置，是绘图窗口中带阴影的矩形。它是工作区域中可打印的区域。

2.1.8 导航器

导航器位于文档导航器的右侧，它是一个按钮，可打开一个较小的显示窗口，帮助用户在绘图上进行移动操作。

2.1.9 状态栏

状态栏位于CorelDRAW 2018界面的最下方，包含有关对象属性的信息，包括类型、大小、颜色、填充和分辨率，状态栏还显示光标当前的位置。

2.1.10 泊坞窗

泊坞窗一般位于CorelDRAW 2018界面的右侧，包含与特定工具或任务相关的可用命令和设置的链接。在菜单栏中执行"窗口"→"泊坞窗"命令，选择子命令即可添加相应的泊坞窗。

2.1.11 调色板

调色板位于CorelDRAW 2018界面的最右侧，放置包含色样的泊坞栏，便于用户快速地填充颜色，默认的色彩模式为CMYK模式。将光标移至色样上，单击鼠标可以为对象填充颜色，单击鼠标右键可以填充轮廓线颜色。在菜单栏中执行"窗口"→"调色板"命令，选择子命令，即可进行调色板颜色的重置和调色板的载入。

2.2 管理图形文件

在CorelDRAW 2018软件中展开任何一项操作前，都需要新建或打开图形文件。本节主要介绍管理图形文件的操作，包括创建与设置新文档、打开文档、在文档内导入其他文件、导入文档、保存文档及关闭文档。

2.2.1 创建与设置新文档

在CorelDRAW 2018中，创建与设置新文档的方法有以下几种。

● 启动 CorelDRAW 2018 后，在"欢迎屏幕"界面中单击"新建文档"按钮，打开"创建新文档"的对话框，再根据自己的需求在创建对话框中设置属性，单击"确定"按钮即可在窗口新建一个文档。

● 如果在启动 CorelDRAW 2018 时跳过了欢迎屏幕界面，可以在菜单栏中执行"文件"→"新建"命令或按Ctrl+N快捷键，打开"创建新文档"的对话框，再根据自己的需求在创建对话框中设置属性，单击"确定"按钮即可在窗口新建一个文档。

● 单击标准工具栏中的"新建" 按钮，打开"创建新文档"的对话框，再根据自己的需求在创建对话框中设置属性，单击"确定"按钮即可在窗口新建一个文档。

练习2-2 新建名片模板文档

难度：☆☆	
素材文件：无	
效果文件：素材\第2章\练习2-2\新建名片模板文档-OK.cdr	
在线视频：第2章\练习2-2\新建名片模板文档.mp4	

本实例通过"从模板新建"命令，在打开的"从模板新建"对话框中选择一种名片模板，新建一个名片文档。

01 启动 CorelDRAW 2018 软件后，在"欢迎屏幕"界面中单击"从模板新建"按钮。

02 打开"从模板新建"对话框，在对话框左侧单击"名片"选项，即可显示所有的名片模板文件，选择要打开的模板。

03 单击"打开"按钮，即可从名片模板中新建一个文档。

打开的文件,然后单击"确定"按钮,即可打开所选文件。

● 直接单击工具栏中的"打开" 🗁 按钮,打开"打开绘图"对话框,选择要打开的文件,然后单击"确定"按钮,可将其打开。

技巧

也可以在菜单栏中执行"文件"→"从模板新建"命令,打开"从模板新建"对话框,再在对话框中选择一种模板,然后单击"打开"按钮,从模板新建文档。

2.2.2 打开文档

在CorelDRAW 2018中,打开文档的方法有以下几种。

● 启动 CorelDRAW 2018 后,在"欢迎屏幕"界面单击"打开文档"按钮,打开"打开绘图"对话框,选择要打开的文件,即可将其打开。

技巧

如果需要打开多个文件,可在按住 Shift 键的同时选择多个需要打开的文件,或按住 Ctrl 键选择多个不连续排列的文件,再单击"打开" 🗁 按钮,按选择文件的顺序依次打开文件。

● 在菜单栏中执行"文件"→"打开"命令或按Ctrl+O 快捷键,打开"打开绘图"对话框,选择要

● 找到文件所在的位置,在 CorelDRAW 2018 软件打开的状态下,双击该文件图标,即可打开该文件。

● 找到文件所在位置,单击并按住鼠标左键不放,将其拖曳至 CorelDRAW 2018 软件界面的标题栏处(位于窗口的最顶端,显示该软件当前打开文件的路径和名称),当光标变成箭头底下带个加号形状时,松开鼠标,该文件即可在新的绘图窗口打开。

提示

该方法需要注意的是,必须将已有文件拖曳至标题栏才行,如果不是在标题栏,则操作无效。

● 找到文件所在位置,单击鼠标右键,在打开的快捷菜单面板中执行"打开方式"→"CorelDRAW 2018"命令,选择打开方式为 CorelDRAW 2018,即可将该文件打开。

提示

cdr 格式为 CorelDRAW 软件的源文件格式。由于 CorelDRAW 是矢量图形绘制软件，所以 cdr 文件可以记录文件的属性、位置和分页等。但它在兼容度上比较差，其在所有 CorelDRAW 应用程序中均能够使用，但其他图像编辑软件打不开此类文件。如果选择要打开的文件是其他格式的，则会弹出一个错误对话框。

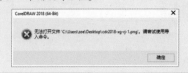

2.2.3 在文档内导入其他文件 重点

在CorelDRAW 2018中，可以将其他格式的文件（如JPEG、BMP、TIFF、GIF等格式的图片）导入到文档中进行编辑，还可以导入其他矢量软件的文件（如Adobe Illustrator制作的.ai格式的文件）或位图文件。在文档内导入其他文件的方法有以下几种。

● 在菜单栏中执行"文件"→"导入"命令或按 Ctrl+I 快捷键，打开"导入"对话框，在对话框中选择需要导入的文件，单击"导入"按钮。

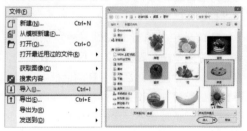

此时光标显示为直角形状 ⌐，单击鼠标并拖出一个红色的虚线框，松开鼠标，即可导入所选文件图像。

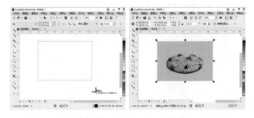

● 单击标准工具栏中的"导入" 📥 按钮，打开"导入"对话框，选择要导入的文件，然后单击"导入"按钮导入文件。

● 将光标移至工作区内，单击鼠标右键，在弹出的快捷菜单中执行"导入"命令，也可以导入其他文件。

提示

位图素材可以直接拖曳到文档中进行快速导入，但是矢量格式的素材使用直接拖曳的方式导入后会导致其变成位图。

练习2-3 导入"插画"文件

难度：☆☆

素材文件：素材\第2章\练习2-3\导入"插画"文件.cdr
效果文件：素材\第2章\练习2-3\导入"插画"文件-OK.cdr
在线视频：第2章\练习2-3\导入"插画"文件.mp4

本实例通过"导入"命令导入素材文件，再使用"选择工具" ▶ 对素材图像进行调整，制作插画。

01 启动 CorelDRAW 2018 软件，打开本章的素材文件"素材\第2章\练习2-3\导入"插画"文件.cdr"。

02 在菜单栏中执行"文件"→"导入"命令或按 Ctrl+I 快捷键，打开"导入"对话框。

03 选择本章的素材文件"花.png"，然后单击"导入"按钮，导入素材文件。

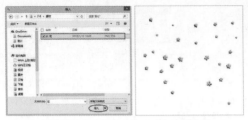

04 使用"选择工具" ⬚ 选择素材对象，按住 Shift 键拖曳四周的控制点等比例缩小对象，调整到合适的大小。

05 单击并拖动中心控制点，移动到合适的位置。

提示

在"导入"对话框的右下角可以设置图像的导入方式。

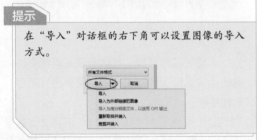

相关链接

关于"调整大小和位置"的内容请参阅本书第 3 章的 3.2.1 节和 3.2.3 节。

2.2.4 导出文档

在实际的设计工作中，常常需要将绘制好的CorelDRAW图形导出为其他指定格式的文件，使其可以被其他软件导入或打开。

在菜单栏中执行"文件"→"导出"命令或按Ctrl+E快捷键，打开"导出"对话框，在"导出"对话框中选择"保存类型"的格式，并设置保存路径和文件名，然后单击"导出"按钮，即可将文件导出为其他格式。

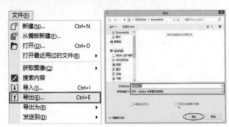

技巧

单击标准工具栏中的"导出" ⬆ 按钮，也可以快速地导出文件。

2.2.5 保存文档

在CorelDRAW 2018软件中以何种方式保存文档，对图形以后的使用有着直接影响，因此，保存文档是编辑文件的重要环节，保存文档的方法有以下几种。

"保存"文档

在菜单栏中执行"文件"→"保存"命令，或直接单击工具栏中的"保存" ⬛ 按钮，打开"保存绘图"对话框，在对话框中选择保存文档的路径，并设置文件名称、保存类型及存放路径等选项，然后单击"保存"按钮，即可保存文档。

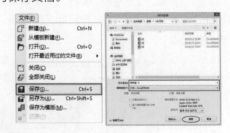

提示

在编辑过程中为了避免断电或者电脑死机时没有及时保存文件，可以在制作过程中按 Ctrl+S 快捷键进行快速保存。

"另存为"文档

如果要更改文件的文件名、保存类型或存放路径，可以在菜单栏中执行"文件"→"另存为"命令，或按Ctrl+Shift+S快捷键，打开"保存绘图"对话框，在对话框中设置需要更改的文件名、保存类型及存放路径，然后单击"保存"按钮，将文件按照所设置的文件名、保存类型及存放路径进行保存。

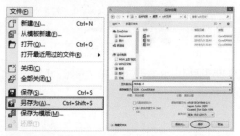

保存为模板

如果要将文件保存为模板，可以在菜单栏中执行"文件"→"保存为模板"命令，打开"保存绘图"对话框，在对话框中设置文件名、保存类型及存放路径，然后单击"保存"按钮，将文件保存为模板。

2.2.6　关闭文档

为了避免占用太多的内存空间，完成文件的编辑后，可以将当前的文件关闭，这样可以大大提高电脑的运行速度。CorelDRAW 2018关闭文档的方法有以下几种。

方法一：在菜单栏中执行"文件"→"关闭文件"命令，即可将当前的文件关闭。

方法二：单击文档选项卡的关闭 ⊠ 按钮，关闭文件。

方法三：单击菜单栏右侧的"关闭" × 按钮，快速关闭文件。

方法四：在菜单栏中执行"文件"→"全部关闭"命令，即可关闭所有打开的文件。

技巧

除了以上四种关闭文件的操作方法，按 Ctrl+F4 快捷键也可关闭文件。

2.3 控制页面显示

CorelDRAW 2018中的页面指的是工作区（即绘图区），一般在绘图前要对页面进行设置，以便于软件的操作。

2.3.1　更改页面设置(新增)

在CorelDRAW 2018中更改页面设置的方法有以下几种。

方法一：单击工具箱中的"选择工具" ▣ 按钮，将光标移至绘图窗口的空白区域单击，

在未选择任何对象的状态下，可以在属性栏中快速更改页面。

属性栏的功能介绍如下。

● **页面大小**：可在下拉列表中选择预设的页面大小。

● **页面度量**：在宽度和高度的数值框中输入数值，指

定页面的高度和宽度，可自定义页面大小。

- "纵向" ▯ 和 "横向" ▭ 按钮：单击 "横向" 按钮或 "纵向" 按钮，可切换页面方向。

- "所有页面" 🔲 按钮：单击该按钮，可将页面大小应用到文档中的所有页面。
- "当前页" 🔲 按钮：单击该按钮，可将页面大小应用到当前页。
- 单位：在下拉列表中选择单位类型。

方法二：在菜单栏中执行 "布局" → "页面设置" 命令，打开 "选项" 对话框，可根据需要更改页面设置。

练习 2-4　为页面填充图片背景

难度：☆☆

素材文件：素材\第2章\练习2-4\为页面填充图片背景.cdr

效果文件：素材\第2章\练习2-4\为页面填充图片背景-OK.cdr

在线视频：第2章\练习2-4\为页面填充图片背景.mp4

本实例通过 "页面背景" 命令，在 "选项" 对话框中将位图图像设置为页面背景。

01 启动 CorelDRAW 2018 软件，打开本章的素材文件 "素材\第2章\练习2-4\为页面填充图片背景.cdr"，在菜单栏中执行 "布局" → "页面背景" 命令，打开 "选项" 对话框。

02 在对话框中单击 "位图" 单选按钮，再单击 "浏览" 按钮。

03 在打开的 "导入" 对话框中选择本章的素材文件 "背景.jpg"，单击 "导入" 按钮。

04 返回到 "选项" 对话框，单击 "自定义尺寸" 单选按钮，并设置尺寸。

05 单击 "确定" 按钮，即可将所选图像设置为页面背景。

"背景"对话框的介绍如下。

- **无背景：**表示取消页面背景。
- **纯色：**单击其右侧的下拉按钮，在弹出的颜色列表中可选择一种颜色作为页面背景。
- **位图：**单击"浏览"按钮，在弹出的"导入"对话框中选择作为背景的位图（也可在"来源"选项组中的路径文本框内输入链接地址）。

2.3.2　编辑页面（新增）

在CorelDRAW 2018中可以对页面进行插入、再制、重命名及删除等操作。本节将详细介绍这些编辑页面的操作。

插入页面

CorelDRAW 2018支持多页面，如果需要多个页面，可以通过插入页面的功能插入新页面。在CorelDRAW 2018中有多种插入页面的方式，启动CorelDRAW 2018后，新建一个空白文档，默认只有一个页面，插入页面的操作方法如下。

在菜单栏中执行"布局"→"插入页面"命令，打开"插入页面"对话框，在"页"区域中"页码数"后方的数值框中输入要插入的页码数量，并在"地点"后方选择"之前"或"之后"，单击"确定"按钮，即可插入页面。

单击页面控制栏中最左侧的"在当前页面中添加新页" 🔲 按钮，即可在当前页面的前方

添加新页面；单击右侧的"在当前页面中添加新页" 🔲 按钮，则可在当前页面的后方插入新页面。

选择要插入页的页码标签，单击鼠标右键，在弹出的快捷菜单中选择"在后面插入页面"或"在前面插入页面"命令，即可在当前页的后方或前方插入新页面。

再制页面

CorelDRAW 2018可以将页面添加到绘图或再制现有的页面，当再制页面时，可以根据需要选择仅复制页面的图层结构或复制图层及其包括的所有对象。

方法一：当需要在一个文件中某一页或者指定页后面、前面插入页面时，可以在菜单栏中执行"布局"→"再制页面"命令，打开"再制页面"对话框，再根据需要设置参数，然后单击"确定"按钮，再制页面。

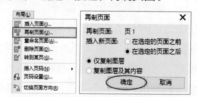

方法二：直接将光标放在页面控制栏中的页面标签上，单击鼠标右键，在打开的快捷菜单中执行"再制页面"命令，打开"再制页面"对话框，设置参数，即可再制页面。

重命名页面

如果当前文件包含多个页面，为了便于管理，可以重命名页面。在CorelDRAW 2018中重命名页面的方法有以下几种。

方法一：选择要更改名称的页面，在菜单栏中执行"布局"→"重命名页面"命令，打开"重命名页面"对话框，在"页名"下方的文本框中输入新的页面名称，然后单击"确定"按钮，即可重命名页面。

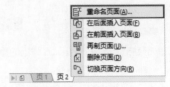

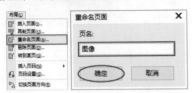

方法二：在页面控制栏中选择需要更改名称的页面，单击鼠标右键在弹出的快捷菜单中选择"重命名页面"命令，打开"重命名"对话框，在"页名"下方的文本框中输入名称，然后单击"确定"按钮，即可重命名页面。

方法三：在菜单栏中执行"对象"→"对象管理器"命令，打开"对象管理器"泊坞窗，单击需要重命名的页名两次，然后在文本框中输入新的名称，即可重命名页面。

2.4 视图显示控制

在CorelDRAW 2018中，可以根据不同的需求更改对象的显示模式，也可以对视图进行缩放、平移、定位和更改预览模式等操作，以便观察画面的细节或全貌。

2.4.1 更改对象显示模式

在CorelDRAW中可以使用多种模式来显示图形文件。打开"查看"菜单，可以看到6种显示模式，分别是简单线框、线框、草稿、正常、增强和像素。从中选择任一种显示模式，图像即会出现相应变化。

- 简单线框：只显示绘图的轮廓线，所有图形只显示原始图像的外框，位图以单色显示。使用此模式可快速预览绘图的基本元素。
- 线框：在简单的线框模式下显示绘图及中间调和形状，显示效果如"简单线框"。

- 草稿：显示低分辨率的填充和位图。此模式消除很多细节，能够解决绘图中的颜色均衡问题。
- 正常：显示图形时不显示 PostScript 填充或高分辨率位图。此模式的打开和刷新速度比"增强"模式要快。

- 增强：增强视图可以使轮廓形状和文字的显示更加柔和，消除锯齿边缘。选择"增强"模式时还可以选择"模拟叠印"和"光栅化复合效果"。
- 像素：显示基于像素的图形，允许用户放大对象的某个区域来更准确地确定对象的位置和大小。该视图模式允许查看导出为位图文件格式的图形。

提示

在菜单栏中执行"布局"→"页面设置"命令，打开"选项"对话框，在左侧列表中选择"常规"选项，在右侧"常规"界面中也可以对"视图模式"进行相应的设置。

2.4.2 使用缩放工具

缩放工具 Q 是精确绘图必不可少的一个工具，用来放大或缩小图形的显示比例，以查看图形的细节或整体效果，方便用户对图形的局部浏览和修改。

单击工具箱中的"缩放工具" Q 按钮或按Z键，当光标变为 ⊕ 图标时，单击鼠标，可逐级放大页面。

单击鼠标右键或按住Shift键待光标变为 ⊖ 图标时单击鼠标，可缩小页面显示比例。

双击"缩放工具" Q 按钮，即可将页面缩放到合适的比例。

还可以通过"缩放工具"属性栏设置页面的显示。

"缩放工具"属性栏的介绍如下。

● **放大** Q：增加缩放级别查看更多细节。
● **缩小** Q：降低缩放级别查看文档更多部分的内容。
● **缩放选定对象** Q：只缩放选定对象。
● **缩放全部对象** Q：调整缩放级别以包含所有对象。
● **显示页面** Q：调整缩放级别以适合整个页面。
● **按页宽显示** Q：调整缩放级别以适合整个页面宽度。
● **按页高显示** Q：调整缩放级别以适合整个页面高度。

技巧

滑动鼠标滚轮，向上滚动放大显示比例，向下滚动缩小显示比例。在工具箱中单击"缩放工具" Q 按钮，则可以在属性栏上显示缩放工具的相关选项，单击相关按钮可放大/缩小显示比例。还可以通过工具栏中的"缩放级别"选项进行缩放操作。

2.4.3 使用平移工具

使用较高的放大倍数或者处理大型图形设计时，可能无法看到全部图形，通过"平移工具" 👆 可以在绘图窗口内移动页面来查看之前隐藏的区域。

单击工具箱中的"平移工具" 👆 按钮，此时光标变为小手的形状 🖐，将光标放在绘图窗口中，单击并拖动鼠标，可以平移视图，显示要查看的区域。

2.4.4 定位页面

在CorelDRAW 2018中可以通过导航器定位页面，导航器的优点是无须缩小图形即可选择任意需要显示的范围。

单击绘图窗口右下角的导航器🔍按钮，按住鼠标左键或者N键，在弹出的导航器窗口中拖动十字形指针，绘图区即可显示导航器指针处的图形。

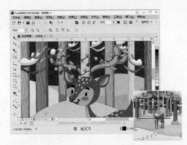

拖动绘图窗口右侧及下面的滚动滑块，可以快速上下左右移动图形显示范围。

2.4.5 更改预览模式 重点

CorelDRAW中有3种预览模式，打开"查看"菜单，可以看到3种预览模式，即全屏预览、只预览选定的对象和页面排序器视图。

● 全屏预览：将所有编辑对象进行全屏预览，按F9键可以快速切换。

● 只预览选定的对象：将选中的对象进行预览，没有被选中的对象被隐藏。

● 页面排序器视图：将文档内编辑的所有页面以平铺的方式进行预览，一般用于编排书籍、画册，便于进行查看和调整。

2.5 绘图辅助设计

CorelDRAW 2018中的辅助工具包括辅助线、自动贴齐、标尺和网格等，使用辅助工具可以帮助用户精确绘图，可以更加快捷地制作出规整的图形。

2.5.1 设置辅助线 重点

辅助线是帮助用户进行准确定位的虚线。辅助线可以位于绘图窗口的任意位置，不会在文件输出时显示，按住鼠标左键拖曳可以添加或移动平行辅助线、垂直辅助线和倾斜辅助线。

创建辅助线

将光标移至标尺上，单击鼠标左键不松开，即可拖曳出辅助线，辅助线为蓝色的虚线，当辅助线被选中时，会变成红色的虚线。

移动辅助线

将光标放置在创建的辅助线上，当光标变为 ↔ 形状时，拖曳鼠标可移动辅助线。单击鼠标并拖曳至适当位置后，单击鼠标右键，可复制辅助线，此时复制的辅助线可打印出来。

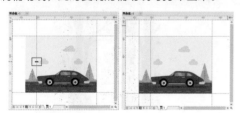

旋转辅助线

选中辅助线，再次单击，此时辅助线出现双向箭头，将光标放在任一双向箭头上，当光标变为 ↻ 形状时，拖曳鼠标可旋转辅助线。

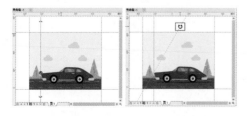

锁定辅助线

选择需要锁定的辅助线，在菜单栏中执行"锁定"→"锁定对象"命令，即可进行锁定；在菜单栏中执行"锁定"→"解锁对象"命令可进行解锁。

技巧

单击鼠标右键，在快捷菜单中选择"锁定对象"和"解锁对象"命令也可进行操作。

隐藏辅助线

单击选中辅助线，再单击鼠标右键，在弹出的快捷菜单中选择"隐藏对象"命令，即可隐藏辅助线。

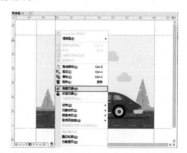

若需要隐藏所有的辅助线，可在菜单栏中执行"查看"→"辅助线"命令，隐藏所有辅助线。

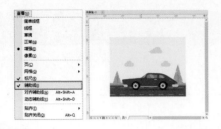

在菜单栏中执行"工具"→"选项"命令或按Ctrl+J快捷键，打开"选项"对话框，在左侧列表中选择"文档"→"辅助线"命令，单击"辅助线"右侧的三角图标，打开下拉列表，可对辅助线进行添加、移动、平移、清除、倾斜等精确操作。

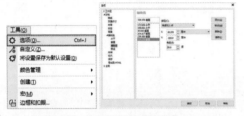

"辅助线"对话框的介绍如下。

- "显示辅助线"：通过勾选来显示或隐藏辅助线。
- "贴齐辅助线"：可以将对象对齐辅助线。
- "默认辅助线颜色"和"默认预设辅助线颜色"：单击右侧的颜色按钮，可以设置辅助线的颜色和预置辅助线颜色。
- 若选择对话框左侧列表中的"辅助线""水平""垂直""预设"选项，可以分别对各种方向的辅助线进行设置。

2.5.2 设置贴齐

移动或绘制对象时，使用贴齐功能可以将它与绘图中的另一个对象贴齐，或者将一个对象与目标对象中的多个贴齐点贴齐，当移动光标接近贴齐点时，贴齐点将突出显示，表示该点是要贴齐的目标。

CorelDRAW 2018提供了6种贴齐功能，即"像素""文档网格""基线网格""辅助线""对象""页面"，在菜单栏中执行"查看"→"贴齐"命令，从中执行任一贴齐命令，可切换其启用与关闭状态，如果其前面出现 ✓ 符号，代表该选项被启用。

在图形复杂时容易出现错误捕捉，在菜单栏中执行"工具"→"选项"命令，打开"选项"对话框，在左侧选项栏中单击"工作区"→"显示"选项，再在右侧的"模式"选项中选择去掉暂时不需要的捕捉点，即可避免错误捕捉的出现。

2.5.3 设置标尺

在CorelDRAW中，标尺起到辅助精确绘图和缩放对象的作用。默认情况下，原点坐标位于页面左上角，在标尺交叉处拖曳原点 🖻 按钮，只需移动原点的位置，双击标尺交叉点即可回到默认原点。

标尺有水平和垂直两种，分别度量横向和纵向的尺寸。在菜单栏中执行"查看"→"标尺"命令，可切换标尺的显示与隐藏状态。

1. 设置标尺

将光标放在标尺上单击鼠标右键，在弹出的快捷菜单中选择"标尺设置"选项，或将光标放在标尺上双击，即可打开"标尺"设置对话框，设置标尺。

标尺选项的介绍如下。

- **单位：**设置标尺的单位。
- **原始：**在"原始"区域中的"水平"和"垂直"后的数值框中输入数值，即可确定原点的位置。
- **记号划分：**在数值框中输入数值，可以设置标尺的刻度记号，最大范围为20，最小范围为2。
- **"编辑缩放比例"按钮：**单击该按钮，即可弹出"绘图比例"对话框，可以在"典型比例"选项的下拉列表中选择比例。

2. 移动标尺

整体移动标尺

将光标移动到标尺交叉的原点 上，按住Shift键的同时按住鼠标左键拖曳标尺交叉点，即可移动标尺。

分别移动水平和垂直标尺

将光标移动到水平或垂直标尺上，按住Shift键的同时按住鼠标左键拖曳，即可移动标尺位置。

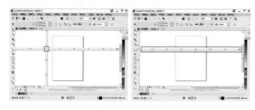

2.5.4　设置网格

网格可以帮助用户精确地放置对象，并可自行设置网格线和点之间的距离，从而使定位更加精确，但是在输出或印刷时无法显示。CorelDRAW 2018中的网格分为文档网格和基线网格。

文档网格

文档网格可以准确对齐和放置对象，它是一组可在绘图窗口显示的交叉线条。在菜单栏中执行"查看"→"网格"→"文档网格"命令，即可显示文档网格。

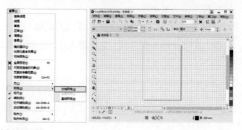

基线网格

基线网格只有横线，并且只显示在绘图页面，主要用来帮助用户对齐文本。在菜单栏中执行"查看"→"网格"→"基线网格"命令，即可显示基线网格。

设置网格

为了便于在不同情况下进行观察，可以通过更改网格显示和网格间距来自定义网格外观。

在菜单栏中执行"工具"→"选项"命令，在弹出的对话框左侧选择"文档"→"网格"选项，在右侧"网格"界面中设置网格的大小、显示方式、颜色、透明度等参数。

2.6 知识拓展

在使用CorelDRAW 2018进行设计之前需要注意以下几点。

- 在安装的过程中，CorelDRAW 2018 的序列号很重要，切勿丢失。
- 对 CorelDRAW 2018 工作界面的熟知是每个使用软件的人员所要掌握的。
- CorelDRAW 2018 最基本的操作就是新建、打开、保存、关闭、导入文件等，这些都是设计的第一步。
- 辅助功能的用意是能够帮助我们更精确地完成一些包装展开图、画册等的设计，在设计中运用得比较多，是必须掌握的知识点。
- 视图的调整方便我们在制作的过程中清楚地看到设计效果。

2.7 拓展训练

本章为读者安排了拓展练习，以帮助大家巩固本章内容。

训练 中国元素封面

难度：☆☆
素材文件：素材\第2章\习题\素材
效果文件：素材\第2章\习题\中国元素封面 .cdr
在线视频：第2章\习题\中国元素封面 .mp4

根据本章所学的知识，利用平移、缩放工具和绘图辅助工具制作右图中国元素的封面。

第 3 章

对象操作

CorelDRAW 2018中提供了多种编辑对象的
操作方式，包括选择对象、变换对象、对象的
复制与再制、控制对象、对象的撤销、重复
与删除和使用图层管理对象，本章将详细介绍
CorelDRAW 2018软件中对象的操作。

本章重点

选择全部对象｜变换对象｜对象的复制与再制

控制对象｜使用图层管理对象

3.1 选择对象

在对任何对象进行编辑之前，首先需要使其处于选中状态，即选择对象。"选择工具" ▶ 是最常用的选择对象的工具，通过该工具不仅可以选择矢量图形，还可以选择位图、群组等对象。当对象被选中时，其周围会出现八个黑色正方形控制点，并且通过调整控制点可以修改对象的位置、形状及大小。本节将详细介绍CorelDRAW 2018软件中选择对象的操作方法。

3.1.1 选择单一对象

单击工具箱中的"选择工具" ▶ 按钮，将黑色箭头 ▶ 形状的光标移动到要选择的对象上，单击即可将其选中。

技巧

在使用其他工具时，通过按键盘中的空格键即可快速切换到"选择工具" ▶ ，并且再次按下空格键可切换为之前使用的工具。

3.1.2 选择多个连续的对象

在CorelDRAW 2018中，可以使用"选择工具" ▶ 或"手绘选择工具" ◿ 完成多个连续对象的选择。

● 单击工具箱中的"选择工具" ▶ 按钮，然后按住鼠标左键在空白处拖曳出虚线矩形范围，松开鼠标后，该矩形范围中的对象全部被选中。

● 单击工具箱中的"手绘选择工具" ◿ 按钮，然后按住鼠标左键沿着要选择的对象周围拖动鼠标，绘制出一个不规则的虚线范围，松开鼠标后，该范围中的对象全部被选中。

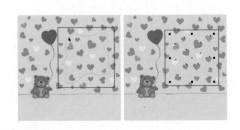

提示

在使用"选择工具" ▶ 或"手绘选择工具" ◿ 以绘制虚线框的方式选择对象时，需要将整个对象选择于虚线区域中，否则选择无效。

3.1.3 选择多个不相邻对象

单击工具箱中的"选择工具" ▶ 按钮，然后按住Shift键的同时再逐个单击每个不相邻对象进行加选，即可选择多个不相邻对象。

3.1.4 选择全部对象 重点

在CorelDRAW 2018中，选择全部对象的方法有以下几种。

● 在菜单栏中执行"编辑"→"全选"→"对象"命令，即可选择当前文档中的全部对象。

- 单击工具箱中的"选择工具" ↖ 按钮，然后按住鼠标左键在所有对象的外围拖曳虚线矩形，松开鼠标后，即可选择全部对象。

- 双击工具箱中的"选择工具" ↖ 按钮，即可快速选择全部对象。
- 按 Ctrl+A 快捷键，即可快速全选对象。

提示

通过执行"全选"命令全选对象时，锁定的对象、文本或辅助线将不会被选中；双击"选择工具" ↖ 按钮全选对象时，全选的类型不包括辅助线和节点。

"全选"命令的介绍如下。
- **对象：**选取绘图窗口中的所有对象。
- **文本：**选取绘图窗口中的所有文本。
- **辅助线：**选取绘图窗口中的所有辅助线，选中的辅助线以红色显示。
- **节点：**选取绘图窗口中的所有节点。

3.1.5 按顺序选择对象

当多个对象重叠在一起时，单击工具箱中的"选择工具" ↖ 按钮，再单击选中最上面的对象，然后按Tab键，即可按照从前到后的顺序依次选择对象。

3.1.6 选择被覆盖的对象

单击工具箱中的"选择工具" ↖ 按钮或"手绘选择工具" ⬚ 按钮，单击最上层的对象，然后按住Alt键，再继续单击一次或多次，直到重叠的对象周围出现选择框，即可选择被覆盖的对象。

练习3-1 更换海报背景

难度：☆☆
素材文件：素材\第3章\练习3-1\海报.cdr
效果文件：素材\第3章\练习3-1\更换海报背景.cdr
在线视频：第3章\练习3-1\更换海报背景.mp4

所谓"重叠"对象，就是两个图形已经重叠在一块，本案例讲解如何快速地选择重叠对象并进行编辑处理。

01 打开 CorelDRAW2018，选择"文件"→"打开"命令，弹出"打开绘图"对话框，选择"素材\第3章\练习3-1\海报.cdr"文件，单击"打开"按钮。

02 选择工具箱中的"选择工具" ↖ ，选中重叠对象。

03 按 Shift+F11 组合键，弹出"均匀填充"对话框，设置颜色值为（R254，G196，B0），单击"确定"按钮。

04 选择"位图"→"转换为位图"命令，弹出"转换为位图"对话框，保持默认值不变，单击"确定"按钮。

05 选择工具箱中的"透明度工具" ⬚ ，设置属性栏中的透明度类型为"辐射"，调整位图的透明效果。

06 调整完毕后，按空格键，完成本案例。

相关链接

关于"透明度工具"的内容请参阅本书第8章的第8.5.2节。

3.1.7 隐藏或显示对象 新增

在绘制复杂的图像时,隐藏或显示对象这一功能能使用户的操作更加快捷方便。隐藏或显示对象的具体操作方式如下。

在菜单栏中执行"窗口"→"泊坞窗"→"对象管理器",打开"对象管理器"泊坞窗。

使用"选择工具" 单击选择要隐藏的对象,则对象管理器中该对象对应的名称显示为蓝色底纹。

右键单击该名称,在弹出的快捷菜单中执行"隐藏对象"命令,即可隐藏该对象,并且该名称显示为灰色。

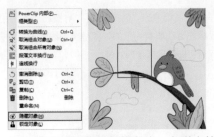

右键单击该隐藏对象的名称,在弹出的快捷菜单中执行"显示对象"命令,即可显示该对象。

技巧

使用"选择工具" 单击选择对象,再在菜单栏中执行"对象"→"隐藏"→"隐藏对象"命令,即可隐藏该对象。

"隐藏"命令的介绍如下。

● 隐藏对象:隐藏所选对象。

● 显示对象:显示所选对象。

● 显示全部对象:显示当前文档中的所有隐藏对象。

3.2 变换对象

在CorelDRAW 2018中有多种变换对象的操作方式,包括移动对象、旋转对象、缩放对象、镜像对象和倾斜对象等,通过这些变换对象的操作,可以制作出丰富多样的形状。本节将详细介绍这些变换对象的操作方法。

3.2.1 移动对象

在CorelDRAW 2018中移动对象的操作方

法有以下几种。

方法一:单击工具箱中的"选择工具"

按钮，单击选中对象，当光标变为 ✛ 形状时，按住鼠标左键进行拖曳，松开鼠标后，即可移动对象。

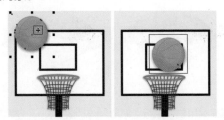

方法二：单击工具箱中的"选择工具" 按钮，单击选择要移动的对象，再在菜单栏中执行"对象"→"变换"→"位置"命令，或按Alt+F7快捷键，打开"变换"泊坞窗，在泊坞窗中单击"位置" 按钮，然后设置位置参数，最后单击"应用"按钮，即可根据设置的参数移动对象位置。

技巧

在"变换"泊坞窗中勾选"相对位置"选项，即可以原始对象相应的锚点作为坐标原点，然后根据设定的方向和距离进行位移。

方法三：按住鼠标右键拖动对象，松开鼠标后，在弹出的快捷菜单中执行"移动"命令，即可移动该对象。

方法四：单击工具箱中的"选择工具" 按钮，单击选中对象，然后在属性栏中"对象位置"的数值框中输入"X"轴和"Y"轴的位置，即可移动所选对象位置。

方法五：单击工具箱中的"选择工具" 按钮，单击选中对象，然后使用键盘上的"上、下、左、右"方向键进行移动。

3.2.2 旋转对象 重点

在CorelDRAW 2018中旋转对象的操作方法有以下几种。

方法一：单击工具箱中的"选择工具" 按钮，双击要旋转的对象，将光标移动到旋转箭头上，当光标变为 ↻ 形状时，按住鼠标左键拖动旋转箭头，松开鼠标后，即可旋转对象。

方法二：单击工具箱中的"选择工具" 按钮，单击选中对象，再在属性栏中"旋转角度"后面的数值框中输入旋转角度，即可旋转对象。

方法三：单击工具箱中的"选择工具" 按钮，单击选中对象，再在菜单栏中执行"对象"→"变换"→"旋转"命令，或按Alt+F8快捷键打开"变换"泊坞窗，在泊坞窗中单击"旋转" 按钮，然后设置旋转参数，最后单击"应用"按钮，即可根据设置的参数旋转对象。

技巧

在"旋转"泊坞窗中的"副本"数值框中输入旋转数值，可以进行旋转并复制对象的操作。

难度：☆☆

素材文件：素材\第3章\练习3-2\制作扇子.cdr

效果文件：素材\第3章\练习3-2\制作扇子-OK.cdr

在线视频：第3章\练习3-2\制作扇子.mp4

　　本实例使用"矩形工具"□绘制矩形，再通过"添加透视"命令创建透视效果，然后通过调色板为形状填充颜色，通过"变换"泊坞窗变换并复制对象，制作扇骨，最后调整对象顺序，制作扇子。

01 启动 CorelDRAW 2018 软件，打开本章的素材文件"素材\第3章\练习3-2\制作扇子.cdr"。

02 单击工具箱中的"矩形工具"□按钮，按住鼠标左键拖动绘制一个矩形。在菜单栏中执行"效果"→"添加透视"命令。

03 按住鼠标左键拖动透视控制点，调整矩形形状。

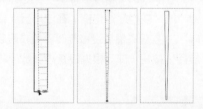

04 使矩形对象保持选中状态，单击调色板中的"砖红"，为矩形填充颜色，再使用鼠标右键单击⊠按钮，去除对象的轮廓线，制作扇骨。

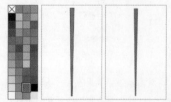

05 使用"选择工具"➘单击两次对象，再单击并

拖动旋转箭头，旋转扇骨对象，并单击调整中心点的位置。

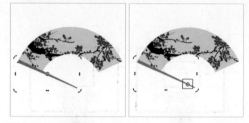

06 在菜单栏中执行"对象"→"变换"→"旋转"命令，或按 Alt+F8 快捷键打开"变换"泊坞窗，然后设置参数。

07 单击"应用"按钮，即可根据设置的参数旋转并复制对象，使用"选择工具"➘选择所有的扇骨对象，按 Ctrl+G 快捷键进行群组。然后右键单击对象，在弹出的快捷菜单中执行"顺序"→"到图层后面"命令。

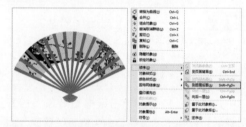

08 将扇骨对象调整到扇面对象的后面，则制作扇子完成。

相关链接

　　关于"群组对象"的内容请参阅本书第3章的第3.4.2节。

3.2.3 缩放对象

在CorelDRAW 2018中缩放对象的方法有以下几种。

方法一：单击工具箱中的"选择工具" 按钮，单击选中对象，然后按住鼠标左键向外（或向内）拖曳控制点，松开鼠标后即可放大（或缩小）对象。

方法二：单击工具箱中的"选择工具" 按钮，单击选择要缩放的对象，再在菜单栏中执行"对象"→"变换"→"缩放和镜像"命令，或按Alt+F9快捷键打开"变换"泊坞窗，在泊坞窗中单击"缩放和镜像" 按钮，然后设置缩放参数，最后单击"应用"按钮，即可根据设置的参数缩放对象。

单击工具箱中的"选择工具" 按钮，单击选择要缩放的对象，再在菜单栏中执行"对象"→"变换"→"大小"命令，或按Alt+F10快捷键打开"变换"泊坞窗，在泊坞窗中单击"大小" 按钮，然后设置大小参数，最后单击"应用"按钮，即可根据设置的参数更改对象大小。

单击工具箱中"选择工具" 按钮，单击选择要缩放的对象，然后在属性栏中"对象大

小"的数值框中输入参数，更改对象大小，或者在"缩放因子"数值框中输入缩放比例，即可根据设置的参数缩放对象。

3.2.4 镜像对象 重点

在CorelDRAW 2018中有多种镜像对象的操作方式。

●单击工具箱中的"选择工具" 按钮，单击选择要镜像的对象，按住鼠标左键拖动水平或垂线上的控制锚点，松开鼠标后，即可镜像对象。

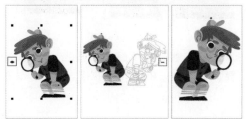

●单击工具箱中的"选择工具" 按钮，单击选择要镜像的对象，然后在属性栏中单击"水平镜像"按钮或"垂直镜像" 按钮，即可镜像对象。

●单击工具箱中的"选择工具" 按钮，单击选择要镜像的对象，再在菜单栏中执行"对象"→"变换"→"缩放和镜像"命令，或按Alt+F9快捷键，打开"变换"泊坞窗，单击"缩放和镜像" 按钮，然后单击"水平镜像"按钮或"垂直镜像" 按钮，最后单击"应用"按钮，即可镜像对象。

3.2.5 倾斜对象

在CorelDRAW 2018中，倾斜图形对象或生成倾斜面，能够达到透视的效果，从而呈现立体效果。

● 单击工具箱中的"选择工具" 按钮，双击需要倾斜的对象，出现旋转箭头后，按住鼠标拖动水平或垂线上的倾斜锚点，即可倾斜对象。

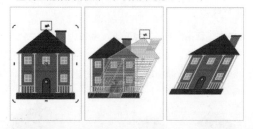

● 单击工具箱中的"选择工具" 按钮，单击选择需要倾斜的对象，在菜单栏中执行"对象"→"变

换"→"倾斜"命令，在打开的"变换"泊坞窗中单击"倾斜" 按钮，然后设置倾斜的参数，最后单击"应用"按钮，即可根据设置的参数倾斜对象。

3.2.6 清除变换对象

如果要清除对象所进行的变换操作，可以使用"选择工具" 单击选择要清除变换的对象，然后在菜单栏中执行"对象"→"变换"→"清除变换"命令，即可将对象还原到变换之前的效果。

3.3 对象的复制与再制

CorelDRAW中提供了多种复制对象的方法，包括对象的基本复制、再制对象、克隆对象、复制对象属性和使用步长重复命令。通过这些方法来满足多样的设计需求。

3.3.1 对象的基本复制 重点

在设计作品中经常会出现重复的对象，如果逐一绘制，无疑劳心费力。复制对象可保证对象的大小一致，在CorelDRAW 2018中有多种复制对象的方法。

方法一：单击工具箱中的"选择工具" 按钮，单击选中对象，在菜单栏中执行"编辑"→"复制"命令，或按Ctrl+C快捷键复制对象。

提示

经过复制后对象被保存到剪贴板中，并且原位置的对象不会被删除。复制对象后，再在菜单栏中执行"编辑"→"粘贴"命令，或按Ctrl+V快捷键在原位置粘贴对象，然后使用"选择工具" 移动对象。

方法二：单击工具箱中的"选择工具" 按钮，单击选中对象，再单击鼠标右键，在弹出的快捷菜单中执行"复制"命令，即可复制所选对象。

方法三：单击工具箱中的"选择工具" 按钮，单击选中对象，单击标准工具栏中的"复制" 按钮，即可快速复制所选对象。

方法四：单击工具箱中的"选择工具" 按钮，单击选中对象，按小键盘中的"+"键，即可在原位置快速地复制出一个新对象。

方法五：单击工具箱中的"选择工具" 按钮，单击选中对象，按住鼠标左键将对象拖曳到适当的位置，在松开鼠标左键之前按下鼠标右键，松开鼠标后，即可在当前位置复制一个副本对象。

方法六：单击工具箱中的"选择工具" 按钮，单击选中对象，按住鼠标右键将对象拖曳到适当的位置，松开鼠标后，在弹出的快捷菜单中执行"复制"命令，即可复制所选对象。

方法七：单击工具箱中的"选择工具" 按钮，单击选中对象，然后按住鼠标左键拖曳对象，在不松开鼠标的状态下，按空格键即可复制对象，继续拖动对象，每按一次空格键即可复制一次。

3.3.2 再制对象 重点

再制对象指的是快捷地将对象按一定的方式复制为多个对象，此种复制是复制的复制，再制不仅可以节省复制的时间，再制间距还可以保证复制效果。

单击工具箱中的"选择工具" 按钮，单击选中对象，在菜单栏中执行"编辑"→"再制"命令，或按Ctrl+D快捷键打开"再制偏移"对话框。

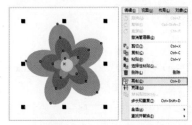

在"再制偏移"对话框中设置"水平偏移"和"垂直偏移"的数值，单击"确定"按钮，即可再制对象，并且再制出的对象与复制对象的间距和角度保持一致。

按Ctrl+D快捷键，即可再制出间距相同的连续对象。

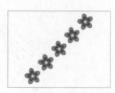

还可以按住鼠标左键将对象拖曳到合适的位置，在松开鼠标左键之前按下鼠标右键，在当前位置再制对象，继续按Ctrl+D快捷键，再制出间距相同的连续对象。

练习3-3 制作复古信纸

难度：☆☆

素材文件：素材\第3章\练习3-3\花纹.cdr

效果文件：素材\第3章\练习3-3\制作复古信纸-OK.cdr

在线视频：第3章\练习3-3\制作复古信纸.mp4

本实例使用"矩形工具"□绘制矩形，并通过调色板填充颜色，绘制信纸背景，再使用"手绘工具"绘制直线，然后通过"再制"命令复制多个直线对象，绘制格子，最后导入素材文件，为信纸添加装饰。

01 启动CorelDRAW 2018软件，新建一个空白文档，单击工具箱中的"矩形工具"□按钮，按住鼠标左键拖动绘制一个矩形，单击调色板中的"沙黄"，为矩形填充颜色。

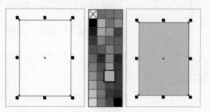

02 右键单击调色板中的⊠按钮，去除对象的轮廓线，再单击工具箱中的"手绘工具"按钮，在绘图窗口中单击，确定起点。

03 按住Ctrl键，同时拖动鼠标，到合适位置时单击，即可绘制一条直线，在属性栏中设置"轮廓宽度"为0.2mm。

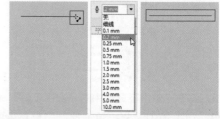

04 在菜单栏中执行"编辑"→"再制"命令，复制对象，使用"选择工具"移动到合适的位置，按Ctrl+D快捷键再制出间距相同的连续对象。

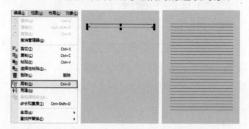

05 在菜单栏中执行"文件"→"打开"命令，打开本章的素材文件"花纹.cdr"，并按Ctrl+C快捷键复制对象，然后按Ctrl+V快捷键粘贴到该文档中，调整素材的大小和位置，并复制一个对象。

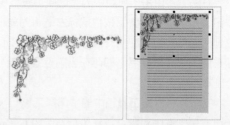

06 单击属性栏中的"水平镜像"按钮，水平镜像对象，再单击属性栏中的"垂直镜像"按钮，垂直镜像对象，最后调整对象的位置，则制作复古信纸完成。

相关链接

关于"绘制直线"的内容请参阅本书第4章的第4.1.1节。

3.3.3 使用步长与重复命令 重点

在CorelDRAW 2018中,使用"步长和重复"命令可以进行水平、垂直和角度再制。

单击工具箱中的"选择工具" ⊡ 按钮,单击选择要复制的对象,在菜单栏中执行"编辑"→"步长和重复"命令,或按Ctrl+Shift+D快捷键,打开"步长和重复"泊坞窗。

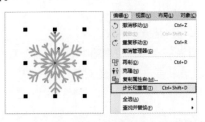

在"步长和重复"泊坞窗中设置参数,然后单击"应用"按钮,即可根据设置的步长和重复选项参数复制对象。

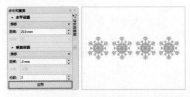

"步长和重复"泊坞窗的选项介绍如下。

- **水平设置:** 可在水平方向设置对象之间偏移的距离、方向。
- **垂直设置:** 可在垂直方向设置对象之间偏移的距离、方向。
- **距离:** 在数值框中输入数值进行精确偏移。
- **无偏移:** 指不进行任何偏移,在原对象的位置进行重复复制。
- **偏移:** 指以对象为准进行偏移,当"距离"的数值为0时,即在原对象的位置进行重复复制。
- **对象之间的间距:** 指以对象之间的间距为准进行水平(或垂直)偏移。当"距离"的数值为0时,重复效果为水平(或垂直)边缘重合复制。
- **方向:** 当设置为"对象之间的间距"时,该选项才可以启用,可在下拉列表中选择"左"或"右"。
- **份数:** 在该数值框中可设置复制对象的数目。
- **"应用"按钮:** 单击该按钮,可根据设置的步长和重复的参数复制对象。

3.4 控制对象

在对象的编辑过程中,可以进行对象的控制,包括更改对象叠放效果、群组与取消群组、合并与拆分对象、锁定与解除锁定,以及对齐与分布对象等。本章将详细介绍CorelDRAW 2018软件中关于对象的管理操作。

3.4.1 更改对象叠放效果

在CorelDRAW 2018中,经常需要对绘制的图形对象进行顺序的调整,对象排放的顺序不同,其效果也会有所不同。本节将详细介绍调整对象顺序的具体操作。

单击工具箱中的"选择工具" ⊡ 按钮,单击选择要调整顺序的对象,在菜单栏中执行"对象"→"顺序"命令,或右键单击对象,在弹出的快捷菜单中执行"顺序"命令,然后

在子菜单命令中选择需要的命令,即可执行相应的操作。

"顺序"命令的各个子命令介绍如下。

- **到页面前面：**将所选对象调整到当前页面的最前面。
- **到页面背面：**将所选对象调整到当前页面的最后面。

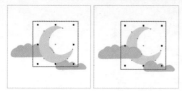

- **到图层前面：**将所选对象调整到当前页面所有对象的最前面。
- **到图层后面：**将所选对象调整到当前页面所有对象的最后面。
- **向前一层：**将所选对象调整到当前所在图层的上面。

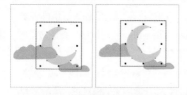

- **向后一层：**将所选对象调整到当前所在图层的下面。
- **置于此对象前：**执行该命令后，当光标变为向右加粗箭头时，在目标对象上单击，即可将所选对象置于该对象的前面。

- **置于此对象后：**执行该命令后，当光标变为向右加粗箭头时，在目标对象上单击，即可将所选对象置于该对象的后面。
- **逆序：**选择需要颠倒顺序的对象，执行该命令后，即可将所选对象按照相反的顺序进行排列。

3.4.2 群组与取消群组 重点

CorelDRAW 2018中的群组功能主要用于整合多个对象。在进行比较复杂的绘图编辑时，通常会有很多的图形对象，为了方便操作，可以对一些对象设定群组。设定群组以后的多个对象将被看作一个单独的对象，也可以取消群组，进行单个对象的操作。本节将详解CorelDRAW 2018中群组与取消群组的具体操作。

群组对象

在CorelDRAW 2018中有多种群组对象的方法。

方法一：单击工具箱中的"选择工具" ，按钮，选择要进行群组的对象，在菜单栏中执行"对象"→"组合"→"组合对象"命令，即可将多个对象整合成一个对象。

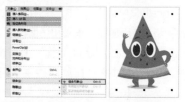

方法二：单击工具箱中的"选择工具" ，按钮，选择要进行群组的对象，单击鼠标右键，在弹出的快捷菜单中执行"组合对象"命令，即可群组所选对象。

方法三：单击工具箱中的"选择工具" ，按钮，选择要进行群组的对象，在属性栏中单击"组合对象" 按钮，即可快速群组所选对象。

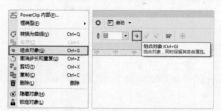

方式四：单击工具箱中的"选择工具" ，按钮，选择要进行群组的对象，按Ctrl+G快捷键可快速进行群组对象。

取消群组

在CorelDRAW 2018中有多种取消群组的方法。

方法一：单击工具箱中的"选择工具"⬛ 按钮，单击选择群组对象，在菜单栏中执行"对象"→"组合"→"取消组合对象"命令，即可取消所选群组对象，成为单独的对象。

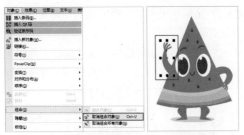

方法二：单击工具箱中的"选择工具"⬛ 按钮，单击选择群组对象，单击鼠标右键，在弹出的快捷菜单中执行"取消组合对象"命令，即可取消群组。

方法三：单击工具箱中的"选择工具"⬛ 按钮，单击选择群组对象，在属性栏中单击"取消组合对象"🔳 按钮，即可快速取消群组。

方式四：单击工具箱中的"选择工具"⬛ 按钮，单击选择群组对象，按Ctrl+U快捷键快速取消群组。

提示

通过"取消群组"的操作可以撤销前面进行的群组操作，如果上一步群组操作是组与组之间的，那么执行"取消群组"的操作后就变为独立的群组。

取消全部群组

取消全部群组可以将群组对象进行彻底解组，变为最基本的独立对象。取消全部群组的多种操作方式如下。

方式一：单击工具箱中的"选择工具"⬛ 按钮，单击选择群组对象，在菜单栏中执行"对象"→"组合"→"取消组合所有对象"命令，即可取消所有对象的群组，成为单独的对象。

方式二：单击工具箱中的"选择工具"⬛ 按钮，单击选择群组对象，单击鼠标右键，在弹出的快捷菜单中执行"取消组合所有对象"命令，即可取消群组。

方式三：单击工具箱中的"选择工具"⬛ 按钮，单击选择群组对象，在属性栏中单击"取消组合所有对象"🔳 按钮，即可快速取消全部群组。

3.4.3　合并与拆分对象

合并两个或多个对象可以创建带有共同填充和轮廓属性的单个对象，以便将这些对象转换为单个曲线对象。可以合并的对象包括矩形、椭圆形、多边形、星形、螺纹、图形或文本等。本节将详解CorelDRAW 2018中合并与拆分对象的具体操作。

合并对象

合并对象可以将多个对象合并为具有相同属性的单一对象。在CorelDRAW 2018中有多种合并对象的方法。

方法一：在工具箱中单击"选择工具"⬛ 按钮，选择多个对象，在菜单栏中执行"对象"→"合并"命令，即可合并多个对象，并且叠加处被镂空。

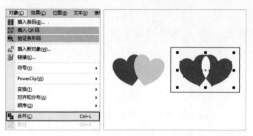

方法二：在工具箱中单击"选择工具" ![]按钮，选择多个对象，单击鼠标右键，在弹出的快捷菜单中执行"合并"命令，即可合并多个对象。

方法三：在工具箱中单击"选择工具" ![]按钮，选择多个对象，在工具的属性栏中单击"合并" ![]按钮，即可快速合并多个对象。

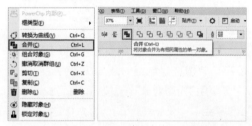

方式四：在工具箱中单击"选择工具" ![]按钮，选择多个对象，按Ctrl+L快捷键快速合并多个对象。

拆分对象

拆分对象是将图形对象拆分为具有相同属性的对象，拆分后的图形对象属性不会还原到原始状态。在CorelDRAW 2018中有多种拆分对象的方法。

方法一：在工具箱中单击"选择工具" ![]按钮，选择合并的对象，在菜单栏中执行"对象"→"拆分曲线"命令，即可拆分对象。

方法二：在工具箱中单击"选择工具" ![]按钮，选择合并的对象，单击鼠标右键，在弹出的快捷菜单中执行"拆分曲线"命令，即可拆分对象。

方法三：在工具箱中单击"选择工具" ![]按钮，选择合并的对象，在属性栏中单击"拆分" ![]按钮，即可快速拆分对象。

方法四：在工具箱中单击"选择工具" ![]按钮，选择合并的对象，按Ctrl+K快捷键快速拆分对象。

3.4.4 锁定与解锁对象 重点

在编辑过程中，有时需要避免对象受到操作的影响。锁定对象不但可以避免意外更改，还可以防止对象被选定。被锁定的对象将不能进行任何编辑操作，要更改锁定的对象，必须先解除锁定。可以一次解除锁定一个对象，也可以同时解除对所有锁定对象的锁定。

锁定对象

在CorelDRAW 2018中有多种锁定对象的方法。

方法一：在工具箱中单击"选择工具" ![]按钮，单击选择需要锁定的对象，在菜单栏中执行"对象"→"锁定"→"锁定对象"命令，即可锁定对象，并且对象四周的控制点将变为小锁的形状。

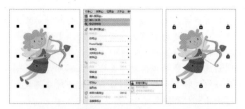

方法二：在工具箱中单击"选择工具" ![] 按钮，单击选择需要锁定的对象，单击鼠标右键，在弹出的快捷菜单中执行"锁定对象"命令，即可锁定对象。

解锁对象

在CorelDRAW 2018中有多种解除锁定对象的方法。

方法一：在工具箱中单击"选择工具" ![] 按钮，单击选择锁定的对象，在菜单栏中执行"对象"→"锁定"→"解锁对象"命令，即可解锁该对象。

方法二：在工具箱中单击"选择工具" ![] 按钮，单击选择需要解锁的对象，单击鼠标右键，在弹出的快捷菜单中执行"解锁对象"命令，即可解除锁定对象。

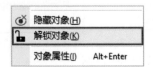

解锁全部对象

如果需要解除锁定的全部对象，可以直接在菜单栏中执行"对象"→"锁定"→"对所有对象解锁"命令，解锁全部对象。

3.4.5 对齐与分布对象 重点

在CorelDRAW 2018中，通过对齐与分布这一功能，可以准确地排列、对齐对象，以及使各个对象按照一定的方式进行分布。本节将详细介绍对象的对齐与分布的具体操作方式。

对齐对象

"对齐对象"功能是根据参考对象以一定的方式对齐对象，具体操作方式如下。

在工具箱中单击"选择工具" ![] 按钮，单击选择需要对齐的所有对象，在菜单栏中执行"对象"→"对齐和分布"命令，在子菜单命令中选择需要的对齐样式命令，即可执行相应的对齐操作。

还可以在属性栏中单击"对齐与分布" ![] 按钮，如下图所示，或者在菜单栏中执行"对象"→"对齐和分布"→"对齐与分布"命令，也可以按Ctrl+Shift+A快捷键打开"对齐与分布"泊坞窗，然后在泊坞窗中单击选择需要的对齐样式按钮，进行相应的对齐操作。

"对齐与分布"泊坞窗中关于对齐的各个按钮的介绍如下。

- "左对齐" 按钮：对齐对象的左边缘。
- "水平居中对齐" 按钮：水平对齐对象的中心。

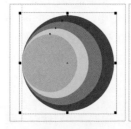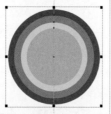

- "右对齐" 按钮：对齐对象的右边缘。
- "顶端对齐" 按钮：对齐对象的顶边。

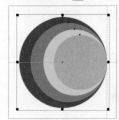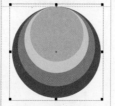

- "垂直居中对齐" 按钮：垂直对齐对象的中心。
- "底端对齐" 按钮：对齐对象的底边。

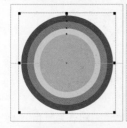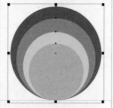

- "活动对象" 按钮：与上一个选择的对象对齐。
- "页面边缘" 按钮：与页面边缘对齐。
- "页面中心" 按钮：与页面中心对齐。
- "网格" 按钮：与网格对齐。
- "指定点" 按钮：与指定参考点对齐。

提示

用来对齐左、右、顶端、底端边缘的参考对象，是由对象创建的顺序或选择的顺序决定的。如果在进行对齐操作前以框选的方式选择对象，则最后创建的对象将成为对齐其他对象的参考点；如果每次选择一个对象，则最后选定的对象将成为对齐其他对象的参考点。

分布对象

"分布对象"功能主要用来控制选择对象之间的距离，通常用于选择三个或三个以上的对象，将他们之间的距离平均分布。

在工具箱中单击"选择工具" 按钮，单击选择需要分布的所有对象，在菜单栏中执行"对象"→"对齐和分布"命令，在子菜单命令中选择需要的分布样式命令，即可执行相应的分布操作。

还可以在属性栏中单击"对齐与分布" 按钮，或者在菜单栏中执行"对象"→"对齐和分布"→"对齐与分布"命令，也可以按Ctrl+Shift+A快捷键打开"对齐与分布"泊坞窗，然后在泊坞窗中单击选择需要的分布样式按钮，进行相应的分布操作。

"对齐与分布"泊坞窗中关于分布的各个按钮的功能如下。

- "左分散排列" 按钮：从对象的左边缘起以相同间距排列对象。
- "水平分散排列中心" 按钮：从对象的中心起以相同间距水平排列对象。

- "右分散排列"  按钮：从对象的右边缘起以相同间距排列对象。
- "顶部分散排列" 按钮：从对象的顶边起以相同间距排列对象。

- "垂直分散排列中心" 按钮：从对象的中心起以相同间距垂直排列对象。
- "底部分散排列" 按钮：从对象的底边起以相同间距排列对象。

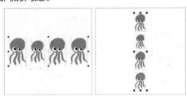

- "水平分散排列间距" 按钮：在对象之间水平设置相同的间距。
- "垂直分散排列间距" 按钮：在对象之间垂直设置相同的间距。

- "选定的范围" 按钮：将对象分布排列在包围这些对象的边框内。
- "页面分布" 按钮：将对象分布排列在整个页面上。

提示

使用分布命令进行对象的分布后，第一个和最后一个对象边将与文档边界重合，分布后的对象都在文档边界内，分布间距取决于新建文档的大小和对象的多少。

练习3-4 制作饮料海报

难度：☆☆

素材文件：素材\第3章\练习3-4\制作饮料海报.cdr

效果文件：素材\第3章\练习3-4\制作饮料海报-OK.cdr

在线视频：第3章\练习3-4\制作饮料海报.mp4

本实例通过"对齐与分布"泊坞窗对齐并分布对象，制作饮料海报。

01 启动 CorelDRAW 2018 软件，打开本章的素材文件"制作饮料海报.cdr"，在菜单栏中执行"文件"→"打开"命令，打开本章的素材文件"饮料.cdr"。

02 使用"选择工具" 选择对象，按 Ctrl+C 快捷键复制所有的"饮料"对象，再按 Ctrl+V 快捷键粘贴到当前文档中，然后调整大小和位置。

03 选择所有的饮料对象，在菜单栏中执行"对象"→"对齐和分布"→"对齐与分布"命令，打开"对齐与分布"泊坞窗，然后单击"底端对齐" 按钮，使所选对象底边对齐。

04 单击"对齐与分布"泊坞窗中的"水平分散排列中心" 按钮，从对象的中心起以相同间距水平排列对象。

05 单击工具箱中的"文字工具" 字 按钮，输入文本，再设置字体为"SF Automation"，字体颜色为"C:0；M:1；Y:15；K:0"，并调整文本的大小和位置。

07 使用"选择工具" 选择所有文本对象，再单击"对齐与分布"泊坞窗中的"垂直分散排列中心" 按钮，从对象的中心起以相同间距垂直排列对象，则制作饮料海报完成。

06 输入文本，设置字体为"Altair"，字体颜色为"C:0；M:1；Y:15；K:0"，并调整文本的大小和位置。使用"选择工具" 选择所有的文本对象及背景对象，单击"对齐与分布"泊坞窗中的"水平居中对齐" 按钮，水平对齐对象的中心。

相关链接

关于"文字工具"的内容请参阅本书第9章的第9.1节。

3.5 使用图层管理对象

在CorelDRAW 2018中进行较为复杂的设计时，可以使用图层来管理和控制对象。图层的原理其实非常简单，就像分别在多个透明的玻璃上绘画一样。图层的优势在于，每一个图层中的对象都可以单独进行处理，既可以移动图层，也可以调整图层堆叠的顺序，而不会影响其他图层中的内容。

3.5.1 使用对象管理器编辑图层 重点

在菜单栏中执行"对象"→"对象管理器"命令，即可打开"对象管理器"泊坞窗，本节将详细介绍使用图层控制对象的具体操作。

新建图层

在"对象管理器"泊坞窗中单击"新建图层"按钮，即可新建图层。

"对象管理器"泊坞窗中默认图层的介绍如下。

● "辅助线"图层：包含用于文档中所有页面的辅助线。

● "桌面"图层：包含绘图页面边框外部的对象。

● "文档网格"图层：包含用于文档中所有页面的网格。"网格"始终为底部图层。

新建主图层

默认情况下，所有内容都放在一个图层
上。可以根据情况，把应用于特定页面的内容
放在一个局部图层上，而应用于文档中所有页
面的内容可以放在称为主图层的全局图层上，
主图层存储在称为主页面的虚拟页面上。

在"对象管理器"中单击"新建主图
层" 按钮，即可新建主图层。

隐藏和显示图层

在"对象管理器"泊坞窗中可以看到文档
中包含的图层，每个图层前都有一个 图标。
单击该图标后当其显示为 时，即可隐藏该图
层，并且该图层上的对象处于隐藏状态；再次
单击图标后当其显示为 时，即可显示该图
层，并且该图层上的对象为对象可见状态。

删除图层

在"对象管理器"泊坞窗中单击选择要删
除的图层，然后单击右下角的"删除" 按
钮，即可将所选图层删除。

3.5.2 在图层中添加对象

在"对象管理器"泊坞窗中单击选择想要添
加对象的图层，然后使用绘图工具在绘图窗口中
绘制理想的图案，即可在所选图层中添加对象。

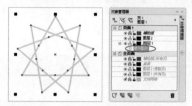

还可以通过移动图形的方法向某一图层中添
加对象。在画面中单击选择对象，然后按住鼠标
左键将其直接拖动到"对象管理器"泊坞窗中的
某一图层上，将所选对象添加到该图层中。

3.5.3 在图层间复制与移动对象

在图层间复制对象

单击选择要复制的图层，在"对象管理
器"泊坞窗中单击右上角的 按钮，在弹出的
下拉菜单中执行"复制到图层"命令，然后单
击目标图层，即可复制对象。

在图层间移动对象

单击选择要移动的对象，在"对象管理
器"泊坞窗中单击右上角的 按钮，在弹出
的下拉菜单中执行"移到图层"命令，然后单
击目标图层，即可将该对象移动至目标图层。

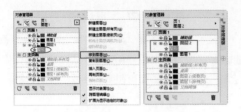

提示

如果把一个对象复制或移动到其当前所在图层下面的某个图层上，该对象将成为新图层上的顶层对象。当移动图层中的对象到另一个图层或从一个图层移动对象时，该图层必须处于解锁状态。

3.6 知识拓展

在CorelDRAW 2018中用户可以根据喜好定制自己的操作界面。

自定义界面的方法很简单，只需按下 Alt 键（移动）或是 Ctrl+Alt 组合键（复制）不放，将菜单中的项目、命令拖放到属性栏或另外的菜单中的相应位置，就可以自己编辑工具条中的工具位置及数量。

菜单、工具箱、工具栏及状态栏等界面。

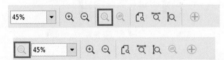

用户可以通过在"工具"菜单中的"自定义"对话框中进行相关设置，来进一步自定义

3.7 拓展训练

本章为读者安排了两个拓展练习，以帮助大家巩固本章内容。

训练3-1　更换戒指颜色	训练3-2　更换背景
难度：☆☆	难度：☆☆
素材文件：素材\第3章\习题1\对戒.cdr	素材文件：素材\第3章\习题2\背景.cdr、棒棒糖海报.cdr
效果文件：素材\第3章\习题1\更换戒指颜色.cdr	效果文件：素材\第3章\习题2\更换背景.cdr
在线视频：第3章\习题1\更换戒指颜色.mp4	在线视频：第3章\习题2\更换背景.mp4

根据本章所学的知识，通过对象复制的操作方法，更换戒指的颜色。

根据本章所学的知识，通过选择对象的操作方法，更换海报背景。

第 **4** 章

直线及曲线的绘制

CorelDRAW 2018提供了多种用于绘制直线和曲线的工具，包括手绘工具 ⬚、贝塞尔工具 ⬚、LiveSketch工具 ⬚、艺术笔工具 ⬚、钢笔工具 ⬚、2点线工具 ⬚、B样条工具 ⬚、3点曲线工具 ⬚ 和折线工具 ⬚。本章将详细介绍这些工具的使用方法及技巧。

本章重点

手绘工具 | 贝塞尔工具 | 艺术笔工具 | 钢笔工具

2点线工具 | B样条工具 | 连接器工具 | 度量工具

4.1 手绘工具

CorelDRAW 2018中的"手绘工具"  可以绘制直线、曲线和闭合图形。手绘工具是一种简单的绘图工具，使用方法十分简单，可以像使用铅笔一样自由地绘图，用户可以通过它在工作区内自由绘制一些不规则的形状或线条等，常用于制作绘画感强烈的设计作品。

4.1.1 基本绘制方法 重点

绘制直线线段

单击工具箱中的"手绘工具" 按钮，或按F5快捷键选择"手绘工具"，在工作区中单击，确定起点，光标变为 ✧ 形状后，拖动鼠标在终点处单击，即可绘制直线。

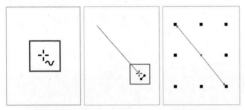

单击确定起点，光标变为 ✧ 形状后，按住Ctrl键并拖动鼠标，可绘制出以15°为增量的直线。

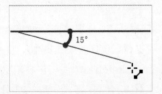

> **技巧**
>
> 在菜单栏中执行"工具"→"选项"命令，打开"选项"对话框，在左侧列表框选择"工作区"→"编辑"选项，在右侧显示的"编辑"界面中可以对"限制角度"进行设置。

绘制连续线段

单击确定起点，光标变为 ✧ 形状后，在折点处双击，然后拖动直线，即可绘制出折线或

者多边形，如果曲线的起点和终点重合，即完成封闭曲线的绘制。

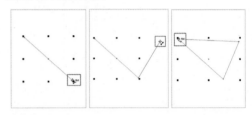

绘制曲线

单击工具箱中的"手绘工具" 按钮，在工作区中单击并拖动鼠标，在绘制出理想的形状后松开鼠标，即可绘制出一条任意形状的曲线。

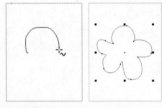

在线段上绘制曲线

单击工具箱中的"手绘工具" 按钮，绘制一条直线线段后，将光标拖动到线段末尾的节点上，当光标变为 ✧ 形状时，按住鼠标左键拖动绘制曲线，即可穿插绘制。

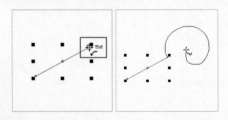

> **提示**
>
> 在使用"手绘工具" 绘制曲线时，按住鼠标左键不松开绘制对象，如果绘制出错，可以按住Shift键往回拖曳鼠标，则绘制的线条变成红色，保留的线条为蓝色，松开鼠标清除掉红色的线条。

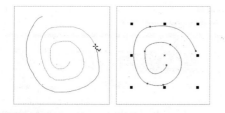

拖动控制线调整曲线形状，在曲线上双击可添加
节点，在节点上双击可删除节点。

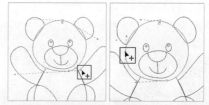

练习4-1 绘制卡通熊

难度：☆☆☆

素材文件：素材\第4章\练习4-1\素材

效果文件：素材\第4章\练习4-1\绘制卡通熊-OK.cdr

在线视频：第4章\练习4-1\绘制卡通熊.mp4

05 调整节点直到形成满意的形状，采用同样的方法，使用"形状工具" 🖎 调整其他曲线的形状。

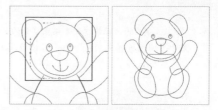

本实例使用"手绘工具" 🖎 绘制曲线路径，再使用"形状工具" 🖎 编辑并调整曲线形状，然后通过调色板填充颜色，绘制一个卡通熊娃娃。

01 启动 CorelDRAW 2018 软件，新建一个空白文档，单击工具箱中的"手绘工具" 🖎 按钮，或按 F5 键选择"手绘工具"，在绘图区域中单击并拖动鼠标绘制形状。

06 使用"选择工具" 🖎 选择形状对象，然后单击调色板中的"浅橘红"，填充颜色。

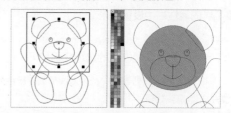

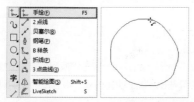

02 绘制出理想的形状后松开鼠标，即可创建一条平滑的曲线，单击属性栏中的"闭合曲线" 🖎 按钮，自动闭合曲线。

07 采用同样的方法，为其他对象填充颜色，使用"选择工具" 🖎 选择曲线对象，然后右键单击调色板中的颜色块，更改线条的颜色。

03 采用同样的方法，使用"手绘工具" 🖎 绘制一个卡通熊，并将没有闭合的曲线闭合。

08 使用"手绘工具" 🖎 绘制形状并填充颜色，增加细节与装饰，然后使用"选择工具" 🖎 选择要取消轮廓线的对象，右键单击调色板中的 ☒ 按钮，取消形状轮廓线，完成卡通熊的绘制。

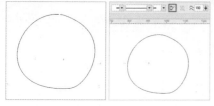

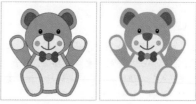

04 单击工具箱中的"形状工具" 🖎 按钮，或按 F10 键选择"形状工具"，单击选择控制点，并

09 在菜单栏中执行"文件"→"打开"命令，打

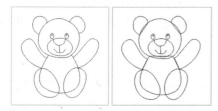

开本章的素材文件"背景.cdr"，然后将绘制好的卡通熊复制到该文档中，并调整至合适的位置和大小，制作完成。

相关链接

关于"形状工具"的内容请参阅本书第7章的第7.1节。关于"调色板填充颜色"的内容请参阅本书第6章的第6.2.1节。

4.1.2　线条的设置 重点

使用"手绘工具"绘制线条后，可以在该工具的属性栏中设置线条。

"手绘工具"属性栏的选项介绍如下。

- **起始箭头**：在下拉列表框中，可为线条选择应用所需的起始箭头效果。

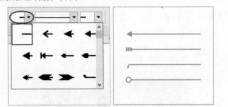

- **线条样式**：在下拉列表框中，可为线条选择应用所需的轮廓样式效果。

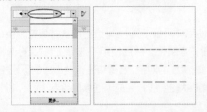

提示

在添加线条样式效果时，如果没有我们需要的样式，可以单击底部的"更多"按钮，打开"编辑线条样式"对话框进行自定义编辑，编辑完成后，单击"添加"按钮进行添加。

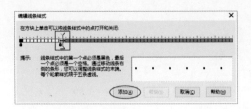

- **终止箭头**：在下拉列表框中，可为线条选择应用所需的终止箭头效果。

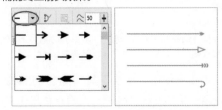

- **"闭合曲线"** 按钮：如果在文档中绘制了开放的手绘形状并选中，该选项将呈可用状态，单击该按钮，可将开放曲线自动闭合，转换为封闭图形，以形成面。

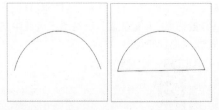

- **"文本换行"** 按钮：单击该按钮，在其下拉列表框中可选择不同的绕排方式，将封闭的图形对象与段落文本进行图文混排。

- **手绘平滑**：单击并拖动水平滑动条设置不同的手绘平滑值，调整手绘图形对象的边缘平滑度，数值越大，越平滑。

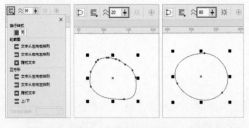

- **"边框"** 按钮：使用曲线工具时，显示或隐藏边框。激活该按钮为隐藏边框，默认情况为显示边框。

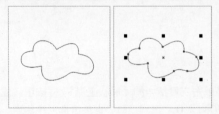

4.2 贝塞尔工具

CorelDRAW 2018中的"贝塞尔工具" 用于绘制平滑、精确的曲线，在绘图中的应用很广。使用该工具绘制的曲线灵活性较强，它会依照前后的节点发生变化，所以绘制过程中的关键在于确定曲线的关键节点，指定曲线的节点后，系统会自动用直线或曲线连接节点。

4.2.1 直线绘制方法

使用"贝塞尔工具" 可以绘制简单的直线，也可以绘制连续的直线线段。

绘制直线

单击工具箱中的"手绘工具" 按钮，在弹出的工具列表中单击选择"贝塞尔工具" ，在工作区中单击确定起点。

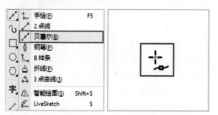

将光标移到合适位置，再次单击定位另一个点，此时两点之间将出现一条直线，停止绘制、按空格键或单击"选择工具" 按钮，完成绘制。

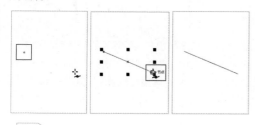

提示

按住 Shift 键可创建水平或垂直的直线线段。

绘制连续线段

移动光标，单击鼠标添加节点就可以绘制连续的线段，回到起点处单击，可以形成一个面，可对其进行填充等编辑操作。

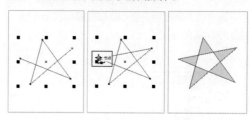

4.2.2 曲线绘制方法

在工作区中单击确定起点，然后将光标移到合适位置，再次单击定位另一个点，按住鼠标左键不放，将鼠标拖向下一曲线段节点的方向，此时会出现控制线（蓝色虚线箭头），松开鼠标，再在下一处单击，继续单击并拖动控制线绘制曲线，回到起点处闭合曲线。

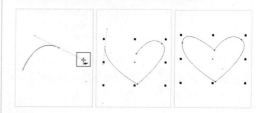

提示

如果将封闭的曲线路径对象中的某个节点断开，该对象即被改变成未闭合的对象，将无法填充颜色，并且已填充的颜色也会无法显示。另外，在使用"贝塞尔工具" 绘制曲线时，在没松开鼠标的情况下，如果下一节点位置不符合设想，可以按住 Alt 键，移动光标到符合设想位置单击再进行下一步操作。

练习4-2 复制曲线段 (新增)

难度：☆☆☆

素材文件：素材\第4章\练习4-2\素材	
效果文件：素材\第4章\练习4-2\复制曲线段 -OK.cdr	
在线视频：第4章\练习4-2\复制曲线段 .mp4	

本实例使用"贝塞尔工具" 📐 绘制曲线路径，再使用"形状工具" 📐 选择要复制的曲线段进行复制，绘制树干和树枝，然后通过调色板为曲线形状填充颜色，制作小树，并应用到素材文件中。

01 启动 CorelDRAW 2018 软件，新建一个空白文档，单击工具箱中的"贝塞尔工具" 📐，在绘图区域中单击确定起点，然后将光标移到合适位置，再次单击定位另一个点，按住鼠标左键不放，拖动控制线调整曲线。

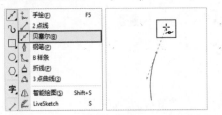

02 松开鼠标后，再在下一处单击，继续单击并拖动控制线绘制曲线，回到起点处闭合曲线，绘制一个树干形状，单击工具箱中的"形状工具" 📐 按钮。

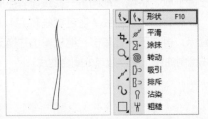

03 单击形状对象即可显示节点，以框选的方式选择要复制的曲线段，然后按 Ctrl+C 快捷键复制，按 Ctrl+V 快捷键粘贴所选曲线段对象。

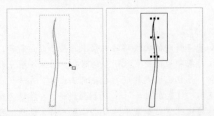

04 使用"选择工具" 📐 移动对象并进行旋转，制作树枝，采用同样的方法，继续复制曲线段，制作树枝。

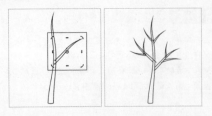

05 使用"形状工具" 📐 单击并拖动节点，调整节点位置。

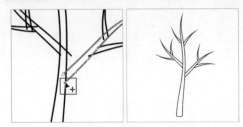

06 使用"选择工具" 📐 选择全部对象，单击属性栏中的"合并" 📐 按钮，合并对象，然后左键单击调色板中的"宝石红"，填充颜色。

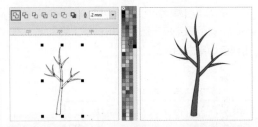

07 右键单击调色板中的 ⊠ 按钮，取消形状轮廓线，使用"贝塞尔工具" 📐 绘制一个树叶的形状。

08 为对象填充颜色并去除轮廓线，然后右键单击对象，在弹出的快捷菜单中执行"顺序"→"到图层后面"命令，调整对象顺序，接下来使用"选择工具" 📐 选择全部对象，按 Ctrl+G 快捷键群组对象。

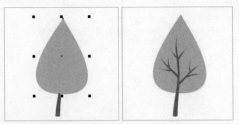

09 在菜单栏中执行"文件"→"打开"命令，打开本章的素材文件"背景 .cdr"，将绘制好的小树复制到该文档中，复制多个小树对象，并调整至合适的大小和位置，完成制作。

相关链接

关于"合并对象"的内容请参阅本书第 7 章的第 7.3.1 节。

4.2.3 贝塞尔的设置（重点）

双击工具箱中的"贝塞尔工具" 🖊 按钮，打开"选项"对话框，在左侧列表框选择"手绘/贝塞尔"选项，在右侧显示的"手绘/贝塞尔工具"界面中进行设置。

手绘/贝塞尔工具选项介绍如下。

● **手绘平滑**：设置自动平滑的程度和范围。
● **边角阈值**：设置边角平滑的范围。
● **直线阈值**：设置调节时线条平滑的范围。
● **自动连结**：设置节点之间自动吸附连接的范围。

4.2.4 贝塞尔的修饰（重点）

在使用"贝塞尔曲线" 🖊 绘制时无法一次得到满意的图形，因此需要在绘制后对线条进行修饰。可以通过"形状工具" 🔦 和属性栏对线条进行修改。

使用"贝塞尔工具" 🖊 绘制出来的曲线路径共分为节点、控制点、控制线及路径片段4部分。

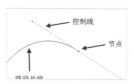

节点：节点是构成路径曲线的最基本要素，节点分为直线节点和曲线节点。

控制点与控制线：默认状态下一个曲线路径节点会自动生成两条对称的控制线，每条控制线的末端带有一个控制点，用户可以利用工具箱中的"形状工具" 🔦 通过拖动调节控制点与控制线来完成曲线路径的形状调节。

相关链接

关于"形状工具"的内容请参阅本书第 7 章的第 7.1 节。

练习4-3 通过【贝塞尔】绘制京剧脸谱（难点）

难　度：☆☆☆	

素材文件：素材 \ 第 4 章 \ 练习 4-2\ 背景 .jpg

效果文件：素材 \ 第 4 章 \ 练习 4-3\ 通过【贝塞尔】绘制京剧脸谱 -OK.cdr

在线视频：第 4 章 \ 练习 4-3\ 通过【贝塞尔】绘制京剧脸谱 .mp4

本实例使用"贝塞尔工具" 🖊 绘制脸谱上的花纹，并通过"形状工具" 🔦 调整形状，然后通过调色板填充颜色，绘制京剧脸谱。

01 启动 CorelDRAW 2018 软件，新建空白文档，单击工具箱中的"椭圆形工具" ⬭，按住鼠标左键拖动绘制一个椭圆形，按 Ctrl+Q 快捷键将对象转换为曲线，单击工具箱中"形状工具" 🔦，在曲线上双击添加节点。

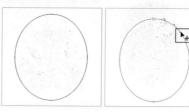

02 单击并拖动控制点调整曲线形状，继续调整节点，制作一个脸谱的形状。

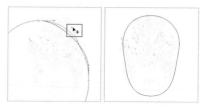

03 左键单击调色板中的"红"，填充颜色，单击工具箱中的"贝塞尔工具" 🖊。

04 在绘图区域中单击确定起点，然后将光标移到合适位置，再次单击定位另一个点，按住鼠标左键不放，拖动控制线调整曲线，松开鼠标后，再在下一处单击，继续单击并拖动控制线绘制曲线，回到起点处闭合曲线，绘制曲线形状。

05 为形状填充颜色，采用同样的方法，使用"贝塞尔工具" 📐 绘制曲线形状。

06 使用"选择工具" ▶ 选中对象后，为对象填充颜色，然后选中左脸全部对象，按 Ctrl+C 快捷键复制对象，按 Ctrl+V 快捷键粘贴对象，单击属性栏中的"水平镜像" 🔁 按钮，镜像对象。

07 使用"贝塞尔工具" 📐 绘制嘴巴部分的形状，并填充颜色，右键单击调色板中的 ⊠ 按钮，取消所有形状的轮廓线。

08 使用"贝塞尔工具" 📐 绘制一个耳朵，在属性栏中更改"轮廓宽度"为 1mm。

09 复制一个耳朵对象，并镜像对象，则绘制京剧脸谱完成，在菜单栏中执行"文件"→"导入"命令，导入本章的素材文件"背景 .jpg"。

10 将绘制好的脸谱复制到该文档中，并调整至合适的大小和位置，单击工具箱中的"阴影工具" ⬜。

11 单击脸谱对象并向右下角拖动光标，创建阴影效果，则制作完成。

> **提示**
>
> 可以利用参考线做辅助确定中心点和几个关键点，更精确地体现脸谱的对称。

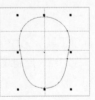

> **相关链接**
>
> 关于"创建阴影效果"的内容请参阅本书第 8 章的第 8.4.1 节。

"LiveSketch工具" 是CorelDRAW 2018中的新增功能，该工具适合快速草图和绘图，可以帮助用户提升工作效率并专注于创建流程，使用户能够充分发挥创意。

在绘制草图时，CorelDRAW 2018会分析输入笔触的属性、时序和空间接近度，对其进行调整并将其转换为贝塞尔曲线。本章将介绍"LiveSketch工具" 的基本用法。

单击工具箱中的"手绘工具" 按钮，在弹出的工具列表中单击选择"LiveSketch工具"，或按S键选择"LiveSketch工具"，在工作区中绘制笔触，就像用铅笔在纸张上绘图一样，绘制的手绘笔触经过调整会成为曲线。

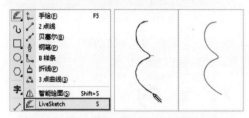

在"LiveSketch工具" 的属性栏中可以进行设置。

"LiveSketch工具"属性栏的选项介绍如下。

● **定时器**：设置调整笔触并生成曲线前的延迟，可以移动滑块进行设置，以发现适合草图绘制速度和风格。设置短暂的延迟时间，以立即创建曲线，可以利用实时预览的优势了解输入笔触并在此基础上构建草图。

● **"包括曲线"** 按钮：将现有曲线添加到草图中。激活该按钮，可启用"与曲线的距离"选项。

● **与曲线的距离**：移动滑块，以设置何种距离的现有曲线会与输入笔触一块处理，然后在现有曲线上绘制草图。

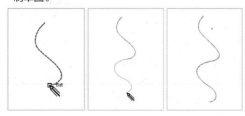

● **"创建单条曲线"** 按钮：在指定时间范围内绘制的笔触创建单条曲线。激活该按钮，创建单个曲线。

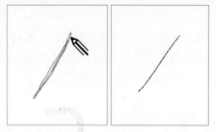

提示

为实现最佳效果，需要设置较长的延迟时间，CorelDRAW 仅会处理指定延迟时间内的笔触。

● **曲线平滑**：调整所生成曲线的平滑度。可以移动滑块进行设置，数值越大越平滑。

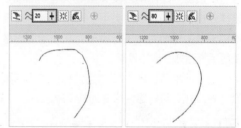

● **"边框"** 按钮：使用曲线工具时，显示或隐藏边框。激活该按钮为隐藏边框。

● **"预览模式"** 按钮：显示或隐藏生成曲线的预览。激活该按钮为显示生成曲线的预览。

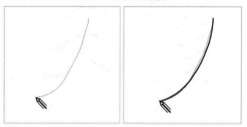

提示

要擦除曲线或部分曲线，可以翻转触控笔，以自动切换为橡皮擦工具并擦除不需要的区域。

4.4 艺术笔工具

使用CorelDRAW 2018中的"艺术笔工具" 🖉 绘制路径，可以产生较为独特的艺术效果，与普通的路径绘制工具相比，艺术笔工具有着很大的不同，其路径不是以单独的线条来表示的，而是根据用户所选择的笔触样式来创建由预设图形围绕的路径效果。艺术笔类型分为"预设""笔刷""喷涂""书法"和"表达式"五种笔触样式。

单击工具箱中的"艺术笔工具" 🖉 按钮，将光标放在工作区中，按住鼠标左键拖曳绘制路径，松开鼠标即可绘制曲线。

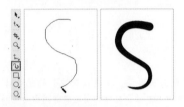

4.4.1 预设 (重点)

"预设"是使用预设矢量形状绘制曲线。该样式提供了多种线条类型，可以对笔触在开始和末端的粗细变化进行模拟，从而绘制出像使用毛笔涂抹一样的效果。

在"艺术笔工具" 🖉 的属性栏中单击"预设" 🖂 按钮，可将属性栏变为预设属性。

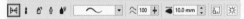

"预设"艺术笔工具属性栏的选项介绍如下。

● 预设笔触：在下拉列表框中选择绘制线条和曲线的笔触。

● 手绘平滑：通过拖动滑块或在文本框中输入数值来设置"手绘平滑"参数值，可以改变绘制线条的平滑程度，数值越大越平滑。

● 笔触宽度：单击属性栏中的"笔触宽度"按钮，然后单击上下微调按钮或直接输入数值，可以改变笔触的宽度。数值越大笔触越宽。

● "随对象一起缩放笔触" 🔲 按钮：将变换应用到艺术笔触宽度。

● "边框" 🔲 按钮：使用曲线工具时，显示或隐藏边框。激活该按钮为隐藏边框。

4.4.2 笔刷 (重点)

"笔刷"可以根据笔触绘制着色的曲线。主要用于模拟笔刷绘制的效果。

在"艺术笔工具" 🖉 的属性栏中单击"笔刷" 🖊 按钮，可将属性栏变为笔刷属性。

"笔刷"艺术笔工具属性栏的选项介绍如下。

● 类别：在下拉列表框中选择艺术笔笔刷的类别。

● 笔刷笔触：在下拉列表框中选择相应笔刷类型的笔刷笔触。

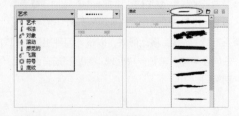

● "浏览" 🗀 按钮：单击该按钮，在弹出的"浏览文件夹"对话框中选择默认或自定义的笔触所在的文件夹。

● "保存艺术笔触" 🖫 按钮：将艺术笔触另存为自定义笔触，文件格式为 npm，保存路径为默认的艺术笔刷文件夹。

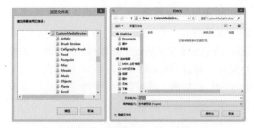

● "删除" 🗑 按钮：删除自定义艺术笔触。

4.4.3 喷涂 (重点)

    "喷涂"是通过喷射一组预设图像进行绘制。喷涂样式中提供了丰富的图样，用户可以充分发挥想象力，勾画出喷涂的路径，Corel-DRAW 2018中会以当前设置为绘制的路径描边。

    在"艺术笔工具" 的属性栏中单击"喷涂" 按钮，可将属性栏变为喷涂属性。

    "喷涂"艺术笔工具属性栏的选项介绍如下。

● 类别：在下拉选项框中选择一种图案喷涂效果。
● 喷射图样：在下拉列表中选择相应喷涂类别的图案样式。

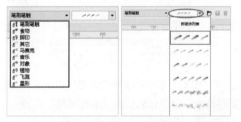

● "喷涂列表选项" 按钮：用于添加喷涂效果图像或更改喷涂效果图像顺序。单击该按钮，可弹出"创建播放列表"对话框，从喷涂列表中选择合适的图案，将其添加到播放列表中。

● 喷涂对象大小：可输入 1 ~ 999 之间的数值来设定要喷涂对象的大小。上方的框将喷射对象的大小统一调整为其原始大小的某一特定百分比；下方的框将每一个喷射对象的大小调整为前面对象大小的某一特定百分比。

● "递增按比例缩放" 按钮：可设置喷涂对象大小是否递增按比例缩放。
● 选择喷涂顺序：在下拉列表框中选择一种显示图案喷洒效果的顺序选项，不同的顺序展现不同的显示效果。

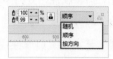

● "添加到喷涂列表" 按钮：添加一个或多个对象到喷涂列表。
● 每个色块中的图像数和图像间距：上方的框设置每个色块中的图像数；下方的框调整沿每个笔触长度的色块间的距离。
● "旋转" 按钮：设置喷射对象的旋转选项。单击该下拉列表按钮，可在弹出的对话框中设置当前喷涂图案效果是基于路径还是基于页面的角度旋转效果。
● 偏移：设置喷射对象的偏移选项。单击该下拉按钮，可在弹出的对话框中设置当前喷涂图案效果不同方向的偏移大小。

4.4.4 书法 (重点)

    "书法"可以绘制根据曲线的方向和笔头的角度改变粗细的曲线，模拟出类似于书法的效果。

    在"艺术笔工具" 的属性栏中单击"书法" 按钮，可将属性栏变为书法属性。

    "书法"艺术笔工具属性栏的选项介绍如下。

● 书法角度：可设置绘制过程中的倾斜角度。

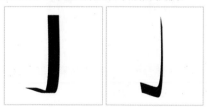

4.4.5 表达式

"表达式"又称"压力"样式，用于模拟使用压感笔画的绘图效果，适合于表现细致且变化丰富的线条。

在"艺术笔工具" 🖌 的属性栏中单击"表达式" 按钮，可将属性栏变为表达式属性。

⊢ ♦ ♦ ♦ ⚫ ♦ 25.4 mm ♦ ⚫ 90.0° ♦ ♦ ⚫ % ∿ ⚫ ⚫ ⚫

"表达式"艺术笔工具属性栏的选项介绍如下。

● "压力" 按钮：使用触笔压力来改变笔尖大小。
● "笔倾斜" 按钮：使用触笔倾斜值来改变笔尖的平滑度。
● 倾斜角：设置固定的笔倾斜值来决定笔尖的平滑度。
● "笔方位" 按钮：使用触笔方位来改变笔尖旋转效果。
● 方位角：设置固定的笔方位值来决定笔尖旋转效果。

> **提示**
>
> "艺术笔工具" 🖌 的五个样式的属性栏后面都有"随对象一起缩放笔触" 按钮，若选择该按钮，则缩放曲线时，曲线粗细比例还是和原图一样，若没有选择，则曲线放大会变细，缩小会变粗。

练习4-4 创建自定义笔触

难　度：☆☆	
素材文件：素材 \ 第 4 章 \ 练习 4-4\ 创建自定义笔触 .cdr	
效果文件：无	
在线视频：第 4 章 \ 练习 4-4\ 创建自定义笔触 .mp4	

本实例通过"艺术笔工具" 🖌 选择对象，再在属性栏中单击"笔刷" 按钮，然后单击"保存艺术笔触" 按钮，在打开的"另存为"对话框中设置属性，将所选的对象创建为自定义笔触。

01 启动 CorelDRAW 2018 软件，打开本章的素材文件"素材 \ 第 4 章 \ 练习 4-4\ 创建自定义笔触 .cdr"，单击工具箱中的"艺术笔工具" 🖌 按钮，单击选中该对象。

02 在属性栏上单击"笔刷" 按钮，然后单击"保存艺术笔触" 按钮。

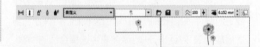

03 弹出"另存为"对话框，在"文件名"处输入"蒲公英"，单击"保存"按钮进行保存，即可创建自定义笔触。

04 在"类别"下拉列表中会出现"自定义"，定义的笔触会显示在后面的"笔刷笔触"列表中，此时就可以用自定义的笔触进行绘画了。

4.5 钢笔工具 重点

CorelDRAW 2018中的"钢笔工具" ✒ 是一个非常适合绘制精确图形的工具，通过该工具可以绘制闭合图形，也可以绘制曲线。"钢笔工具" ✒ 与"贝塞尔工具" 很相似，也是通过调整点的角度及位置来达到理想的形状。

本节主要介绍了使用"钢笔工具" ✒ 绘制直线、连续线段及曲线的方法。

绘制直线

单击工具箱中的"手绘工具" 按钮，在弹出的工具列表中单击选择"钢笔工具" ✒，在工作区中单击确定起点。

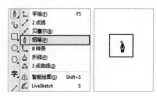

移动光标出现蓝色预览线条，再次单击定位另一个点，双击鼠标左键结束绘制。

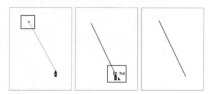

绘制连续线段

移动光标，单击鼠标左键添加节点就可以绘制连续的线段，回到起点处单击，可以形成一个面，进行填充等编辑操作。

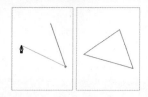

提示

在绘制直线时，按住 Shift 键可绘制水平线段、垂直线段或 15° 递进的线段。

绘制曲线

在工作区中单击确定起点，当光标到达下一点处时按住鼠标左键并拖曳控制线，松开鼠标左键移动光标会有蓝色弧线进行预览，双击鼠标左键结束绘制。

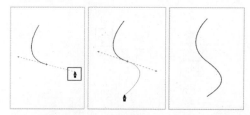

"钢笔工具" ♦ 属性栏与"手绘工具" ⅃ 的属性栏基本相同。

"钢笔工具"属性栏的选项介绍如下。

● "预览模式" 按钮：激活该按钮，画线段时可对其进行预览。

● "自动添加 / 删除节点" 按钮：激活该按钮，单击线段上的节点可添加节点，选中节点可删除节点。

提示

绘制曲线时，双击鼠标左键可以完成编辑；绘制闭合曲线时，可直接将控制点闭合完成编辑。

4.6 2点线工具

CorelDRAW 2018中的"2点线工具" 是专门绘制直线的工具，可以方便、快捷地绘制出直线段，在绘图中很常用。使用该工具还可以直接创建与对象垂直或相切的直线。

4.6.1 基本绘制方法

绘制直线

单击工具箱中的"手绘工具" ⅃ 按钮，在弹出的工具列表中单击选择"2点线工具" ，将光标放在工作区中，按住鼠标左键进行拖曳，到合适距离后，松开鼠标即可绘制直线。

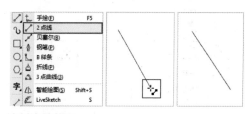

绘制连续线段

"2点线工具" 绘制连续线段的方法与"手绘工具"略有区别。

将光标移动到直线的一个端点处，当光标变为✧形状时，按住鼠标拖动，松开鼠标后即可创建一个相连的线段，连续绘制到起点处合并，可以形成一个面，进行填充等编辑操作。

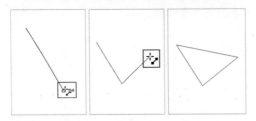

提示

在使用"2点线工具"绘制时，按住 Ctrl 键拖动，可将线条限制在最接近的角度。按住 Shift 键拖动，则可将线条限制在原始角度（在现有的线段上绘制第二条线段）。

4.6.2 设置绘制类型（重点）

在"2点线工具"▱的属性栏中可以设置绘制2点线的类型。

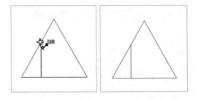

"2点线工具"属性栏的选项介绍如下。

● 2点线工具 ▱：连接起点和终点绘制一条直线。

● 垂直2点线 ▱：绘制一条与现有的线条或对象垂直的2点线。

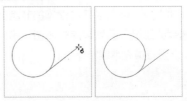

● 相切的2点线 ▱：绘制一条与现有的线条或对象相切的2点线。

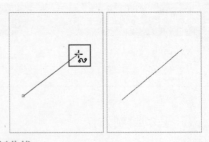

4.7 B样条工具

CorelDRAW 2018中的"B样条工具"▱能够通过控制线来绘制曲线，而不需要分成若干线段来绘制，所以多用于较为圆润的图形，以达到理想的效果。"B样条工具"▱在曲线绘图上有着重要地位，它可以创建平滑的曲线，并比使用手绘路径绘制曲线所用的节点更少。

绘制直线

单击工具箱中的"手绘工具"▱按钮，在打开的工具列表中单击选择"B样条工具"▱，在工作区中单击确定起点。

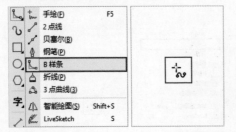

移动光标可拖曳出一条实现与虚线重合的线段，再次单击定位另一个点，即可绘制一条直线，双击鼠标左键结束绘制。

绘制曲线

确定第二个点后，在需要变向的位置单击再拖动，就可以看到一条曲线轨道，并且带有三个控制点（实线为绘制的曲线，虚线为连接控制点的控制线），继续添加控制点直到闭合控制点，在闭合控制线时自动生成平滑曲线。

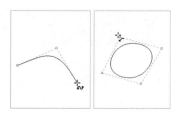

- **夹住控制点** ⚁:将控制点附加到曲线上来创建直线线段。
- **浮动控制点** ⚁:通过删除线条中的控制点创建平滑曲线。

练习4-5 绘制彩虹

难度:☆☆

素材文件:素材\第 4 章\练习 4-5\背景 .cdr

效果文件:素材\第 4 章\练习 4-5\绘制彩虹 -OK.cdr

在线视频:第 4 章\练习 4-5\绘制彩虹 .mp4

本实例使用"B 样条工具"  绘制曲线路径,再通过调色板设置轮廓颜色,绘制彩虹。

01 启动 CorelDRAW 2018 软件,新建一个空白文档,单击工具箱中的"B 样条工具" ,在绘图区域中单击确定起点,拖动鼠标单击确定第二个点,然后拖动鼠标确定第三个点。

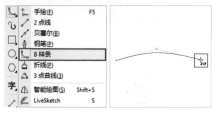

02 双击鼠标左键结束绘制,即可绘制一条曲线,在属性栏中更改"轮廓宽度"为 10mm。

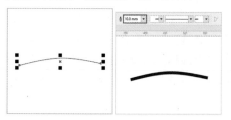

03 右键单击调色板中的"洋红",更改轮廓线颜色,采用同样的方法,绘制曲线,并设置不同的颜色。

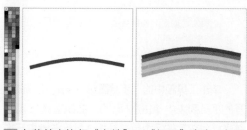

04 在菜单中执行"文件"→"打开"命令,打开本章的素材文件"背景 .cdr",使用"选择工具" ▶ 选中彩虹对象,按 Ctrl+C 快捷键复制,再按 Ctrl+V 快捷键粘贴对象到该文档中,并调整至合适的大小和位置。

05 选择彩虹对象,按 Ctrl+G 快捷键群组对象,单击鼠标右键,在弹出的快捷菜单中执行"PowerClip 内部"命令,当光标变为 ➜ 形状时,单击背景对象,即可隐藏多余的部分对象,完成制作。

4.8 3点曲线工具

CorelDRAW 2018中的"3点曲线工具" 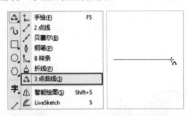 是通过3个点来构筑图形的，能够通过指定曲线的长度和弧度来绘制简单的曲线。使用该工具可以快速地创建弧形，而无须控制节点，并且可以绘制出任意方向、任意弧度的弧线效果。

单击工具箱中的"手绘工具" 按钮，在打开的工具列表中单击选择"3点曲线工具" ，将光标放在工作区中单击并按住鼠标左键进行拖曳，出现一条直线进行预览。

拖曳到合适位置后，释放鼠标并移动光标调整曲线弧度，最后单击鼠标完成曲线的绘制。

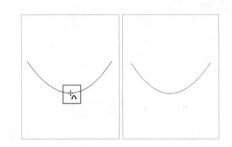

> **提示**
>
> 使用"3点曲线工具" 绘制曲线时，创建起始点后按住 Shift 键拖动鼠标，可以以 5° 角为倍数调整两点之间的角度。

4.9 折线工具

CorelDRAW 2018中的"折线工具" 可以快速绘制包含交替曲线段和直线段的复杂线条，该工具的出现使绘制自由路径的操作更加随意，并支持在预览模式下进行绘制。使用"折线工具" 不仅可以绘制规则的直线段，还可以绘制不规则的复杂图形。

绘制折线

单击工具箱中的"手绘工具" 按钮，在打开的工具列表中单击选择"折线工具" ，在工作区中单击确定起点。

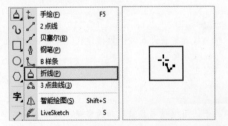

按住鼠标左键移动光标可以拖曳出一条直线进行预览，然后单击鼠标确定第2个节点的位置，继续绘制形成复杂折线，最后双击鼠标可结束编辑。

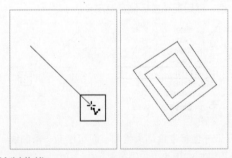

绘制曲线

使用"折线工具" 除了可以绘制折线外还可以绘制曲线，类似于"手绘工具" 。

按住鼠标左键进行拖曳绘制，松开鼠标后可以自动平滑曲线，双击鼠标左键结束编辑。

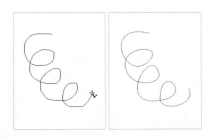

提示

与"手绘工具" 绘制出的路径不同的是,释放
鼠标后路径并没有成为单独的对象,再拖动鼠标
还可以继续路径的绘制。此时需要手动结束绘图
才可进行下一步动作,结束绘图时,鼠标不要移
动,否则绘制的图包括释放鼠标后移动的路径。

4.10 连接器工具

CorelDRAW 2018中的连接器工具可以将两个图形对象(包括图形、曲线、美术文本等)通过连接
锚点的方式用线连接起来,主要用于图标、流程图和电路图的连线。连接器工具包括"直线连接器工
具"、"直角连接器工具"、"圆直角连接符工具"和"编辑锚点工具",本节将详细介绍这
些连接器工具的用法。

4.10.1 直线连接器工具 重点

"直线连接器工具"用于以任意角度创
建直线连线,绘制一条直线以连接两个对象。

单击工具箱中的"直线连接器工具"按
钮,将光标移动到需要连接的节点上,然后按
住鼠标左键并拖曳到对应的连接节点上,松开
鼠标完成连接。

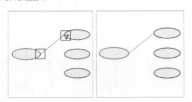

提示

使用"选择工具"单击并移动一个连接对象,
对象之间仍会保持连接状态。若要更改连线位置,
可以单击工具箱中的"形状工具",再单击一
边的节点并将节点拖动至新的位置。

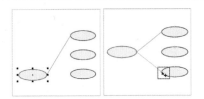

4.10.2 直角连接器工具

"直角连接器工具"用于水平和垂直的

直角线段连线。

单击工具箱中的"直角连接器工具"按
钮,将光标移动到需要连接的节点上,然后按
住鼠标左键并拖曳到对应的连接节点上,松开
鼠标左键完成连接。

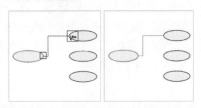

提示

使用"选择工具"单击并移动一个连接对象,
对象之间仍会保持连接状态,并且在移动时连接
形状会随着移动而变换。在绘制平行位置的直角
连接线时,拖曳的连接线为直线。

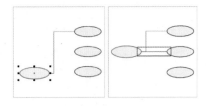

4.10.3 圆直角连接符

"圆直角连接符工具"用于创建包含构
成圆直角的垂直和水平元素的连线,绘制一个
圆直角以连接两个对象。

单击工具箱中的"圆直角连接符工具"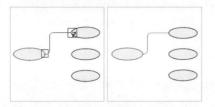
按钮,将光标移动到需要连接的节点上,然后
按住鼠标左键并拖曳到对应的连接节点上,松
开鼠标左键完成连接。

在属性栏中"圆形直角"后面的文本框中
输入数值可以设置圆角的弧度,数值越大弧度
越大,数值为0时,连接线变为直线。

4.10.4 编辑锚点工具（重点）

"编辑锚点工具"用于修饰连接线,对
对象的锚点进行调整,从而改变锚点与对象的
距离或连线与对象间的距离。

添加锚点

单击工具箱中的"编辑锚点工具"按钮,
将光标放在要添加锚点的对象上,双击鼠标左键
添加锚点,新增加的锚点会以蓝色空心圆标示。

移动锚点

单击选择对象轮廓上的锚点,并拖动到另
一个位置,可将锚点沿着对象的轮廓移动到任
意位置。

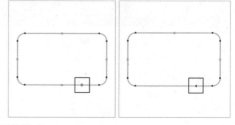

删除锚点

单击选择需要删除的锚点,单击属性栏中
的"删除锚点"按钮,即可删除该锚点。

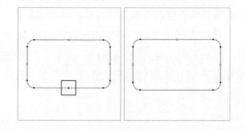

4.11 度量工具

尺寸标注是工程绘图中必不可少的一部分, CorelDRAW 2018中的度量工具包括"平行度量工
具"、"水平或垂直度量工具"、"角度量工具"、"线段度量工具"和"3点标注工具",
使用度量工具可以方便快捷地测量出对象的水平、垂直距离及倾斜角度等。本节将详细介绍这些度量工具
的使用。

4.11.1 平行度量工具（重点）

"平行度量工具"用于为对象测量任意
角度上两个节点间的实际距离,并添加标注。

单击工具箱中的"平行度量工具"按
钮,将光标放在工作区中,按住鼠标左键选择
度量起点并拖动到度量的终点。

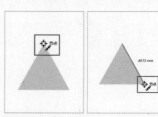

释放鼠标后向侧面拖曳,然后单击鼠标左
键即可创建平行度量。

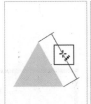

单击工具箱中的"平行度量工具" ✐ 按
钮，可以在其属性栏进行相关选项的设置。

"平行度量工具"属性栏的选项介绍如下。

- **度量样式：** 在下拉列表框中选择度量线的样式。
- **度量精度：** 在下拉列表框中选择度量线测量的精确
  度，最高可精确到小数点后 10 位。
- **度量单位：** 在下拉列表框中选择度量线的测量单位。

- **"显示单位" 按钮：** 激活该按钮，在度量线文本
  中显示测量单位。反之则不在文本后显示测量单位。

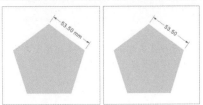

- **"显示前导零" 按钮：** 激活该按钮，当值小于 1
  时在度量线测量中显示前导零。反之则隐藏前导零。

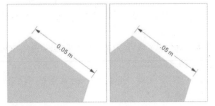

- **度量前缀：** 在文本框中输入前缀文字，在测量文本
  中显示前缀。
- **度量后缀：** 在文本框中输入后缀文字，在测量文本
  中显示后缀。
- **"动态度量"** 按钮：激活该按钮，当度量线重新
  调整大小时自动更新度量线测量。

- **"文本位置" 按钮：** 单击该按钮，在下拉选项中
  选择依照度量线定位度量线文本。
- **"延伸线选项" 按钮：** 单击该按钮，在下拉选项
  中选择自定义度量线上的延伸线。

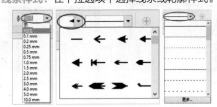

- **轮廓宽度：** 在下拉选项中设置对象的轮廓宽度。
- **双箭头：** 在下拉选项中选择在线条两端添加的箭头
  样式。
- **线条样式：** 在下拉选项中选择线条或轮廓样式。

难度： ☆☆

素材文件：素材 \ 第 4 章 \ 练习 4-6\ 测量房间尺寸 .cdr

效果文件：素材 \ 第 4 章 \ 练习 4-6\ 测量房间尺寸 -OK.cdr

在线视频：第 4 章 \ 练习 4-6\ 测量房间尺寸 .mp4

　　本实例使用"平行度量工具" ☑ 测量素材文件中房间的尺寸，创建度量线，并显示度量结果，然后设置度量线的属性和文本属性，绘制房间尺寸图。

01 启动 CorelDRAW 2018 软件，在菜单栏中执行"文件"→"打开"命令，打开本章的素材文件"素材 \ 第 4 章 \ 练习 4-6 测量房间尺寸 .cdr"，单击工具箱中的"平行度量工具" ☑ 。

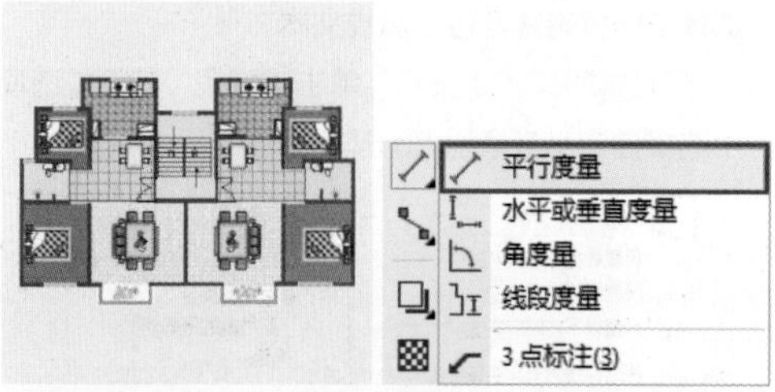

02 在需要测量房间的最左端单击并拖曳至最右端，释放鼠标后向侧面拖曳，然后单击鼠标左键即可创建度量线，并显示度量结果。

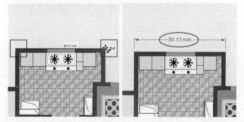

03 使用"选择工具" � 选中度量线，再在属性栏中更改"度量单位"为米，"轮廓宽度"为 0.5mm，单击"延伸线选项" ⬚ 按钮，在下拉选项中勾选"到对象的距离"复选框，并设置"间距"为 0，即可设置度量线上的延伸线到对象的距离。

04 使用"选择工具" � 选中文本，在属性栏中更改"字体大小"为 18。

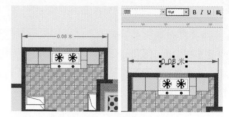

05 采用同样的方法，使用"平行度量工具" ☑ 继续测量房间尺寸，并设置其他属性。

4.11.2　水平或垂直度量工具 （重点）

　　"水平或垂直度量工具" ⬚ 可以绘制水平或垂直方向的尺寸标注。

　　单击工具箱中的"水平或垂直度量工具" ⬚ 按钮，将光标放在工作区中，按住鼠标左键选择度量起点并拖动到度量终点，释放鼠标后向侧面拖曳，然后单击鼠标即可创建度量结果。

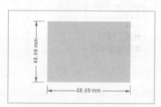

> **提示**
>
> "水平或垂直度量工具"与"平行度量工具"的属性栏的设置及操作方式都相同。

难度： ☆☆

素材文件：素材 \ 第 4 章 \ 练习 4-7\ 用水平或垂直度量工具绘制产品设计图 .cdr

效果文件：素材 \ 第 4 章 \ 练习 4-7\ 用水平或垂直度量工具绘制产品设计图 -OK.cdr

在线视频：第 4 章 \ 练习 4-7\ 用水平或垂直度量工具绘制产品设计图 .mp4

本实例使用"水平或垂直度量工具" 测量平板电脑各个部分的尺寸，创建度量线，并显示度量结果，然后设置度量线的属性和文本属性，绘制平板电脑的产品设计图。

01 启动 CorelDRAW 2018 软件，在菜单栏中执行"文件"→"打开"命令，打开本章的素材文件"素材\第4章\练习4-7\用水平或垂直度量工具绘制产品设计图.cdr"，单击工具箱中的"水平或垂直度量工具" 。

02 在平板的最左侧单击并拖曳鼠标至最右侧。

03 释放鼠标后向侧面拖曳，然后单击鼠标左键，即可创建度量线，并显示度量结果。

04 使用"选择工具" 选中度量线，在属性栏中单击"文本位置" 按钮，在下拉选项中设置"文本位置"为"尺度线上方的文本"和"将延伸线间的文本居中"，"双箭头"为无箭头。

05 使用"选择工具" 选中文本，在属性栏中设置"字体"为 Arial、"字体大小"为 24，再

选中度量线，右键单击调色板中的"黑"，即可将度量线的颜色更改为黑色。

06 单击选择文字，左键单击调色板中的"黑"，更改文字颜色，采用同样的方法，继续使用"水平或垂直度量工具"对产品高度进行度量，并设置其他属性。

相关链接

关于"文本设置"的内容请参阅本书第9章的第9.3节。

4.11.3 角度量工具 重点

"角度量工具" 可以准确测量出所定位的角度。

单击工具箱中的"角度量工具" 按钮，将光标放在工作区中，按住鼠标左键选择度量起点并拖动一定长度，释放鼠标后，选择度量角度的另一侧，确定角的一条边，单击定位节点。

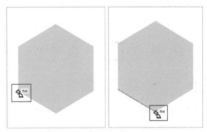

释放鼠标后，将光标移动到另一条角的边线位置，单击鼠标左键确定另一条边，然后移动光标确定文本的位置，最后单击鼠标左键创建测量结果。

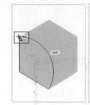

4.11.4 线段度量工具

"线段度量工具" 用于自动捕捉两个节点间线段的距离。

单击工具箱中的"线段度量工具" 按钮，将光标放在工作区中，按住鼠标左键选择度量对象的宽度与长度，释放鼠标后向侧面拖曳，再次按住鼠标，释放鼠标后向侧面拖曳，再次单击得到度量结果。

4.11.5 3点标注工具 重点

"3点标注工具" 可以测量两端导航线并绘制标注。

单击工具箱中的"3点标注工具" 按钮，在工作区中单击确定放置箭头的位置，然后按住鼠标左键拖动至第一条线段的结束位置。

释放鼠标后，再次进行拖曳，选择第二条线段的结束点，单击鼠标左键，然后在光标处输入标注文字。

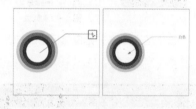

4.12 知识拓展

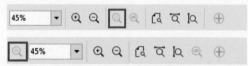

在CorelDRAW 2018中用户可以根据喜好定制自己的操作界面。

自定义界面的方法很简单，只需按下 Alt（移动）键或是 Ctrl+Alt（复制）不放，将菜单中的项目、命令拖放到属性栏或另外的菜单中的相应位置，即可自己编辑工具条中的工具位置及数量。

用户可以通过在"工具"菜单中的"自定义"对话框中进行相关设置，来进一步自定义菜单、工具箱、工具栏及状态栏等界面。

4.13 拓展训练

本章为读者安排了两个拓展练习，以帮助大家巩固本章内容。

训练4-1	绘制波浪花
难度：☆☆	
素材文件：素材\第4章\习题1\波纹.cdr	
效果文件：素材\第4章\习题1\绘制波浪花.cdr	
在线视频：第4章\习题1\绘制波浪花.mp4	

　　根据本章所学的知识，使用手绘工具，以及直线和曲线的绘制方法，绘制波浪花。

训练4-2	制作鸡蛋杯
难度：☆☆	
素材文件：素材\第4章\习题2\鸡蛋杯.cdr	
效果文件：素材\第4章\习题2\制作鸡蛋杯.cdr	
在线视频：第4章\习题2\制作鸡蛋杯.mp4	

　　根据本章所学的知识，使用贝塞尔工具，制作鸡蛋杯。

第 5 章

几何图形的绘制

CorelDRAW 2018提供了多种用于绘制内置图形的工具，如矩形工具▢、椭圆形工具◯、多边形工具◯、星形工具☆、螺纹工具◎和图纸工具▦。通过这些工具，读者可以轻松地绘制各种常见的几何图形，大大节省了创作时间。本章将详细介绍这些工具的绘制方法及使用技巧。

本章重点

矩形工具｜椭圆工具

多边形的修饰｜星形工具和复杂星形的设置

螺纹工具｜图纸工具

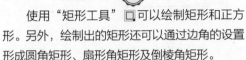

5.1 矩形和3点矩形工具

CorelDRAW中提供了两种可以用于绘制矩形的工具，即矩形工具 ▢ 和3点矩形工具 ▣ 。

5.1.1 矩形工具 重点

使用"矩形工具" ▢ 可以绘制矩形和正方形。另外，绘制出的矩形还可以通过边角的设置形成圆角矩形、扇形角矩形及倒棱角矩形。

单击工具箱中的"矩形工具" ▢ 按钮，或按F6键选择"矩形工具"，将光标放在工作区按住鼠标左键并拖曳。

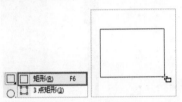

至合适大小及位置后释放鼠标，即可绘制一个矩形。按住Ctrl键同时拖曳，即可绘制正方形。

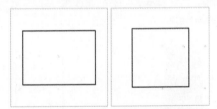

在该工具的属性栏中可以对绘制的矩形进行设置。

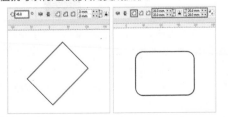

"矩形工具"属性栏的选项介绍如下。

- **旋转角度**：在文本框中输入旋转角度，可对所选择矩形进行相应角度的旋转。
- **"圆角" ▢ 按钮**：当转角半径值大于0时，将矩形的转角变成弧形。激活该按钮，再更改"转角半径"值就可以将矩形的转角变成弧形。

- **"扇形角" ▢ 按钮**：当转角半径值大于0时，将矩形的转角替换为弧形凹口。激活该按钮，再更改"转角半径"值就可以将矩形的转角替换为弧形凹口。
- **"倒棱角" ▢ 按钮**：当转角半径值大于0时，将矩形的转角替换为直边。激活该按钮，再更改"转角半径"值就可以将矩形的转角替换为直边。

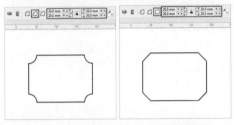

- **转角半径**：设置一个或多个矩形的左角的半径。
- **"同时编辑所有角" 🔒 按钮**：激活该按钮，可以将圆角半径应用到矩形的所有圆角。取消该按钮，可以分别设置每个边角的圆滑度。

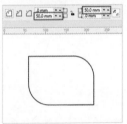

- **转角半径**：设置一个或多个矩形的右角的半径。
- **"相对角缩放" 按钮**：激活该按钮，可以根据矩形大小缩放角。
- **"转换为曲线" 按钮**：单击该按钮，可将矩形对象转换为曲线效果，便于直接使用"形状工具" 进行编辑。

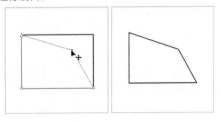

按住 Shift 键的同时拖曳鼠标，确定一定大小后松开鼠标，可以绘制出以中心点为基准的矩形。按住 Ctrl+Shift 组合键的同时拖曳鼠标可以绘制出以中心点为基准的正方形。

5.1.2　3点矩形工具

"3点矩形工具" 🖾 是通过3个点的位置绘制出不同角度的矩形。

单击工具箱中的"矩形工具" □ 按钮，在弹出的工具列表中选择"3点矩形工具" 🖾，将光标放在工作区中，按住鼠标左键并拖曳，释放鼠标后，会出现一条直线线段。

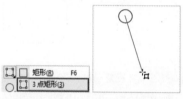

沿垂直方向移动鼠标到合适位置单击，即可创建矩形。

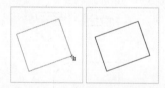

"3点矩形工具" 🖾 属性栏的设置与"矩形工具" □ 的属性栏设置相同。

练习5-1 制作手机

难度：☆☆☆

素材文件：素材\第5章\练习5-1\素材

效果文件：素材\第5章\练习5-1\制作手机-OK.cdr

在线视频：第5章\练习5-1\制作手机.mp4

本实例通过"矩形工具" □ 绘制矩形，在属性栏中设置圆角，然后通过调色板填充颜色，再使用"椭圆工具" ○ 绘制圆形装饰，然后导入本章的素材文件，通过"置于图文框内部"功能将其置入图形对象中，制作手机。

01 启动 CorelDRAW 2018 软件，新建一个空白文档，单击工具箱中的"矩形工具" □ 按钮，或

按 F6 键选择"矩形工具"，在绘图区域中单击并拖动鼠标创建一个矩形。

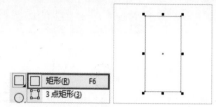

02 在属性栏中单击"圆角" ⬭ 按钮，并设置"转角半径"，左键单击调色板中的"50% 黑"，为矩形对象填充灰色，再右键单击 ⊠，取消轮廓线。

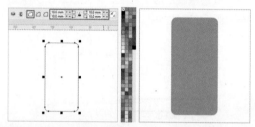

03 使用"选择工具" � 选中矩形对象，按 Ctrl+C 快捷键复制对象，再按 Ctrl+V 快捷键粘贴对象，并缩小到合适大小，然后左键单击调色板中的"白"，更改填充颜色，再使用"矩形工具" □ 绘制一个矩形。

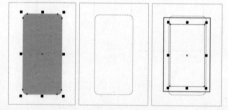

04 右键单击调色板中的"50% 黑"，更改轮廓线颜色，并在属性栏中设置"轮廓宽度"为 0.5mm，再左键单击调色板中的"90% 黑"，为矩形对象填充深灰色。

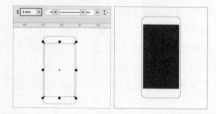

05 使用"矩形工具" □ 绘制矩形，并设置圆角为 0.5mm，再为对象填充"50% 黑"，并取消轮廓线，然后复制两个对象，调整至合适的大小和位置，制作按钮。

06 单击工具箱中的"椭圆形工具" ◎ 按钮，按住 Ctrl 键绘制正圆形，填充"50% 黑"并去除轮廓线，再复制一个圆形，按住 Shift 键缩小对象，并更改填充颜色为白色，然后调整到合适的大小和位置。

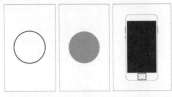

07 采用同样的方法，使用"矩形工具" □ 和"椭圆形工具" ◎ 制作手机上方的孔槽，在菜单栏中执行"文件"→"导入"命令，导入本章的素材文件"素材 .jpg"，右键单击对象，在弹出的快捷菜单中执行"PowerClip 内部"命令，当光标变为 ▶ 形状时，单击手机对象，即可将素材图像置于矩形内部。

08 单击底部的"编辑 PowerClip" 圙 按钮，调整图像大小，然后单击底部的"停止编辑内容" 圙 按钮，完成编辑。

09 在菜单栏中执行"文件"→"导入"命令，导入本章的素材文件"背景 .jpg"，单击属性栏中的"到图层后面" 圙 按钮，然后调整到合适的大小和位置，则制作完成。

相关链接

关于"图框精确裁剪对象"的内容请参阅本书第 7 章的第 7.4 节。

5.2 椭圆工具和3点椭圆工具

CorelDRAW 2018提供了两种可以用于绘制圆形的工具，即"椭圆形工具" ◎ 和"3点椭圆形工具" ◎ 。

5.2.1 椭圆工具 重点

使用"椭圆形工具" ◎ 不仅可以绘制圆形，还可以完成饼形和弧形的制作。

单击工具箱中的"椭圆形工具" ◎ 按钮，或按F7键选择"椭圆形工具"，将光标放在工作区中，按住鼠标左键并拖曳。

至合适大小及位置后释放鼠标，即可绘制一个椭圆形。按住Ctrl键同时拖曳，即可绘制正圆形。

在"椭圆形工具" ◎ 的属性栏中可以对绘制的椭圆形进行设置。

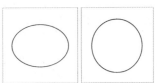

"椭圆形工具"属性栏的选项介绍如下。

- "椭圆形" ◯ 按钮：激活该按钮，可以绘制椭圆形。默认状态下为激活。
- "饼形" ◔ 按钮：激活该按钮，可以绘制饼形。
- "弧形" ◜ 按钮：激活该按钮，可以绘制弧形。

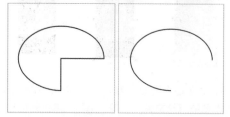

- 起始和结束角度 ⊙ 90.0° ：通过设置新的起始和结束角度来移动椭圆形的起点和终点。

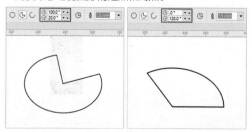

- "更改方向" ◑ 按钮：单击该按钮，可将选中的弧形或饼形的显示部分与其补交，即与缺口部分相互转换。

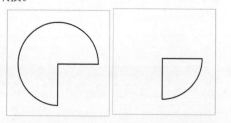

- "转换为曲线" ⌇ 按钮：单击该按钮，可将椭圆形对象转换为曲线效果，便于直接使用"形状工具" ⬒ 进行编辑。

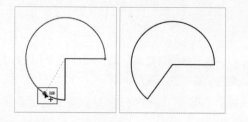

5.2.2 3点椭圆工具

"3点椭圆形工具" ⬙ 与"3点矩形工具" ▱ 的绘制原理相同，都是通过确定3个点来确定形状，不同之处在于矩形是以高度和宽度确定形状，椭圆则是以高度和直径长度来确定。

单击工具箱中的"椭圆形工具" ◯ 按钮，在弹出的工具列表中选择"3点椭圆形工具" ⬙，将光标放在工作区中，按住鼠标左键并拖曳，释放鼠标后，会出现一条直线线段。

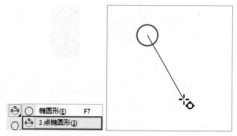

沿垂直方向移动鼠标到合适位置单击，即可创建椭圆形。

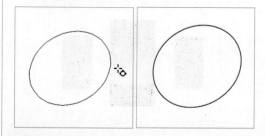

练习5-2 制作卡通场景

难度：☆☆☆	
素材文件：素材\第5章\练习5-2\素材	
效果文件：素材\第5章\练习5-2\制作卡通场景-OK.cdr	
在线视频：第5章\练习5-2\制作卡通场景.mp4	

本实例使用"矩形工具" ▭ 绘制矩形，通过"交互式填充工具" ◈ 功能填充渐变颜色，制作背景，再使用"圆形工具" ◯ 和"贝塞尔工具" ⟋ 分别绘制圆形和曲线形状，然后通过"交互式填充工具" ◈ 填充颜色，制作卡通场景。

01 启动CorelDRAW 2018软件，新建一个空白文档，单击工具箱中的"矩形工具" ▭ 按钮，或按

F6 键选择"矩形工具",将光标放在绘图区域中,按住 Ctrl 键单击并拖曳鼠标,创建一个正方形。

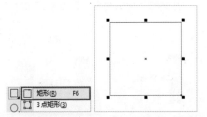

02 单击工具箱中的"交互式填充工具" 按钮,再单击属性栏的"渐变填充" 按钮,然后单击颜色节点,在弹出的颜色框中设置节点颜色,并调整渐变角度,为矩形对象填充蓝色(C:40;M:0;Y:0;K:0)到白色的渐变。

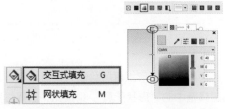

03 右键单击调色板中的 按钮,取消轮廓线,单击工具箱中的"椭圆形工具" 按钮,按住鼠标左键并拖曳绘制圆形。

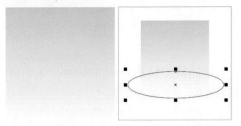

04 单击工具箱中的"交互式填充工具" ,单击属性栏的"均匀填充" 按钮,并设置颜色为(C:33;M:0;Y:81;K:0),即可为圆形对象填充颜色。

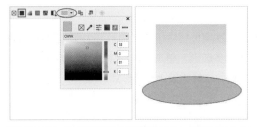

05 按 Ctrl+C 快捷键复制椭圆对象,再按 Ctrl+V 粘贴,并更改填充颜色为(C:44;M:14;Y:88;K:0),使用"选择工具" 选中两个椭圆对象,按 Ctrl+G 快捷键群组对象。

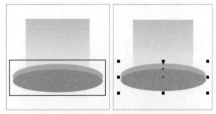

06 右键单击对象,在弹出的快捷菜单中执行"PowerClip 内部"命令,当光标变为 形状时,单击背景对象,即可将椭圆对象置于背景对象内部。

07 使用"椭圆形工具" 绘制多个椭圆形,为对象填充白色并取消轮廓线。

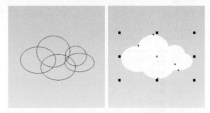

08 使用"选择工具" 选择全部椭圆对象,按 Ctrl+G 快捷键群组对象,再调整到合适的大小和位置,采用同样的方法,绘制云朵。

09 使用"椭圆形工具" ,按住 Ctrl 键绘制一个正圆,填充黄色(C:0;M:20;Y:100;K:0),并取消轮廓线,再单击工具箱中的"贝塞尔工具" ,绘制曲线形状。

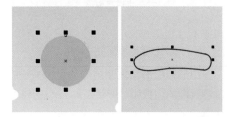

10 为对象填充黄色（C:0；M:20；Y:100；K:0），并取消轮廓线，然后复制多个对象，并进行旋转，制作太阳的光芒。

11 在菜单栏中执行"文件"→"打开"命令，打开本章的素材文件"人物.cdr"，然后复制到该文档中，并调整至合适的大小和位置，则制作完成。

5.3 多边形工具

多边形泛指所有以直线构成的、边数大于或等于三的图形，比如常见的三角形、菱形、星形、五边形和六边形等。"多边形工具" ▢ 是专门用于绘制多边形的工具，并且可以自定义多边形的边数。

5.3.1 多边形的绘制

单击工具箱中的"多边形工具" ▢ 按钮，或按Y键选择"多边形工具"，将光标放在工作区中，按住鼠标左键并拖曳。

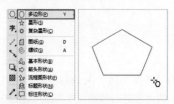

至合适大小及位置后释放鼠标，即可绘制出默认设置的五边形。按住Ctrl键同时拖曳，可以绘制正五边形。

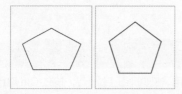

技巧

按住 Shift 键的同时拖曳，至合适大小及位置后释放鼠标，可以绘制出以中心点为基准的多边形。

5.3.2 多边形的修饰 重点

多边形和星形及复杂星形都是相关联的，可以通过增加边数和"形状工具" ▧ 的修饰进行转换。

多边形转星形

使用"多边形工具"绘制一个五边形，单击工具箱中的"形状工具" ▧ 按钮，选择线段上的一个节点。

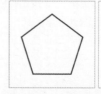

然后按住Ctrl键并向内拖曳鼠标，松开鼠标后可将多边形转换为星形。

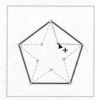

多边形转复杂星形

在属性栏中设置"边数"为9，按住Ctrl键绘制多边形，单击工具箱中的"形状工具" ▧ 按钮，选择线段上一个节点。

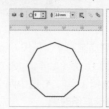

然后向内拖曳鼠标使重叠，松开鼠标即可将多边形转换为复杂的重叠星形。

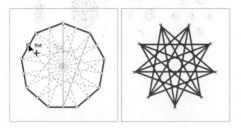

5.3.3 多边形的设置

在"多边形工具" ◎ 的属性栏中可以设置"点数或边数"。

"点数或边数"的默认值为5，最小值为3，最大值为500，当"点数或边数"为3时为等边三角形，边数越多越趋向于圆形，当边数达到一定程度时将变为圆形。

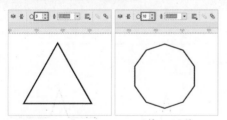

练习5-3 绘制足球

难度：☆☆☆

素材文件：	素材 \ 第 5 章 \ 练习 5-3 \ 素材
效果文件：	素材 \ 第 5 章 \ 练习 5-3 \ 绘制足球 -OK.cdr
在线视频：	第 5 章 \ 练习 5-3 \ 绘制足球 .mp4

本实例通过"多边形工具" ◎ 绘制多边形，再通过"变换"泊坞窗移动并复制几个对象，然后使用"椭圆形工具" ◎ 绘制一个圆形，通过"透镜"泊坞窗添加透视效果，绘制足球。

01 启动 CorelDRAW 2018 软件，新建一个空白文档，单击工具箱中的"多边形工具" ◎ 按钮，或按 Y 键选择"多边形工具"，在属性栏中设置"点

数和边数"为 6，然后按住 Ctrl 键创建一个正六边形。

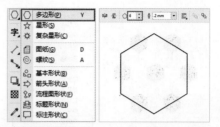

02 在菜单栏中执行"对象"→"变换"→"位置"命令，打开"变换"对话框，设置参数，然后单击"应用"按钮，即可移动并复制对象。

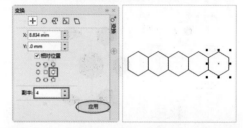

03 使用"选择工具" ▶ 选中所有的六边形对象，按 Ctrl+C 快捷键进行复制，再按 Ctrl+V 快捷键粘贴对象，并移动位置，采用同样的方法，继续复制六边形对象。

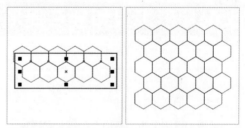

04 单击工具箱中的"椭圆形工具" ◎ 按钮，或按 F7 键选择"椭圆形工具"，将光标放在绘图区域中，按住 Ctrl 键单击并拖曳鼠标，创建一个正圆形，然后移动到六边形对象上，并调整至合适的大小和位置。

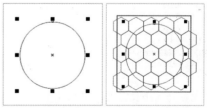

05 使用"选择工具" ▶ 选中部分六边形对象，左键单击调色板中的"黑"，为对象填充颜色，使用"选择工具" ▶ 选中圆形对象，在菜单栏中

执行"效果"→"透镜"命令,打开"透镜"泊坞窗。

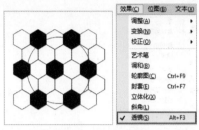

06 在泊坞窗中设置透镜类型为"鱼眼",并设置合适的"比率"值,勾选"冻结"复选框,然后单击"应用"按钮,应用透镜效果。

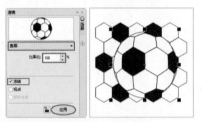

07 使用"选择工具"  移动对象,然后删除所有的六边形对象,完成足球的绘制。

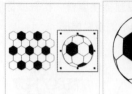

08 在菜单栏中执行"文件"→"打开"命令,打开本章的素材文件"背景.cdr",将绘制好的足球对象复制到该文档中,并调整至合适的大小和位置,完成制作。

相关链接

关于"变换位置"的内容请参阅本书第4章的第4.2.2节。关于"透镜效果"的内容请参阅本书第6章的第6.3.1节。

5.4 星形工具和复杂星形

使用"星形工具" ☆ 可以绘制规则的星形。

5.4.1 星形的绘制

单击工具箱中的"多边形工具" ○ 按钮,在弹出的工具列表中选择"星形工具" ☆,将光标放在工作区中,按住鼠标左键并拖曳。

至合适大小及位置后释放鼠标,即可绘制出默认设置的星形。按住Ctrl键同时拖曳,可以绘制正星形。

5.4.2 星形的参数设置 重点

在"星形工具" ☆ 的属性栏中可以对绘制的星形进行设置。

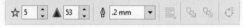

"星形工具"属性栏的选项介绍如下。

● **点数或边数:** 在文本框中输入3～500设置星形的点数或边数,数值越大,边缘就越平滑。

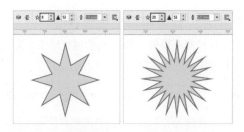

● **锐度:** 在文本框中输入 1 ~ 99 设置星形边角锐度,数值越大,边角越尖锐。

本实例使用"星形工具"☆绘制星形,然后将其转换为曲线,使用"形状工具"🔧编辑节点调整形状,然后使用"交互式填充工具"🔧填充颜色,制作绚丽花朵。

01 启动 CorelDRAW 2018 软件,新建一个空白文档,单击工具箱中的"多边形工具"○按钮,在弹出的工具列表中选择"星形工具"☆,在属性栏中设置"点数或边数"和"锐度",然后按住 Ctrl 键同时拖曳鼠标绘制一个星形。

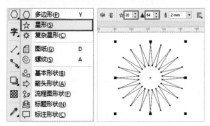

02 使用"选择工具"🔧选中星形对象,然后按 Ctrl+Q 快捷键将其转换为曲线,单击工具箱中的"形状工具"🔧按钮,以框选的方式选择全部节点,然后单击属性栏中的"转换为曲线"🔧按钮,再按住 Shift 键选择星形外侧节点,单击属性栏中的"对称节点"🔧按钮。

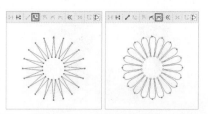

03 单击工具箱中的"交互式填充工具"🔧按钮,再单击属性栏的"渐变填充"■按钮,然后单击颜色节点,在弹出的颜色框中设置节点颜色,为矩形对象填充橘红色(C:0; M:60; Y:100; K:0)到黄色(C:0; M:0; Y:100; K:0)的渐变,然后右键单击调色板中的⊠按钮,取消轮廓线。

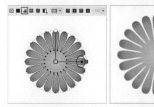

04 使用"选择工具"🔧选中对象,按 Ctrl+C 快捷键进行复制,按 Ctrl+V 快捷键粘贴,然后按住 Shift 键缩小对象,接下来单击工具箱中的"交互式填充工具"🔧按钮,再单击属性栏的"反转填充"🔄按钮。

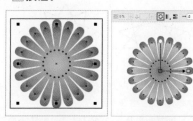

05 拖动渐变形状上的滑块,调整渐变,再复制一个对象,并缩小到合适大小,然后在渐变形状上双击添加颜色节点,并更改渐变颜色,完成花朵的制作。

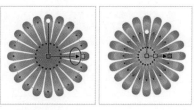

06 在菜单栏中执行"文件"→"打开"命令,打开本章的素材文件"背景 .cdr",将制作好的花朵对象复制到该文档中,并调整至合适的大小和位置,完成制作。

5.4.3 绘制复杂星形

使用"复杂星形工具"  可以绘制带有交叉边的复杂星形效果。

单击工具箱中的"多边形工具" 按钮，在弹出的工具列表中选择"复杂星形工具"，将光标放在工作区中，按住鼠标左键并拖曳。

移至合适大小及位置后释放鼠标，即可绘制出默认设置的复杂星形。按住Ctrl键同时拖曳，可以绘制正星形。

> **提示**
>
> 按住 Shift 键同时拖曳，可以以中心为起点绘制星形，按住 Ctrl+Shift 组合键同时拖曳，可以以中心为起点绘制正星形。

5.4.4 复杂星形的设置

在"复杂星形工具" 的属性栏中可以对绘制的星形进行设置。

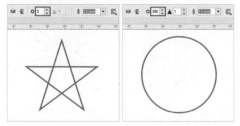

"复杂星形工具"属性栏的选项介绍如下。

● 点数或边数：在文本框中输入 5 ~ 500 设置星形的点数或边数，数值越大，边缘就越平滑。数值为 5 时，为交叠五角星；数值为 500 时，为圆形。

● 锐度：在文本框中输入 1 ~ 99 设置星形边角锐度，数值越大，边角越尖锐。

> **技巧**
>
> 在属性栏中调整"点数或边数"和"锐度"的数值，会产生更加漂亮的复杂星形效果。当复杂星形工具的"点数或边数"数值小于 7 时，不能设置"锐度"。

5.5 螺纹工具

螺纹工具的运用相对广泛，使用"螺纹工具" 可以绘制螺纹状图形。螺纹分为对称式和对数式，通过属性栏中参数的设置，可以改变螺纹形态及圈数。

5.5.1 绘制螺纹

单击工具箱中的"多边形工具" 按钮，

在弹出的工具列表中选择"螺纹工具"，将光标放在工作区中，按住鼠标左键并拖曳。

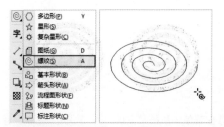

至合适大小及位置后释放鼠标，即可绘制默认设置的螺纹。按住Ctrl键同时拖曳，可以绘制圆形螺纹。

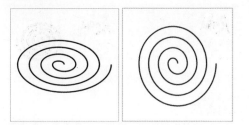

提示

默认设置的"螺纹回圈"的数值为4。由于螺纹绘制完成之后，无法修改"螺纹回圈"数值和螺纹类型，因此需要先在属性栏中设置螺纹回圈数值和螺纹类型，然后再绘制螺纹。

5.5.2 螺纹的设置（重点）

在"螺纹工具" ☻ 的属性栏中可以对绘制的螺纹进行设置。

"螺纹工具"属性栏的选项介绍如下。

● 螺纹回圈：可在文本框中输入 1 ~ 100 的数值设置螺纹的圈数，数值越大，圈数越多。

● "对称式螺纹" ◎ 按钮：单击该按钮，绘制的螺纹每一圈之间的距离都相等。

● "对数螺纹" ◎ 按钮：单击该按钮，绘制的每一圈螺纹之间的距离将逐渐扩大。

● 螺纹扩展参数：可以拖动滑块或在文本框中输入 1 ~ 100 的数值设置对数螺纹每一圈之间的扩散程度。数值越小，螺纹越接近于对称螺纹。只有在单击"对数螺纹" ◎ 按钮后该选项才被激活。

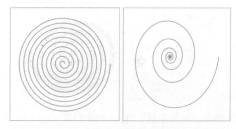

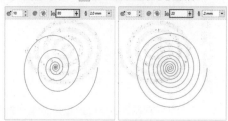

练习5-5 制作蚊香

难度： ☆☆	
素材文件：素材\第5章\练习5-5\素材	
效果文件：素材\第5章\练习5-5\制作蚊香-OK.cdr	
在线视频：第5章\练习5-5\制作蚊香.mp4	

本实例使用"螺纹工具" ◎ 绘制螺纹形状，并在属性栏中设置螺纹属性，再通过"轮廓笔"对话框设置轮廓的相关属性，制作蚊香。

01 启动CorelDRAW 2018软件，新建一个空白文档，单击工具箱中的"多边形工具" ◎ 按钮，在弹出的工具列表中选择"螺纹工具" ◎ ，在属性栏中单击"对称式螺纹" ◎ 按钮，并设置"螺纹回圈"为4，然后在绘图区域中创建一个螺纹形状。

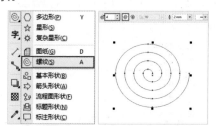

02 按F12键打开"轮廓笔"对话框，设置"颜色"为深灰（C:0；M:0；Y:0；K:90），"宽度"为10mm，"角"为圆角，"线条端头"为圆形端头，然后单击"确定"按钮，应用轮廓样式。

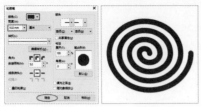

03 使用"选择工具" 选中该对象，按 Ctrl+C 快捷键进行复制，再按 Ctrl+V 快捷键粘贴，右键单击调色板中的"黑"，更改轮廓颜色，然后使用"选择工具" ，按住 Ctrl 键同时向下拖曳黑色螺纹对象。

05 在菜单中执行"文件"→"导入"命令，导入本章的素材文件"背景.jpg"，单击属性栏中的"到图层后面" 按钮，调整顺序，然后调整至合适的大小和位置，完成制作。

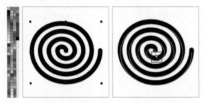

04 调整黑色螺纹对象到合适的位置，制作一个阴影效果，然后右键单击对象，在弹出的快捷菜单中执行"顺序"→"到图层后面"命令，调整对象顺序。

> **相关链接**
>
> 关于"轮廓线的样式"的内容请参阅本书第 7 章的第 7.2.3 节。

5.6 图纸工具

> 使用"图纸工具" 可以快捷地创建网格图，并且可以在属性栏中通过调整网格的行数和列数更改网格效果。

5.6.1 设置参数 难点

在绘制图纸之前需要设置网格的行数和列数，以便绘制时更加精确。

方法一：单击工具箱中的"多边形工具" 按钮，在弹出的工具列表中选择"图纸工具" ，然后在属性栏中的"行数和列数"后方的文本框中输入数值。

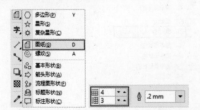

方法二：在工具箱中双击"图纸工具" 按钮，打开"选项"对话框，然后在"图纸工具"选项下设置"宽度方向单元格"和"高度方向单

元格"数值。

5.6.2 绘制图纸

单击工具箱中的"多边形工具" 按钮，在弹出的工具列表中选择"图纸工具" ，在属性栏中设置需要的"行数和列数"参数。

然后将光标放在工作区中，按住鼠标左键并拖曳，至合适大小及位置后释放鼠标，即可绘制图纸。

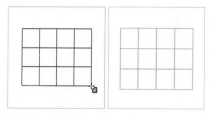

按住Ctrl键同时拖曳，可以绘制外框为正方形的图纸。

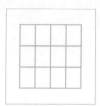

提示

绘制出的网格由一组矩形或正方形群组而成，可以取消群组，使其成为独立的矩形或正方形。

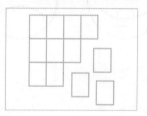

相关链接

关于"取消群组"的内容请参阅本书第3章的第3.4.2节。

练习5-6 制作美丽拼图

难度：☆☆	
素材文件：素材\第5章\练习5-6\素材	
效果文件：素材\第5章\练习5-6\制作美丽拼图-OK.cdr	
在线视频：第5章\练习5-6\制作美丽拼图.mp4	

本实例使用"图纸工具" 🔲 绘制图纸，然后导入素材图像，并通过"置于图文框内部"功能将图像置入图纸对象中，最后通过"取消组合所有对象"命令取消群组，分隔所有方形对象，制作拼图。

01 启动CorelDRAW 2018软件，新建一个空白文档，单击工具箱中的"多边形工具" 🔲 按钮，在弹出的工具列表中选择"图纸工具" 🔲，然后在属性栏中的"行数和列数"后方的文本框中输入数值，将光标放在绘图区域中，按住Ctrl键拖曳鼠标绘制正方形的图纸。

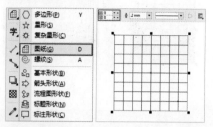

02 在菜单栏中执行"文件"→"导入"命令，导入本章的素材文件"素材.jpg"，右键单击素材对象，在弹出的快捷菜单中执行"PowerClip内部"命令，当光标变为 ◆ 形状时，单击图纸对象，即可将素材图像置于图纸内部。

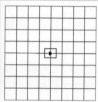

03 单击底部的"编辑PowerClip" 🔳 按钮，调整图像大小，然后单击底部的"停止编辑内容" 🔳 按钮，完成编辑。

04 使用"选择工具" 🔲 选中该对象，单击右键，在弹出的快捷菜单中执行"取消组合所有对象"命令，取消群组，即可分隔所有方形对象，每个方格都可以移动。

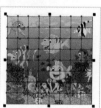

05 恢复移动的方格对象，然后以框选的方式选择全部对象，在属性栏中设置"轮廓宽度"为1mm，再右键单击调色板中的"白"，更改轮廓线颜色，完成制作。

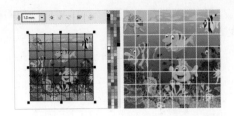

相关链接

关于"图框精确裁剪对象"的内容请参阅本书第7章的第7.4节。

5.7 形状工具组

形状工具组中提供了"基本形状工具" 、"箭头形状工具" ➡、"流程图形状工具" 🗒、"标题形状工具" 🗐 和"标注形状工具" 🖵 等多种形状预设工具，通过这些形状工具可以快速地绘制形状对象，也可以以绘制的形状作基础进行进一步的编辑。

5.7.1 基本形状工具

"基本形状工具" 🗒 可以快速绘制梯形、圆柱形、心形等基本形状。

单击工具箱中的"多边形工具" ⬡ 按钮，在弹出的工具列表中选择"基本形状工具" 🗒，在属性栏中单击"完美形状"按钮，在下拉选项中选择一种形状。

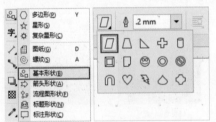

然后将光标放在工作区中，按住鼠标左键并拖曳，至合适大小及位置后释放鼠标，即可绘制所选的基本形状。

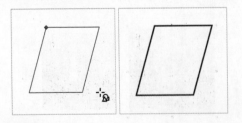

技巧

单击工具箱中的"形状工具" ⬐ 按钮，单击并拖曳红色轮廓沟槽，即可调整图形样式。

练习5-7 制作梦幻天空

难度：☆☆
素材文件：素材\第5章\练习5-7\制作梦幻天空.cdr
效果文件：素材\第5章\练习5-7\制作梦幻天空-OK.cdr
在线视频：第5章\练习5-7\制作梦幻天空.mp4

本实例使用"基本形状工具" 🗒 绘制形状，再拖曳形状上的轮廓沟槽调整形状，然后通过调色板工具填充颜色，再使用"透明度工具" 🖵 添加透明度效果，制作星星。

01 启动 CorelDRAW 2018 软件，打开本章的素材文件"素材\第5章\练习5-7 制作梦幻天空.cdr"，单击工具箱中的"多边形工具" ⬡ 按钮，在弹出的工具列表中选择"基本形状工具" 🗒。

02 在属性栏中单击"完美形状"按钮，在下拉选项中选择形状，然后将光标放在绘图区域中，按

住鼠标左键并拖曳绘制形状。

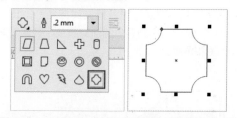

03 单击并向右拖曳红色轮廓沟槽，调整形状，然后使用"选择工具" ↖ 选中该对象，将其调整到合适的大小和位置。

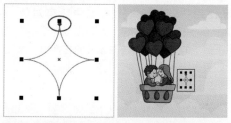

04 左键单击调色板中的"白"，为对象填充颜色，再右键单击 ⊠ 按钮，取消轮廓线。

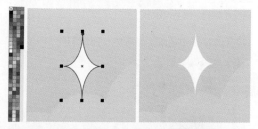

05 单击工具箱中的"透明度工具" ▦ 按钮，在属性栏中单击"渐变透明度" ▩ 按钮，再单击"矩形渐变透明度" ▩ 按钮，然后单击渐变形状上的"渐变节点"设置透明度，创建渐变透明效果，最后按 Ctrl+C 快捷键复制对象，再按 Ctrl+V 粘贴对象，复制多个对象并分别调整至合适的大小和位置，完成制作。

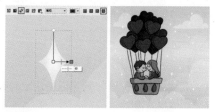

相关链接

关于"创建渐变透明效果"的内容请参阅本书第 8 章的第 8.5.2 节。

5.7.2　箭头形状工具

"箭头形状工具" ⇨ 可以快速绘制路标、指示牌和方向引导标识。

单击工具箱中的"多边形工具" ◯ 按钮，在弹出的工具列表中选择"箭头形状工具" ⇨，在属性栏中单击"完美形状"按钮，在下拉选项中选择一种形状。

然后将光标放在工作区中，按住鼠标左键并拖曳，至合适大小及位置后释放鼠标，即可绘制所选的箭头形状。

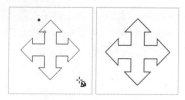

提示

由于箭头形状相对复杂，轮廓沟槽相对多。分别有"红""黄""蓝"三色，每种颜色的轮廓沟槽控制不同的向量。

练习5-8　制作水晶箭头

难度：☆☆☆
素材文件：无
效果文件：素材 \ 第 5 章 \ 练习 5-8\ 制作水晶箭头 –OK.cdr
在线视频：第 5 章 \ 练习 5-8\ 制作水晶箭头 .mp4

本实例使用"箭头形状工具" ⇨ 绘制箭头形状，再拖曳形状上的轮廓沟槽调整形状，然后通过"交互式填充工具" ◈ 填充颜色，再使用"贝塞尔工具" ✐ 绘制曲线形状，制作水晶箭头。

01 启动 CorelDRAW 2018 软件，新建一个空白文档，单击工具箱中的"多边形工具" ◯ 按钮，在弹出的工具列表中选择"箭头形状工具" ⇨，在属性栏中单击"完美形状"按钮，在下拉选项中选择一种形状。

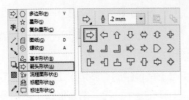

02 将光标放在绘图区域中，按住鼠标左键并拖曳绘制形状，左键单击调色板中的"10% 黑"，为对象填充浅灰色，再右键单击⊠按钮，取消轮廓线。

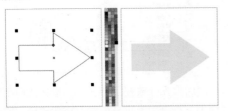

03 使用"选择工具" ▶ 选中该对象，按 Ctrl+C 快捷键进行复制，再按 Ctrl+V 快捷键粘贴，按住 Shift 键缩小到合适大小，再左键单击调色板中的"白"，更改填充颜色，然后使用"形状工具" ⓣ 单击并拖曳红色轮廓沟槽，调整形状。

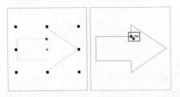

04 复制一个对象，单击工具箱中的"交互式填充工具" ⓐ，单击属性栏的"均匀填充" ◼ 按钮，并设置颜色为（C:53；M:18；Y:11；K:0），采用同样的方法，缩小对象。

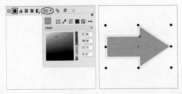

05 复制一个对象，单击工具箱中的"交互式填充工具" ⓐ，单击属性栏的"渐变填充" ◼ 按钮，再在渐变形状上双击添加节点，然后单击颜色节点，在弹出的颜色框中设置节点颜色，并调整渐变角度，采用同样的方法，缩小对象。

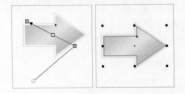

06 单击工具箱中的"贝塞尔工具" ⓩ 按钮，绘制曲线形状，然后为对象填充浅蓝色（C:16；M:1；Y:0；K:1）到白色的渐变颜色，并调整渐变范围和角度。

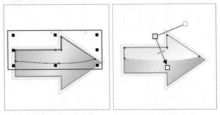

07 使用"选择工具" ▶ 选中所有对象，按 Ctrl+G 快捷键群组对象，再单击工具箱中的"阴影工具" ⓤ 按钮，单击对象并向右拖曳，添加阴影效果。

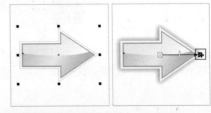

08 在属性栏中更改阴影颜色，完成制作。

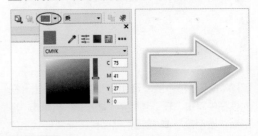

相关链接

关于"交互式填充工具" ⓐ 的内容请参阅本书第 6 章的第 6.3.1 节。关于"贝塞尔工具绘制曲线"的内容请参阅本书第 4 章的第 4.2.2 节。关于"创建阴影效果"的内容请参阅本书第 8 章的第 8.4.1 节。

5.7.3　流程图形状工具

"流程图形状工具" ⓢ 可以快速绘制数据流程图和信息流程图。

单击工具箱中的"多边形工具" ◯ 按钮，在弹出的工具列表中选择"流程图形状工具" ⓢ，在属性栏中单击"完美形状"按钮，在下拉选项中选择一种形状。

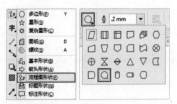

将光标放在工作区中，按住鼠标左键并拖曳，至合适大小及位置后释放鼠标，即可绘制所选的流程形状。

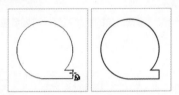

 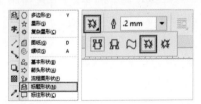
5.7.4 标题形状工具

"标题形状工具" 可以快速绘制标题栏、旗帜标语和爆炸效果。

单击工具箱中的"多边形工具" 按钮，在弹出的工具列表中选择"标题形状工具"，在属性栏中单击"完美形状"按钮，在下拉选项中选择一种形状。

然后将光标放在工作区中，按住鼠标左键并拖曳，至合适大小及位置后释放鼠标，即可

绘制所选的标题形状。

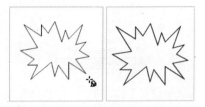

5.7.5 标注形状工具

"标注形状工具" 可以快速绘制补充说明和对话框。

单击工具箱中的"多边形工具" 按钮，在弹出的工具列表中选择"标注形状工具"，在属性栏中单击"完美形状"按钮，在下拉选项中选择一种形状。

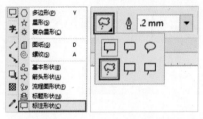

然后将光标放在工作区中，按住鼠标左键并拖曳，至合适大小及位置后释放鼠标，即可绘制所选的标注形状。

5.8 智能绘图工具

CorelDRAW 2018中的"智能绘图工具" 能将手绘笔触转换成基本形状或平滑的曲线。它能自动识别多种形状，如椭圆、矩形、菱形、箭头、梯形等，并能对随意绘制的曲线进行处置和优化。

5.8.1 基本使用方法

单击工具箱中的"手绘工具" 按钮，在

弹出的工具列表中选择"智能绘图工具"。

置绘制图形的"形状识别等级"和"智能平滑
等级"等参数。

"智能绘图工具"属性栏的选项介绍如下。

● **形状识别等级：** 设置检测形状并将其转化为对象的
等级。

● **智能平滑等级：** 设置使用智能绘图工具创建的形状
的轮廓平滑等级。

● **轮廓宽度：** 设置对象的轮廓宽度，可调节轮廓的粗
细。

将光标放在工作区中，按住鼠标左键并拖
曳，像铅笔一样自由绘制，绘制出满意的效果
后松开鼠标，即可自动生成基本形状。

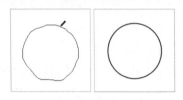

5.8.2　智能绘图属性

在"智能绘图工具" ⚠ 的属性栏中可以设

> **提示**
>
> 在使用"智能绘图工具" ⚠ 绘制形状时，大多时
> 候是无法一次完成设想的图形的，经常需要对绘
> 制的曲线进行一些细节上的调整。可以结合"形
> 状工具" ↖ 进行调整。

5.9 知识拓展

对于刚接触CorelDRAW的一些新手朋友来说，使用一些技巧来完成绘图，有助于提高工作效率，节
省时间。下面对CorelDRAW软件中有关基本图形绘制的技巧进行总结。

1.　以起点绘制图形

选择绘图工具，按住左键拖动进行绘制，
绘制完毕，放开左键。

2.　绘制图形

选择绘图工具，按住Ctrl键同时按住左键
拖动进行绘制，绘制完毕，注意先松开鼠标左
键，再放开Ctrl键；或者也可以先按住鼠标左
键拖曳出任意形状，再按Ctrl键，同样先松开
鼠标，再放开Ctrl键。

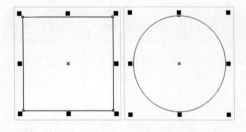

在按住 Ctrl 键绘制的过程中按 Shift 键，
是以2倍面积放大该图形。

3.　从中心绘制基本形状

单击要使用的绘图工具，先绘制出一个形
状。想要绘制出同心图形，在未选中该图形的
状态下，选择该绘图工具，将光标定位到要绘
制形状中心的位置，此时按住 Shift 键，拖动鼠
标进行绘制（以四周散开的方式）。先松开鼠
标以完成形状绘制，再松开 Shift 键。

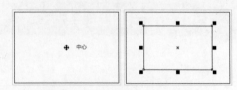

4.　从中心绘制边长相等的形状

单击要使用的绘图工具，按住 Shift + Ctrl

组合键。将光标定位到要绘制形状中心的位置，沿对角线拖动鼠标绘制形状。松开鼠标左键以完成形状绘制，然后松开 Shift + Ctrl 组合键。

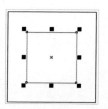

5.10 拓展训练

本章为读者安排了两个拓展练习，以帮助大家巩固本章内容。

训练5-1 制作VIP卡

难度：☆☆	
素材文件：无	
效果文件：素材\第5章\习题1\制作 VIP 卡 .cdr	
在线视频：第5章\习题1\制作 VIP 卡 .mp4	

根据本章所学的知识，使用贝塞尔工具、矩形工具、文本工具和椭圆形工具制作VIP卡。

训练5-2 绘制电视机

难度：☆☆	
素材文件：素材\第5章\习题2\标志 .png	
效果文件：素材\第5章\习题2\绘制电视机 .cdr	
在线视频：第5章\习题2\绘制电视机 .mp4	

根据本章所学的知识，使用矩形工具、贝塞尔工具和透明度工具绘制电视机。

第 **6** 章

图形的填充

一幅好的设计作品，离不开色彩的使用。CorelDRAW 2018为用户提供了多种用于填充颜色的工具，可以快捷地为对象填充"纯色""渐变""图案"或其他丰富多彩的效果。本章主要讲解这些填充方法的使用技巧，通过本章的学习，读者不仅可以掌握多种填充颜色的方法，还可以快速地将某一对象的颜色信息复制到其他对象上。

本章重点

交互式填充工具 | 均匀填充 | 渐变填充

图样填充 | 应用调色板 | 网状填充工具 | 滴管工具

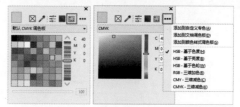
6.1.1 均匀填充 重点

均匀填充是一种常用的填充方式,就是在封闭图形对象内填充单一的颜色。

使用"选择工具" 选中要填充的对象,再单击工具箱中的"交互式填充工具" 按钮。

然后在属性栏中单击"均匀填充" 按钮,单击"填充色",在打开的颜色框中选择需要的颜色,为了更加精确地设置,可以在右侧的"C、M、Y、K"数值框中分别输入相应的数值来指定颜色,填充颜色。

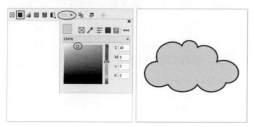

颜色框中各个按钮的介绍如下。

- "无颜色" 按钮:单击该按钮,不添加颜色。
- "颜色滴管" 按钮:对屏幕上任意对象(无论应用程序内部或外部)中的颜色进行取样。
- "显示颜色滑块" 按钮:使用选定颜色模式中的颜色滑块选择颜色。
- "颜色查看器" 按钮:使用颜色查看器选择颜色。

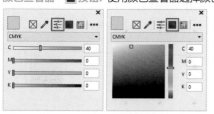

- "显示调色板" 按钮:从一组印刷色或专色调色板中选择颜色。
- "更多颜色选项" 按钮:单击该按钮,在弹出的下拉选项列表中可以选择其他颜色选项。

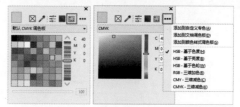

单击属性栏的"编辑填充" 按钮,或按F11键打开"编辑填充"对话框,在对话框中单击"均匀填充" 按钮,然后切换"模型"填充、"混合器"填充或"调色板"填充面板,并进行颜色的选择。

"模型"填充

默认为"模型"面板,拖动颜色滑块或输入数值,也可填充颜色。

"混合器"填充

单击"混合器" 按钮,切换至"混合器"面板,将光标放置在光圈上,旋转移动,可设置颜色。

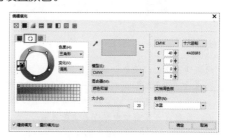

在"色度"下拉列表中可以选择色环形状，在"变化"下拉列表中可选择色环色调。

拖动"大小"滑块，可调整色块的数量。也可以在右侧数值框中输入具体数值以精确设置颜色。

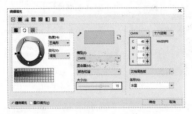

"调色板"填充

单击"调色板" ▦ 按钮，切换至"调色板"面板，在"调色板"下拉列表框中可以选择调色板的类型。

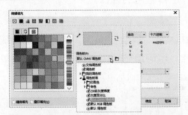

在"名称"下拉列表框中选择某一颜色名称，在左侧的颜色框中即可显示出该名称的颜色。

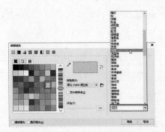

提示

默认情况下，"淡色"选项处于不可用状态，只有在将"调色板"类型设置为"专色"调色板类型时该选项才可用，向左拖动滑块可以减淡颜色，同时在颜色预览窗口中可查看淡色效果。

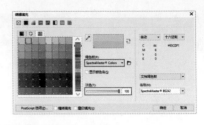

练习6-1 制作蜜蜂宝宝

难度：☆☆☆

素材文件：素材\第6章\练习6-1\素材

效果文件：素材\第6章\练习6-1\制作蜜蜂宝宝-OK.cdr

在线视频：第6章\练习6-1\制作蜜蜂宝宝.mp4

本实例使用"椭圆形工具" ◯ 和"贝塞尔工具" ✐ 分别绘制圆形和曲线形状，再使用"交互式填充工具"为对象填充颜色，制作蜜蜂宝宝。

01 启动 CorelDRAW 2018 软件，新建一个空白文档，使用"椭圆形工具" ◯ 绘制一个椭圆形的身体，再使用"贝塞尔工具" ✐ 绘制曲线形状。

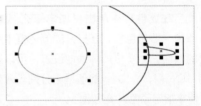

02 使用"选择工具" ▶ 选择椭圆形和曲线形状，单击属性栏中的"合并" ⬚ 按钮，合并对象，继续使用"椭圆形工具" ◯ 和"贝塞尔工具" ✐ 绘制头、触角、翅膀等其他形状。

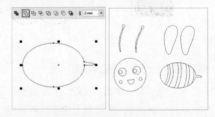

03 使用"选择工具" ▶ 选择蜜蜂的头，再单击工具箱中的"交互式填充工具" ◈ 按钮，在属性栏中单击"均匀填充" ■ 按钮，然后单击"填充色"，在打开的颜色框中选择需要的颜色即可为所选对象填充颜色。

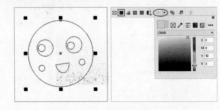

04 采用同样的方法，继续为其他对象填充颜色。

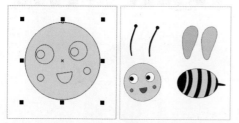

05 使用"选择工具" 选择头部的全部对象，按 Ctrl+G 快捷键进行组合，再将身体对象进行组合，并调整位置。

06 右键单击身体对象，在弹出的快捷菜单中执行"顺序"→"向后一层"命令，调整对象顺序，采用同样的方法，移动对象位置，组成一只完整的蜜蜂。

07 以框选的方式选择全部对象，右键单击调色板中的 ⊠ 按钮，取消所有对象的轮廓线，在菜单栏中执行"文件"→"打开"命令，打开本章的素材文件"背景 .cdr"。

08 使用"选择工具" 选择绘制好的蜜蜂，按 Ctrl+C 快捷键进行复制，再按 Ctrl+V 快捷键粘贴到该文档中，然后调整到合适的大小和位置，复制多个蜜蜂对象，单击属性栏中的"水平镜像" 按钮，镜像对象，完成制作。

相关链接

关于"贝塞尔工具绘制曲线"的内容请参阅本书第 4 章的第 4.2.2 节。

6.1.2 渐变填充

渐变填充是一种常见的颜色表现，大大增强了对象的可视效果。在CorelDRAW 2018 中，渐变填充主要分为"线性渐变填充""椭圆形渐变填充""圆锥形渐变填充"和"矩形渐变填充"4种类型。

线性渐变填充

"线性渐变填充"类型可以用于在两个或多个颜色之间产生直线型的颜色渐变。

使用"选择工具" 选中对象，单击工具箱中"交互式填充工具" 按钮，再单击属性栏中的"渐变填充" 按钮，设置"类型"为"线性渐变填充" ，然后单击节点，在弹出的颜色框中设置颜色，填充线性渐变。

椭圆形渐变填充

"椭圆形渐变填充"类型用于在两个或多个颜色之间产生以同心圆的形式从对象中心向外辐射的渐变效果，该填充类型可以很好地体现球体的光线变化和光晕效果。

使用"选择工具" 选中对象，单击工具箱中"交互式填充工具" 按钮，再单击属性

栏中的"渐变填充" ▨ 按钮,设置"类型"为
"椭圆形渐变填充" ▣,然后单击节点,在弹
出的颜色框中设置颜色,填充椭圆形渐变。

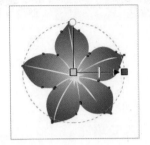

圆锥形渐变填充

　　"圆锥形渐变填充"类型可以用于在两个
或多个颜色之间产生色彩渐变,模拟光线落在
圆锥上的视觉效果,使平面图形表现出空间立
体感。

　　使用"选择工具" ▾ 选中对象,单击工具
箱中"交互式填充工具" ▨ 按钮,在单击属性
栏中的"渐变填充" ▨ 按钮,设置"类型"为
"圆锥形渐变填充" ▣,然后单击节点,在弹
出的颜色框中设置颜色,填充圆锥形渐变。

矩形渐变填充

　　"矩形渐变填充"类型用于在两个或多个
颜色之间产生以同心方形的形式从对象中心向
外扩散的色彩渐变效果。

　　使用"选择工具" ▾ 选中对象,单击工具
箱中"交互式填充工具" ▨ 按钮,再单击属性
栏中的"渐变填充" ▨ 按钮,设置"类型"为
"矩形渐变填充" ▨,然后单击节点,在弹出
的颜色框中设置颜色,填充矩形渐变。

　　在"交互式填充工具" ▨ 的属性栏中可以
进行其他的渐变设置。

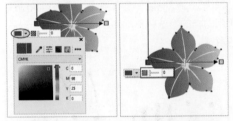

　　"渐变填充"属性栏的按钮和选项介绍如下。

● 节点颜色 ▨▾:指定选定节点的颜色。也可以单
击渐变填充图形上的节点,再选择"节点颜色",
然后在弹出的对话框中选择更改所选择节点的颜色。

● 节点透明度 ▨ 0% ＋:指定选定节点的透明度。也可
以单击渐变填充图形上的节点,进行透明度的更改。

● 节点位置:指定中间节点相对于第一个和最后一个
节点的位置。

● "反转填充" ▨ 按钮:单击该按钮,可反转渐变填
充。

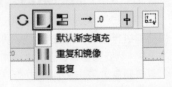

● "排列" ▨ 按钮:单击该按钮,可以在下拉选项中
选择镜像或重复渐变填充。

	默认渐变填充	
	重复和镜像	
	重复	

● "平滑" ▨ 按钮:在渐变填充节点间创建更加平滑

的颜色过渡。

● **加速：** 指定渐变填充从一个颜色调到另一个颜色的速度。正数为右侧颜色减少，负数为左侧颜色减少。

● **"自由缩放和倾斜"** 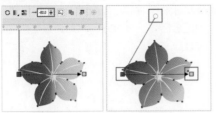按钮：单击该按钮，允许填充不按比例倾斜或延展显示。将光标放在渐变填充图形上，按住鼠标左键拖动节点，可以缩放填充渐变的大小和角度。

● **"复制填充"** 按钮：将文档中其他对象的填充应用到选定对象。

● **"编辑填充"** 按钮：单击该按钮，即可打开"编辑填充"对话框，可以更改渐变颜色、填充宽度、高度和旋转填充颜色角度等属性。

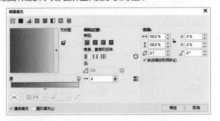

技巧

在"编辑填充"对话框中的预览色带的起始点和终点颜色之间双击，即可添加一个色块，双击三角色块即可删除颜色色块，但起始点和终点的颜色色块不可以删除。同样也可以在渐变图形上进行相同操作。

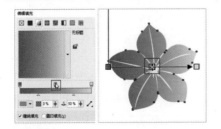

练习6-2 制作护肤品瓶

难度：☆☆☆
素材文件：素材\第6章\练习6-2\素材
效果文件：素材\第6章\练习6-2\制作护肤品瓶-OK.cdr
在线视频：第6章\练习6-2\制作护肤品瓶.mp4

本实例使用"矩形工具"绘制矩形形状，再使用"交互式填充工具" 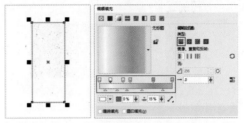填充渐变颜色，制作护肤品瓶。

01 启动 CorelDRAW 2018 软件，新建一个空白文档，使用"矩形工具" 创建一个矩形，单击工具箱中"交互式填充工具" 按钮，在属性栏中单击"渐变填充" 按钮，然后单击"编辑填充" 按钮，打开"编辑填充"对话框，设置"类型"为"线性渐变填充" ，并设置填充颜色。

02 单击"确定"按钮，即可应用渐变填充，再右键单击调色板中的图标，取消对象的轮廓线。

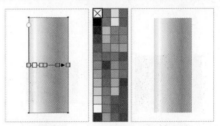

03 使用"钢笔工具" 在矩形的最下方绘制一个形状，再单击工具箱中"交互式填充工具" 按钮，在属性栏中单击"渐变填充" 按钮，然后单击"编辑填充" 按钮，打开"编辑填充"对话框，设置"类型"为"线性渐变填充" ，并设置填充颜色。

04 右键单击调色板中的按钮，取消对象的轮廓线，使用"选择工具" 选中该形状，按 Ctrl+C 快捷键进行复制，再按 Ctrl+V 快捷键进行粘贴，单击属性栏中的"垂直镜像" 按钮，镜像对象，然后移动到最上方。

05 采用同样的方法，使用"矩形工具" □ 再绘制一个矩形，然后填充渐变颜色并取消轮廓线。

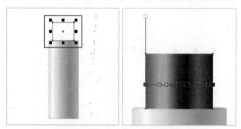

06 右键单击该对象，在弹出的快捷键菜单中执行"顺序"→"置于此对象后"命令，当光标变为 ◆ 形状时，单击图中所示对象，即可调整对象顺序。

07 复制一个形状，并调整大小和形状，单击工具箱中"交互式填充工具" ◇ 按钮，然后单击渐变节点更改渐变颜色。

08 在菜单栏中执行"文件"→"打开"命令，打开本章的素材文件"图案.cdr"，将其复制到该文档中，并调整至合适的大小和位置，使用"文本工具" 字 输入文本，再在属性栏中设置字体为 Arial，左键单击调色板中的"60% 黑"，设置文本颜色，然后调整至合适的大小和位置。

09 在菜单栏中执行"文件"→"导入"命令，导入本章的素材文件"背景.jpg"，单击属性栏中的"到图层后面" ⓑ 按钮，然后调整至合适的大小和位置。

10 使用"选择工具" ➤ 选择护肤品瓶对象，按 Ctrl+G 快捷键组合对象，再单击工具箱中的"阴影工具" □ 按钮，单击对象的中心并向右拖曳鼠标，创建阴影效果，完成制作。

相关链接

关于"钢笔工具绘制曲线"的内容请参阅本书第 4 章的第 4.5.1 节。关于"创建阴影效果"的内容请参阅本书第 8 章的第 8.4.1 节。

6.1.3　图样填充 重点

除了均匀填充与渐变填充外，CorelDRAW 中还提供了图样填充，即"向量图样填充""位图图样填充"和"双色图样填充"。运用这些填充可以将大量重复的图案以拼贴的方式填入对象中，使其呈现出更丰富的视觉效果。

向量图样填充

"向量图样"填充可以把矢量花纹生成为图案样式为对象进行填充，软件中提供了多种向量图案，另外，也可以下载或创建图案进行填充。

使用"选择工具"  选中要填充的对象，单击工具箱中的"交互式填充工具" 按钮，再单击属性栏上的"向量图样填充" 按钮，即可填充默认的向量图样。

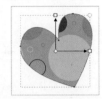

"向量图样填充"属性栏中的各个按钮及选项的介绍如下。

● **填充挑选器** ：单击该按钮，在弹出的图样列表中双击图案，可更改填充的图样。单击"浏览"按钮，可以在本地磁盘中添加向量图样填充。

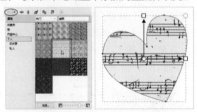

● **"水平镜像平铺"** 按钮：排列平铺以使交替平铺可在水平方向相互反射。

● **"垂直镜像平铺"** 按钮：排列平铺以使交替平铺可在垂直方向相互反射。

● **"变换对象"** 按钮：单击该按钮，将对象变换应用到填充。

● **"复制填充"** 按钮：单击该按钮，将文档中其他对象的填充应用到选定对象。

● **"编辑填充"** 按钮：单击该按钮，可打开"编辑填充"对话框，在对话框中可以选择向量图样、填充图样和变换图样。

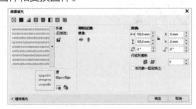

提示

还可以将光标放在向量图样填充图形上，按住鼠标左键拖动各个节点，快速变换填充图样。

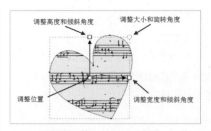

位图图样填充

"位图图样"填充可以选择位图图像为对象进行填充，填充后的图像属性取决于位图的大小、分辨率和深度。

使用"选择工具"  选中要填充的对象，单击工具箱中的"交互式填充工具" 按钮或按G键，再在属性栏上单击"位图图样填充" 按钮，即可填充默认的位图图样。

"位图图样填充"属性栏中的按钮及选项的介绍如下。

● **填充挑选器** ：单击该按钮，在弹出的图样列表中双击图案，可更改填充的图样。单击"浏览"按钮，可以在本地磁盘中添加位图图样填充。

● **"水平镜像平铺"** 按钮：排列平铺以使交替平铺可在水平方向相互反射。

● **"垂直镜像平铺"** 按钮：排列平铺以使交替平铺可在垂直方向相互反射。

● **"调和过渡"** 按钮：单击该按钮，可以在下拉列表中调整图样平铺的颜色和边缘过渡效果。

● **"变换对象"** 按钮：单击该按钮，将对象变换应用到填充。

- "复制填充" 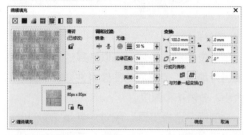按钮：单击该按钮，将文档中其他对象的填充应用到选定对象。
- "编辑填充" 按钮：单击该按钮，可打开"编辑填充"对话框，在对话框中可以选择位图图样、填充图样和变换图样。

双色图样填充

"双色图样"填充可以为对象填充只有"前景颜色"和"背景颜色"两种颜色的图案样式。

使用"选择工具" 选中要填充的对象，单击工具箱中的"交互式填充工具" 按钮或按G键，再在属性栏上单击"双色图样填充" 按钮，即可填充默认的双色图样。

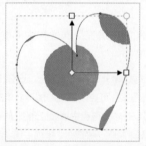

"双色图样填充"属性栏中的各个按钮及选项的介绍如下。

- 第一种填充色或图样 ：在下拉列表中选择双色图样来填充对象，将光标放在选择的双色图样上，单击鼠标左键，即可更改填充图案。
- 前景颜色 ：在打开的颜色框中选择需要的前景颜色。
- 背景颜色 ：在打开的颜色框中选择需要的背景颜色。
- "水平镜像平铺" 按钮：排列平铺以使交替平铺可在水平方向相互反射。
- "垂直镜像平铺" 按钮：排列平铺以使交替平铺可在垂直方向相互反射。

- "变换对象" 按钮：将对象变换应用到填充。
- "复制填充" 按钮：将文档中其他对象的填充应用到选定对象。
- "编辑填充" 按钮：单击该按钮，即可打开"编辑填充"对话框，可以选择双色图样填充和变换图样。

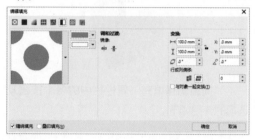

技巧

在属性栏中单击"填充挑选器"按钮，在下拉面板中单击"更多"按钮，打开"双色图案编辑器"对话框，在对话框中修改"位图尺寸"和"笔尺寸"选项，再单击左键可以进行图案的绘制，如果有不满意的，可以单击右键进行删除。

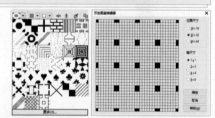

绘制完成后，单击"确定"按钮，即可保存自定义编辑的双色图案，并且可以将其应用到所选的对象上。

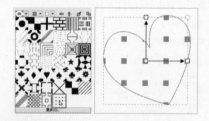

练习6-3 填充卡通背景

难度：☆☆☆
素材文件：素材\第6章\练习6-3\香蕉老人.cdr
效果文件：素材\第6章\练习6-3\填充卡通背景.cdr
在线视频：第6章\练习6-3\填充卡通背景.mp4

本节介绍了交互式填充工具的应用，这里

详细介绍一下双色填充的实例操作步骤。双色填充实际上就是为简单的图案设置不同的前景色和背景色并进行填充。

01 打开 CorelDRAW 2018，选择"文件"→"打开"命令，弹出"打开绘图"对话框，选择"第6章\练习6-3\香蕉老人.cdr"文件，单击"打开"按钮。

02 选中背景矩形，选择工具箱中的"交互式填充工具" 🖊，在上方的属性栏中选择"双色图样填充"按钮 🔳。

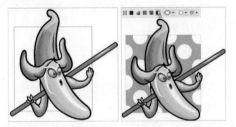

03 在属性栏中单击"填充挑选器"按钮，在下拉面板中选择一种填充图样。

04 在属性栏中选择"前部"和"后部"颜色选项，可以对换选择的图样颜色。在图样框的下拉列表选择图样。

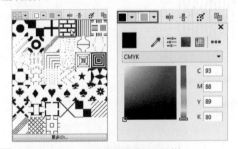

05 设置好之后，即可为对象填充图样。

6.1.4 底纹填充

"底纹填充"也被称为纹理填充，可随机生成纹理来填充对象，赋予对象自然的外观。CorelDRAW 2018提供了多种底纹样式以便选

择，每种底纹都可通过"底纹填充"对话框进行相应的属性设置。

使用"选择工具" 🖊 选中要填充的对象，单击工具箱中的"交互式填充工具" 🖊 按钮或按 G 键，再在属性栏上单击"双色图样填充" 🔳 按钮，在打开的下拉选项中选择"底纹填充" 🔲 按钮，即可填充默认的底纹图样。

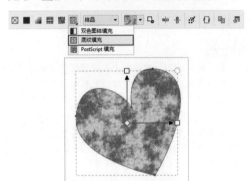

"底纹填充"属性栏中的各个按钮及选项的介绍如下。

● "底纹选项" 🔲 按钮：单击该按钮，打开"底纹选项"对话框，在对话框中可以设置"位图分辨率"和"最大平铺宽度"。位图分辨率的分辨率越高，其纹理显示越清晰，但文件的尺寸也会增大，所占的系统内存也就越多。

● "水平镜像平铺" 🔲 按钮：排列平铺以使交替平铺可在水平方向相互反射。

● "垂直镜像平铺" 🔲 按钮：排列平铺以使交替平铺可在垂直方向相互反射。

● "变换对象" 🔲 按钮：将对象变换应用到填充。

● "重新生成底纹" 🔲 按钮：可以重新随机应用不同参数的填充，每单击一次生成的底纹效果不同。

● "复制填充" 🔲 按钮：将文档中其他对象的填充应用到选定对象。

● "编辑填充" 🔲 按钮：单击该按钮，即可打开"编辑填充"对话框，可以选择底纹样式及设置底纹图像属性。

6.1.5　PostScript填充

"PostScript填充"是一种特殊的花纹填色工具，是使用PostScript语言计算出一种极为复杂的底纹，这种填色不但纹路细腻，而且占用的空间也不大，适用于较大面积的花纹设计。

使用"选择工具" ▯ 选中要填充的对象，单击工具箱中的"交互式填充工具" ▱ 按钮或按 G 键，再在属性栏上单击"双色图样填

充" ▯ 按钮，在打开的下拉选项中选择"PostScript填充" ▤ 按钮，即可填充默认的PostScript图样。

"PostScript填充"属性栏中的各个按钮及选项的介绍如下。

- **PostScript 填充预览** ▨ ：显示当前 PostScript 填充预览。
- **"复制填充"** ▨ 按钮：将文档中其他对象的填充应用到选定对象。
- **"编辑填充"** ▨ 按钮：单击该按钮，即可打开"编辑填充"对话框，可以选择 PostScript 样式及设置 PostScript 图像属性。

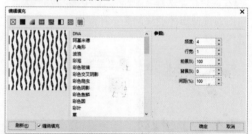

6.2 应用调色板

CorelDRAW 2018中的"调色板"是多个色样的集合，从中可以选择纯色设置对象的填充色或轮廓色，这是进行均匀填充最快捷的一种方式。

6.2.1　填充对象 重点

默认状态下调色板位于软件界面的右侧，如

果没有显示调色板，可以在菜单栏中执行"窗口"→"调色板"→"默认调色板"命令，打开调

色板。单击调色板底部的"默认调色板" »按钮，可展开调色板；再次单击该按钮，即可恢复展开的调色板。

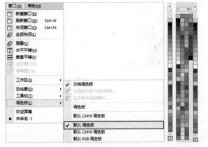

方法一：使用"选择工具" ▶ 选中要填充的对象，将光标放在调色板颜色上，左键单击色样，即可填充对象。

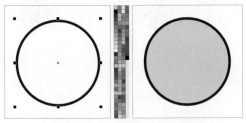

右键单击色样，可以为轮廓线填充颜色。

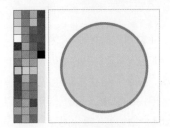

方法二：按住鼠标左键将调色板中的色样直接拖动到对象上，释放鼠标后，即可将该颜色应用到对象上。

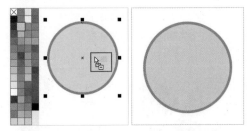

按住鼠标左键将调色板中的色样直接拖动到轮廓线上，释放鼠标后，即可将该颜色应用到轮廓线上。

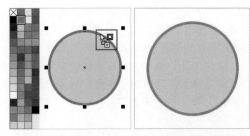

左键单击 ⊠ 按钮，即可去除当前对象的填充颜色；右键单击 ⊠ 按钮，即可去除当前对象的轮廓色。

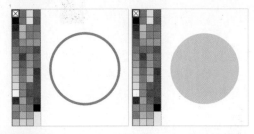

技巧

将光标移动到右侧调色板的顶端，当光标变为 ❖ 十字形状时，按住鼠标左键拖动调色板到工作区中，可以将调色板以对话框的形式显示出来；将对话框拖动到工作界面的右侧，释放鼠标后，恢复调色板右侧状态。

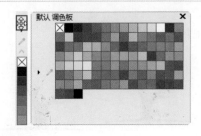

练习6-4 制作名片

难度：	☆☆☆
素材文件：	无
效果文件：	素材\第6章\练习6-4\制作名片-OK.cdr
在线视频：	第6章\练习6-4\制作名片.mp4

本实例使用"矩形工具" □ 绘制矩形，通过"交互式填充工具" ◆ 为矩形对象填充椭圆形渐变颜色，制作名片的背景，然后使用"贝塞尔工具" ✐ 绘制树干和树枝形状，使用"椭圆形工具"绘制圆形，添加小树的装饰，最后使用"文本工具" 字 添加文本并设置文本的属性，制作名片。

01 启动 CorelDRAW 2018 软件，新建一个空白文档，单击工具箱中的"矩形工具" □ 按钮，在绘图区域中创建一个矩形，单击工具箱中"交互式填充工具" ◇ 按钮，在属性栏中单击"渐变填充" ◪ 按钮，设置"类型"为"椭圆形渐变填充" ⬚，然后单击节点，在弹出的颜色框中设置颜色。

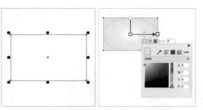

02 右键单击调色板中的 ⊠ 按钮，取消对象的轮廓线，单击工具箱中的"贝塞尔工具" ∕ 按钮，绘制树干形状。

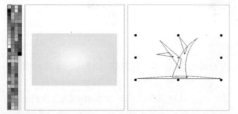

03 使用"选择工具" ▶ 选择树干对象，左键单击调色板中的"黑"，为对象填充颜色，然后单击工具箱中的"椭圆形工具" ○ 按钮，按住 Ctrl 键绘制几个正圆。

04 使用"选择工具" ▶ 选中圆形，左键单击调色板中的"酒绿"，为对象填充颜色。

05 采用同样的方法，继续为其他圆形对象填充颜色，然后使用"选择工具" ▶ 选择全部对象，右键单击调色板中的 ⊠ 按钮，取消轮廓线，并移动到矩形背景上。

06 单击工具箱中的"文本工具" 字 按钮，输入文本，再在属性栏中设置字体为"Arial"，并调整至合适的位置和大小，然后使用"选择工具" ▶ 选择文本对象，左键单击调色板中的色块，设置文本颜色，完成制作。

相关链接

关于"贝塞尔工具绘制曲线"的内容请参阅本书第 4 章的第 4.2.2 节。关于"设置文本属性"的内容请参阅本书第 9 章的第 9.3.1 节。

6.2.2　添加颜色到调色板

CorelDRAW虽然已经提供了很多色彩模式供用户填充颜色，但在实际绘图中，有时还是不能满足用户的需求，此时，用户可以根据需要自行创建合适的调色板来满足需要。

从选定内容添加

使用"选择工具" ▶ 选中已经填充的对象，单击调色板上方的 ▸ 按钮，在打开的菜单面板中执行"从选定内容添加"命令，即可将该对象填充的颜色添加到调色板中。

从文档添加

如果想要将整个文档中的颜色添加到调色板中，可以单击调色板上方的 ▸ 按钮，在打开的菜单面板中执行"从文档添加"命令，将该文档中的所有颜色添加到调色板中。

滴管添加

单击调色板上方的"添加颜色到调色板" ✐ 按钮，当光标变为 ✐ 形状时，左键单击要添加的颜色，即可将该处的颜色添加到调色板中。

单击调色板上方的"添加颜色到调色板" ✐ 按钮，同时按住Ctrl键，当光标变为 ✐ 形状时，可多次单击左键取样多种颜色，并添加到调色板中。

6.2.3 创建调色板

CorelDRAW中可以创建调色板。

通过对象创建

使用"选择工具" ▸ 选中已经填充的对象，在菜单栏中执行"窗口"→"调色

板"→"从选择中创建调色板"命令，打开"另存为"对话框，在"文件名"的文本框中输入名称，然后单击"保存"按钮，即可由选定对象的填充颜色创建一个自定义的调色板。并且创建的调色板会显示在软件界面的右侧。

通过文档创建

在菜单栏中执行"窗口"→"调色板"→"从文档中创建调色板"命令，打开"另存为"对话框，在"文件名"的文本框中输入名称，然后单击"保存"按钮，即可由文档中所有对象的填充颜色创建一个自定义的调色板。并且创建的调色板会显示在软件界面的右侧。

6.2.4 打开创建的调色板

如果想要打开创建的调色板，可以通过菜单命令和调色板两种方法实现。

在菜单栏中执行"窗口"→"调色板"→"打开调色板"命令，或单击任意调色板上方的 ▸ 按钮，在打开的菜单面板中执行"调色板"→"打开"命令。

打开"打开调色板"对话框，选择好自定义调色板，然后单击"打开"按钮，即可在软件界面右侧显示该调色板。

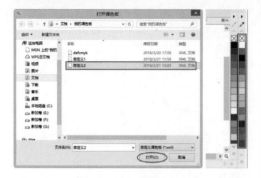

6.2.5 编辑调色板 _{重点}

在菜单栏中执行"窗口"→"调色板"→"调色板编辑器"命令，打开"调色板编辑器"对话框。

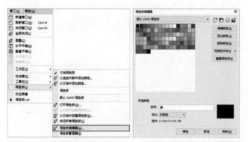

"调色板编辑器"对话框中各个选项和按钮的介绍如下。

● "新建调色板" 按钮：单击该按钮，打开"新建调色板"对话框，在"文件名"的文本框中输入名称，单击"保存"按钮，即可新建一个调色板。

● "打开调色板" 按钮：单击该按钮，打开"打开调色板"对话框，选择好自定义调色板，然后单击"打开"按钮，即可打开所选调色板。

● "保存调色板" 按钮：单击该按钮，保存新编辑的调色板，该按钮在对当前调色板进行编辑后才可用。

● "调色板另存为" 按钮：单击该按钮，打开"另存为"对话框，在"文件名"的文本框中输入名称，然后单击"保存"按钮，即可将原有调色板另存为其他名称。

● "编辑颜色" 按钮：在"调色板编辑器"对话框的颜色列表中选择一种颜色，单击该按钮，在弹出的"选择颜色"对话框中自定义一种新颜色，完成后单击"确定"按钮，即可完成编辑。

● "添加颜色" 按钮：单击该按钮，在弹出的"选择颜色"对话框中自定义一种颜色，然后单击"加到调色板"按钮即可为调色板添加一种颜色，单击"确定"按钮，即可将该颜色添加到所选调色板中。

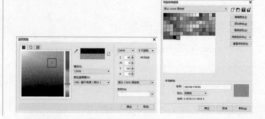

- "删除颜色"  按钮：单击该按钮，弹出提示对话框，单击"是"按钮，即可删除颜色列表中选择的色样。

- "将颜色排序" 将颜色排序(S) ▼ 按钮：单击该按钮，在展开的下拉列表中可选择所需的排序方式，使颜色按指定的方式重新排列。

- "重置调色板" 重置调色板(R) 按钮：单击该按钮，弹出提示对话框，单击"是"按钮，即可将所选调色板恢复原始设置。

- **名称：** 显示对话框中所选颜色的名称。
- **视为：** 在下拉选项中设置所选颜色为"专色"或"印刷色"。
- **组件：** 显示所选颜色的 RGB 值或 CMYK 值。

6.3 应用其他填充工具

CorelDRAW 2018中还提供了一些特殊的填充工具，包括"网状填充工具""滴管工具"和"智能填充工具"，本节将详细介绍这些填充工具的应用。

6.3.1 使用网状填充工具 (重点)

CorelDRAW 2018中的"网状填充工具"囲是一种多点填色工具，通过它可以创造出复杂多变的网状填充效果（每一个网点可以填充不同的颜色，并可定义颜色的扭曲方向，而这些色彩相互之间还会产生晕染效果），将色彩拖到网状区域，创造出丰富的艺术效果。

使用"选择工具" ▶ 选中要填充的对象，单击工具箱中的"交互式填充工具" ◇ 按钮，在打开的工具选项列表中选择"网状填充工具"囲，即可在对象上看到带有节点的网状结构。

在"网状填充工具"囲的属性栏中可以对填充进行设置。

"网状填充工具"属性栏中的各个按钮及

选项介绍如下。

- **网格大小：** 设置网状填充网格中的行数和列数，默认为2行2列。

- **"选取模式"按钮：** 单击该按钮，在下拉选项列表中选择"矩形"或"手绘"作为选定内容的选取框。
- **"添加交叉点" 按钮：** 单击该按钮，可以在网状填充的网格中添加一个交叉点（将光标放在对象上单击，出现一个黑点时，该按钮才可用）。

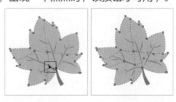

- **"删除节点" 按钮：** 单击该按钮，删除所选节点，改变曲线对象的形状。
- **"转换为线条"按钮：** 单击该按钮，将所选节点

处的曲线转换为直线。

- **"转换为曲线"** 按钮：单击该按钮，将所选节点对应的直线转换为曲线，转换为曲线后的线段出现两个控制柄，通过调整控制柄更改曲线的形状。
- **"尖突节点"** 按钮：单击该按钮，将所选节点转换为尖突节点。
- **"平滑节点"** 按钮：单击该按钮，将所选节点转换为平滑节点，提高曲线的圆润度。
- **"对称节点"** 按钮：单击该按钮，将同一曲线形状应用到所选节点的两侧，使节点两侧的曲线形状相同。
- **"对网状填充颜色进行取样"** 按钮：单击该按钮，从桌面对要应用于选定节点的颜色进行取样。
- **网状填充颜色：** 选择网格节点后，在该选项的下拉颜色框中选择颜色，即可将该颜色应用于选定节点。

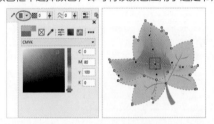

- **透明度：** 拖曳滑块，设置所选节点区域的透明度。
- **曲线平滑度：** 通过更改节点数量调整曲线的平滑度。
- **"平滑网状颜色"** 按钮：单击该按钮，减少网状填充中的硬性边缘，使填充颜色过渡更加柔和。
- **"复制填充"** 按钮：将文档中其他对象的填充应用到选定对象。
- **"清除网状"** 按钮：单击该按钮，移除对象中的网状填充。

练习6-5 绘制逼真苹果

难度：☆☆☆
素材文件：无
效果文件：素材\第6章\练习6-5\绘制逼真苹果-OK.cdr
在线视频：第6章\练习6-5\绘制逼真苹果.mp4

　　本实例使用"贝塞尔工具" 绘制苹果形状，再使用"网状填充工具" 为形状填充网状颜色，然后使用"阴影工具"创建阴影，绘制逼真苹果。

01 启动 CorelDRAW 2018 软件，新建一个空白文档，使用"贝塞尔工具" 在绘图区域中绘制一个苹果的形状，左键单击调色板中的"红"，为对象填充颜色，右键单击 按钮，取消对象轮廓线。

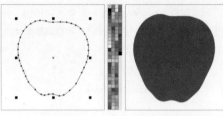

02 单击工具箱中的"交互式填充工具" 按钮，在打开的工具选项列表中选择"网状填充工具" ，即可在对象上看到带有节点的网状结构，然后在属性栏中设置"网格大小"的网格参数，即可添加网格节点。

03 选择网格节点后，按住鼠标左键拖动即可移动网格节点的位置，然后在属性栏中"网状填充颜色"的下拉颜色框中设置颜色，即可更改该节点的颜色。

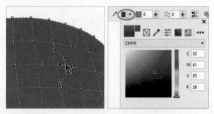

04 继续调整其他节点位置并更改节点颜色（也可以直接将调色板中的色块拖至节点上更改颜色）。

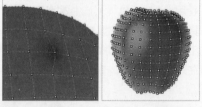

05 使用"贝塞尔工具" 绘制一个苹果蒂，采用同样方法，使用"网状填充工具" 填充颜色。

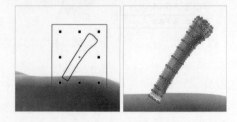

06 单击工具箱中的"选择工具" ↖ 按钮，右键单击该对象，在弹出的快捷菜单中执行"顺序"→"向后一层"命令，调整对象顺序，再单击工具箱中的"阴影工具" ▢ 按钮，单击对象的底端并向右上角拖曳鼠标，创建阴影效果。

07 在属性栏中设置"阴影淡出"为70，调整阴影边缘的淡出程度，完成制作。

相关链接

关于"贝塞尔工具绘制曲线"的内容请参阅本书第4章的第4.2.2节。关于"创建阴影效果"的内容请参阅本书第8章的第8.4.1节。

6.3.2 使用滴管工具 (重点)

CorelDRAW 2018中"滴管工具"是用于取色和填充的辅助工具，可从绘图窗口或桌面的对象中选择并复制颜色。滴管工具包括"颜色滴管工具" ✎ 和"属性滴管工具" ✎ 。

颜色滴管工具

使用"颜色滴管工具" ✎ 可以快速将指定对象的颜色填充到另一个对象中。

单击工具箱中"颜色滴管工具" ✎ 按钮，在打开的工具列表中选择"颜色滴管工具"。将光标移动到想要取样的颜色上，当光标变为滴管 ✐ 形状时，单击鼠标左键可取样颜色。

将光标移动到要填充颜色的对象上，当光标变为颜料桶 ◆ 形状时，单击鼠标左键即可将所选颜色应用到对象上。

在"颜色滴管工具" ✎ 属性栏中可以进行设置。

"颜色滴管工具"属性栏中的各个按钮及选项的介绍如下。

- "选择颜色" ✎ 按钮：从文档窗口进行颜色取样。
- "应用颜色" ◆ 按钮：将所选颜色应用到对象中。当取样颜色后，该按钮自动切换到启动状态。
- "从桌面选择" 从桌面选择 按钮：从桌面取样颜色滴管工具，对应用程序外的颜色进行取样。
- "1×1" ✎ 按钮：单像素颜色取样。
- "2×2" ✎ 按钮：对2×2像素区域中的平均颜色值进行取样。
- "5x5" ✎ 按钮：对5×5像素区域中的平均颜色值进行取样。
- 所选颜色：当前位置的颜色被选中时，显示取样颜色。
- 添加到调色板：将选定颜色添加到指定的调色板中。

属性滴管工具

使用"属性滴管工具" ✎ 不仅可以复制对象的填充、轮廓颜色等，还能够复制对象的渐变效果等属性，从而大大提高工作效率。

单击工具箱中"颜色滴管工具" ✎ 按钮，在打开的工具列表中选择"属性滴管工具" ✎ 。将光标移动到对象上，当光标变为滴管形状 ✐ 时，单击即可拾取对象属性。

将光标移动到要填充属性的对象上，当光标变为颜料桶 ◆ 形状时，单击鼠标左键即可将属性应用到对象上。

在"属性滴管工具" ![pen] 属性栏中可以进行设置。

"属性滴管工具"属性栏中的各个按钮及选项的介绍如下。

- "选择对象属性" ![pen] 按钮：单击该按钮，然后单击文档窗口中的对象可进行取样，包括轮廓、填充和效果等。
- "应用对象属性" ![icon] 按钮：将所选的对象属性应用到另一个对象上。当取样属性后，该按钮自动切换到启动状态。
- "属性" 属性 按钮：在下拉面板中选择要取样的对象属性。
- "变换" 变换 按钮：在下拉面板中选择要取样对象的变换。
- "效果" 效果 按钮：在下拉面板中选择要取样对象的效果。

6.3.3　使用智能填充工具

CorelDRAW 2018中的"智能填充工具"不仅能够对单一图形对象进行填充，也可以对多个图形对象进行填充，还可以对交叉区域进行填充。本节将详细介绍智能填充工具的使用。

单一对象填充

单击工具箱中"智能填充工具" ![icon] 按钮，在属性栏中"填充选项"的下拉列表中选择"指定"，再在"填充色"的下拉颜色框中选择颜色，将光标移动到对象上，当光标变为 ÷ 形状时单击鼠标左键，即可为对象填充颜色并创建为一个新对象。

在属性栏中"轮廓"选项的下拉列表中选择"指定"，再在"填充色"的下拉颜色框中选择颜色，将光标移动到对象上，当光标变为 ÷ 形状时单击鼠标左键，即可为轮廓填充颜色。

多个对象填充

"智能填充工具" ![icon] 可以将多个重叠对象合并填充为一个路径。

单击工具箱中"智能填充工具" ![icon] 按钮，在属性栏中"填充色"的下拉颜色框中选择颜色，然后在页面的任意空白处单击，即可为重叠的对象填充颜色并创建为一个新对象。

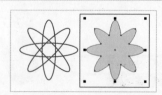

交叉区域填充

"智能填充工具"可以将多个重叠对象形成的交叉区域填充为一个独立的对象。

单击工具箱中"智能填充工具" 按钮，在属性栏中"填充色"的下拉颜色框中选择颜色，将光标移动到图形的相交位置，当光标变为 ÷ 形状时单击鼠标左键，即可填充颜色并创建新对象。

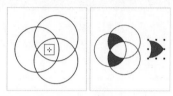

"智能填充工具"属性栏中的各个按钮及选项的介绍如下。

- **填充选项**：在下拉列表中选择将默认或自定义填充属性应用到新对象。
- **填充色**：在下拉颜色框中设置填充的颜色。

- **轮廓选项**：在下拉选项框中选择轮廓属性。
- **轮廓线宽度**：用于设置轮廓线的宽度。
- **轮廓色**：在下拉颜色框中设置轮廓颜色。

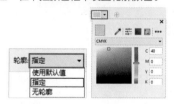

练习6-6 绘制逼真标志

难度：☆☆☆

素材文件：素材\第6章\练习6-6\素材
效果文件：素材\第6章\练习6-6\绘制逼真标志-OK.cdr
在线视频：第6章\练习6-6\绘制逼真标志.mp4

本实例使用"贝塞尔工具" 绘制形状，再通过"智能填充工具" 为形状填充颜色，绘制逼真的标志。

01 启动 CorelDRAW 2018 软件，新建一个空白文档，单击工具箱中的"贝塞尔工具" 按钮，在绘图区域中绘制一个三角形，使用"选择工具" 选中该对象，按 Ctrl+C 快捷键进行复制，再按 Ctrl+V 快捷键粘贴，然后在属性栏中设置"旋转角度"为 180°，并移动位置。

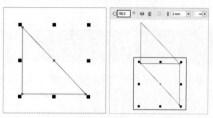

02 使用"选择工具" 选择两个三角形对象，然后进行复制，再在属性栏中单击"水平镜像" 按钮，镜像对象，然后移动到合适位置，使用"贝塞尔工具" 绘制几个三角形形状。

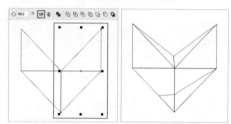

03 单击工具箱中"智能填充工具" 按钮，在属性栏中设置"填充选项"为"指定"，再在"填充色"的下拉颜色框中设置填充色，设置"轮廓选项"为"无轮廓"，然后将光标移动到需要填充的对象上，当光标变为 ÷ 形状时单击鼠标左键，为对象填充颜色。

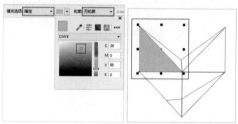

04 采用同样的方法，继续为其他对象填充颜色，然后使用"选择工具" 选择所有填充创建的图形对象并移动，可以看到原始对象没有改变。

05 在菜单栏中执行"文件"→"打开"命令，打开本章的素材文件"背景.cdr"，然后将制作好的图标对象复制到该文档中，调整至合适的大小和位置，完成制作。

 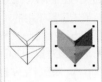  

6.4 知识拓展

如果CorelDRAW里的默认颜色有错误，而且影响到文件的颜色，如颜色变得很亮、色调不对，原因是关闭了校对色彩和打印机色彩，这时可以按Ctrl + J快捷键，打开"选项"对话框，展开左侧面板的"工作区"选项，在"显示"子面板中勾选"默认校样颜色"，单击"确定"按钮即可。

6.5 拓展训练

本章为读者安排了两个拓展练习，以帮助大家巩固本章内容。

训练6-1　制作儿童节图标	训练6-2　绘制小老虎
难度：☆☆	难度：☆☆
素材文件：素材\第6章\习题1\卡通人物.cdr	素材文件：无
效果文件：素材\第6章\习题1\制作儿童节图标.cdr	效果文件：素材\第6章\习题2\绘制小老虎.cdr
在线视频：第6章\习题1\制作儿童节图标.mp4	在线视频：第6章\习题2\绘制小老虎.mp4

根据本章所学的知识，使用正方形渐变的填充方法，制作儿童节图标。

根据本章所学的知识，利用填充工具，并结合椭圆工具、3点曲线工具和贝塞尔工具，绘制小老虎。

第 **7** 章

对象的编辑

CorelDRAW 2018中可以对图形对象进行多种编辑，如形状工具编辑形状、编辑对象轮廓线、重新修整图形、图框精确裁剪对象和修饰图形等。本章主要讲解这些编辑对象的操作，读者通过对本章的学习可以快速掌握图形的各种编辑技法。

本章重点

形状工具｜编辑轮廓线
重新修整图形｜图框精确裁剪对象
涂抹笔刷｜涂抹工具｜裁剪工具

7.1 形状工具

CorelDRAW 2018虽然提供了大量的内置图形，但是在实际的设计工作中并不总是只用到这些基本图形，而是经常会对这些基本图形进行一定的编辑以达到改变或重组成所需图形的目的。"形状工具" 支持通过调整控制节点来编辑曲线对象和文本字符，在编辑或绘图时基本都会使用该工具。

7.1.1 将特殊图形转换成可编辑对象

对于普通的曲线可以直接编辑其节点，但是矩形、圆形等图形及文字需要转换为曲线后才能进行编辑。在CorelDRAW 2018中有多种转换方法。

使用"选择工具" 选中需要转换的图形（或文字）对象，在菜单栏中执行"对象"→"转换为曲线"命令，或按Ctrl+Q快捷键将其转换为曲线。

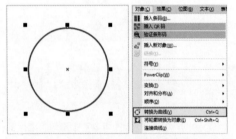

再使用"形状工具" 单击该对象以显示其节点，即可通过调整节点改变对象的形状。

曲线对象具有节点和控制手柄，可以用于更改对象的形状。曲线对象可以为任何形状，包括直线或曲线。节点为沿着对象的轮廓显示的小方形；两个节点之间的线条称为线段，线段可以是曲线或直线；对于连接到节点的每个曲线线段，每个节点都有一个控制手柄，控制手柄有助于调整线段的曲度。

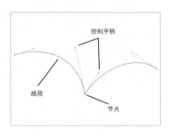

> **提示**
> "形状工具" 无法对群组的对象进行修改，只能逐个针对单个对象进行编辑。

7.1.2 选择节点

在调整节点之前，需要将其选中再进行操作。

使用"形状工具" 在某个节点上单击即可选中该节点，被选中的节点两侧会同时显示控制手柄。

如果要选择多个节点，可以按住Shift键的同时单击节点。

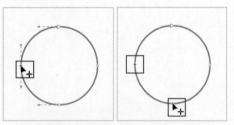

如果要选择全部节点，可以单击属性栏中的"选择全部节点" 按钮。

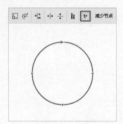

7.1.3 移动与添加、删除节点 重点

本节主要介绍了关于节点的基本操作，包括移动节点、添加节点和删除节点等。

移动节点

可以调整节点的位置，从而调整路径或曲线的形状。

选择节点后按住鼠标左键将其拖至其他位置，释放鼠标即可移动节点，并且图形的形状会随着节点位置的变化而变化。

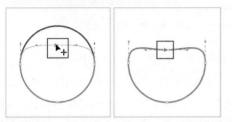

添加节点

可以在路径或形状上添加节点，丰富曲线的形状。

在需要添加节点的位置单击，当路径上出现黑色实心圆点时，单击属性栏中的"添加节点"按钮，即可完成节点的添加；或在需要添加节点的位置双击来添加节点。

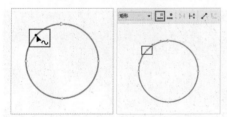

删除节点

可以将不需要的节点删除，减少路径或曲线的节点。

选择节点后，单击属性栏中的"删除节点"按钮，即可将其删除；或按Delete键将其删除。

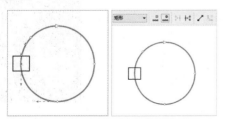

7.1.4 对齐节点

对齐节点可以将两个或两个以上节点在水平、垂直方向上对齐，也可以对两个节点进行重叠处理。

使用"形状工具" 按住Shift键选择两个节点，单击属性栏中的"对齐节点" 按钮，打开"节点对齐"对话框。

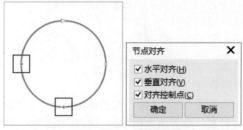

选中"水平对齐"复选框，两个节点将对齐在一条水平线上；选中"垂直对齐"复选框，两个节点将对齐在一条垂直线上。

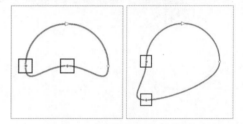

同时选中"水平对齐"与"垂直对齐"复选框，两个节点将在水平和垂直两个方向进行对齐，也就是重合。

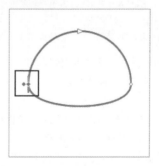

7.1.5 连接与分隔节点

连接两个节点的功能可以快速将不封闭的曲线上断开的节点进行连接，而分隔节点功能则用于将曲线上的一个节点断开为两个不相连的节点。

连接节点

使用"形状工具"选中两个未封闭的节点，单击属性栏中的"连接两个节点"按钮，即可使其自动向中间的位置移动并进行闭合。

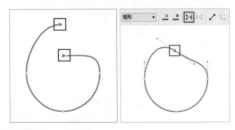

分隔节点

使用"形状工具"选中路径上一个闭合的节点，单击属性栏中的"断开节点"按钮，即可将路径断开，该节点变为两个重合的节点，可将两个节点分别向外移动。

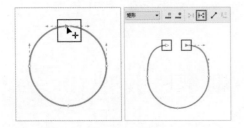

练习7-1 选择相邻节点 (难点)

难度：☆☆☆
素材文件：素材\第7章\练习7-1\选择相邻节点.cdr
效果文件：无
在线视频：第7章\练习7-1\选择相邻节点.mp4

CorelDRAW 2018提供增强的节点选择功能，简化了对复杂形状的处理。

01 启动 CorelDRAW 2018 软件，打开本章的素材文件"素材\第7章\练习7-1\选择相邻节点.cdr"，单击工具箱中的"形状工具"按钮，单击形状显示节点。

02 按住 Shift+Ctrl 组合键的同时，使用"形状工具"单击节点，即可选择曲线上的相邻节点。

练习7-2 自定义节点 (难点)

难度：☆☆
素材文件：素材\第7章\练习7-2\自定义节点.cdr
效果文件：无
在线视频：第7章\练习7-2\自定义节点.mp4

CorelDRAW 2018通过为每个节点类型分配独特的形状来简化曲线造型和对象，从而轻松识别平滑、尖突和对称节点。用户也可以选择最适合自己工作流程的节点形状、大小和颜色。

01 启动 CorelDRAW 2018 软件，打开本章的素材文件"素材\第7章\练习7-2\自定义节点.cdr"，单击工具箱中的"形状工具"按钮，单击形状对象显示节点，节点的形状、大小和颜色均为默认设置。

02 在菜单栏中执行"工具"→"选项"命令，打开"选项"对话框，在左侧列表中选择"工作区"→"节点和控制柄"选项，然后在右侧"节点和控制柄"的面板中进行设置，单击"确定"按钮，即可保存自定义节点的修改。

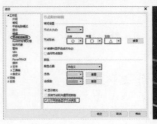

提示

选定的节点显示为实心形状，而未选定节点的中心显示为白色。

在"选项对话框中"单击"重置"按钮，即可恢复节点的默认设置。

7.2 编辑轮廓线

使用基本绘图工具绘制线条和图形对象后，可对轮廓线的宽度、样式、箭头及颜色属性进行设置，从而制作出更加丰富的画面效果。

7.2.1 改变轮廓线的颜色 重点

默认情况下，在CorelDRAW中绘制的几何图形的轮廓线通常是没有填充的黑色轮廓线，用户可以根据实际需要，通过不同的方式改变轮廓线的颜色。

使用"选择工具" ▶ 选中要改变轮廓线颜色的对象，然后右键单击调色板中的色板，即可改变轮廓线的颜色。

技巧

在"选择颜色"对话框中分别选择"模型" ■、"混合器" ◆ 和"调色板" ▦ 选项卡，可以更好地设置所要修改的颜色。

提示

在"颜色"泊坞窗中分别单击"颜色滴管" ✏、"显示颜色滑块" ▤、"显示颜色查看器" ■ 和"显示调色板" ▦ 按钮，切换选项卡可以更快捷、系统地设置颜色。

练习7-3 绘制杯垫

难度：☆☆

素材文件：素材 \ 第 7 章 \ 练习 7-3 \ 素材

效果文件：素材 \ 第 7 章 \ 练习 7-3 \ 绘制杯垫 -OK.cdr

在线视频：第 7 章 \ 练习 7-3 \ 绘制杯垫 .mp4

本实例使用"星形工具" ☆ 绘制星形形状，再使用"轮廓笔工具" ✎ 设置轮廓颜色和轮廓宽度，然后使用"椭圆形工具"绘制圆形，通过"交互式填充工具" ◈ 填充颜色，绘制杯垫。

01 启动 CorelDRAW 2018 软件，新建一个空白文档，单击工具箱中的"星形工具" ☆，按住鼠标左键拖动绘制一个星形，在属性栏中设置"点数或边数"和"锐度"的参数值。

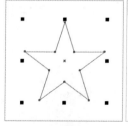

02 单击工具箱中的"轮廓笔工具" ✎ 按钮，或按 F12 键打开"轮廓笔"对话框，在对话框中设置轮廓颜色为浅粉（C:0；M:33；Y:13；K:0），宽度为 2mm，单击"确定"按钮，应用轮廓修改。

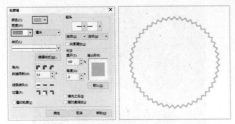

03 单击工具箱中的"椭圆形工具" ⊙ 按钮，按住 Ctrl 键绘制一个正圆，按 F12 键打开"轮廓笔"对话框，在对话框中设置轮廓颜色为浅粉（C:0；M:33；Y:13；K:0），宽度为 1.5mm。

相关链接

关于"星形的参数设置"的内容请参阅本书第 5 章的第 5.5.2 节。

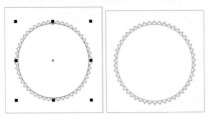

04 按 Ctrl+C 快捷键进行复制，再按 Ctrl+V 快捷键粘贴，然后按住 Shift 键等比例中心缩小对象，单击工具箱中"交互式填充工具" ◈ 按钮，在属性栏中单击"均匀填充" ■ 按钮，并在"填充色"的下拉颜色框中选择颜色。

7.2.2 改变轮廓线的宽度 (重点)

在 CorelDRAW 2018 中，默认状态下，绘制图形的轮廓线宽度为 0.2mm，可以通过修改对象的轮廓属性达到修饰对象的目的。

使用"选择工具" ▶ 选中要改变轮廓线宽度的对象，在属性栏中单击"轮廓宽度"按钮，在弹出的下拉列表中选择预设的轮廓线宽度，或者在数值框中输入数值，即可更改轮廓线的宽度。

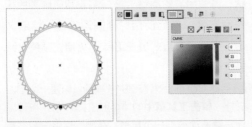

05 右键单击调色板中的 ⊠ 图标，取消对象的轮廓线，然后在菜单栏中执行"文件"→"打开"命令，打开本章的素材文件"花卉 .cdr"，将其复制到该文档中，并调整至合适的大小和位置。

7.2.3 改变轮廓线的样式 (重点)

轮廓线不仅可以使用默认的直线，还可以设置成不同样式的虚线，并且还能自定义编辑线条样式。通过修改轮廓线样式可达到美化修饰对象的目的。

使用"选择工具" ▶ 选中要改变轮廓线样式的对象，在属性栏中单击"轮廓样式"按钮，在弹出的下拉列表中选择预设的轮廓线样式，即可更改轮廓线的样式。

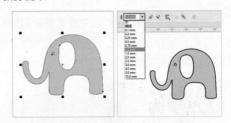

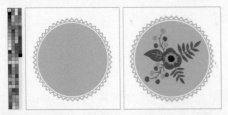

06 使用"选择工具" ▶ 选择全部对象，按 Ctrl+G 快捷键组合对象，然后拖曳垂直控制点缩小对象，在菜单栏中执行"文件"→"打开"命令，打开本章的素材文件"杯子 .cdr"，复制到该文档中，并调整至合适的大小和位置，完成制作。

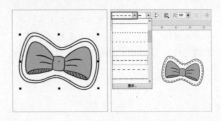

如果"样式"选项中没有所需要的样式，可以单击"编辑样式"按钮，打开"编辑线条样式"对话框，进行编辑。

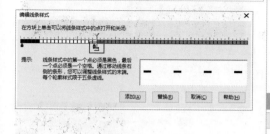

7.2.4 清除轮廓线

当绘制的对象不需要轮廓线时，可以清除轮廓线。

使用"选择工具" ![](选中要清除轮廓线的对象，右键单击调色板中的 ⊠ 按钮，即可清除轮廓线。

7.2.5 转换轮廓线

在CorelDRAW中，只能对轮廓线进行颜色、宽度和样式的修改操作，如果在编辑对象的过程中需要对轮廓线进行对象的操作，可以将轮廓线转换为对象，然后添加渐变色、纹样或者其他效果。

使用"选择工具" ![](选中要转换轮廓线的对象，在菜单栏中执行"对象"→"将轮廓转换为对象"命令，或按Ctrl+Shift+Q快捷键，即可将该对象的轮廓线转换为对象。

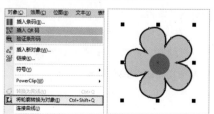

使用"选择工具" ![](可将其移动，然后可以进行渐变填充等操作。

练习7-4 绘制创意字体

难度：☆☆

素材文件：素材\第7章\练习7-4\素材
效果文件：素材\第7章\练习7-4\绘制创意字体 -OK.cdr
在线视频：第7章\练习7-4\绘制创意字体 .mp4

本实例使用"文本工具" ![输入文本，并设置文本的属性，再将文本转换为曲线，然后通过调色板更改轮廓颜色，再将轮廓转换为对象，使用"交互式填充工具" ![为轮廓对象填充底纹，绘制创意字体。

01 启动 CorelDRAW 2018 软件，新建一个空白文档，单击工具箱中的"文本工具" ![按钮，输入文本，在属性栏中设置字体为"Arial"。

02 按 Ctrl+Q 快捷键将文本对象转换为曲线，再在属性栏中设置"轮廓宽度"为 1mm，为了方便查看，右键单击调色板中的"红"，更改轮廓线颜色。

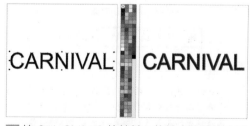

03 按 Ctrl+Shift+Q 快捷键，将轮廓线转换为对象，使用"选择工具" ![将轮廓对象移开，单击工具箱中"交互式填充工具" ![按钮，在属性栏

中单击"底纹填充"  按钮，选择"底纹库"为"样本"，然后在"填充挑选器"的下拉列表中选择一种底纹，即可为对象填充底纹效果。

04 在菜单栏中执行"文件"→"打开"命令，打开本章的素材文件"背景.cdr"。

05 将绘制好的文字对象复制到该文档中，并调整至合适的大小和位置，单击工具箱中的"阴影工具" 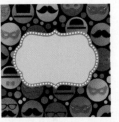 按钮，单击对象的中心并向右侧拖曳鼠标，创建阴影效果。

06 在属性栏中设置"阴影的不透明度"为75，"阴影锐化"为35，"阴影颜色"为（C:11；M:100；Y:100；K:0），完成制作。

相关链接

关于"底纹填充"的内容请参阅本书第6章的第6.1.4节。关于"创建阴影效果"的内容请参阅本书第8章的第8.4.1节。

7.3 重新修整图形

在CorelDRAW 2018中，可以通过"造型"功能调整对象造型，包括"合并""修剪""焊接""相交""简化""移除前面对象""移除后面对象"和"边界"等操作，从而快速地制作出多种多样的形状。

7.3.1 造型

使用"选择工具"  选中两个或两个以上对象时，在工具属性栏中即可出现造型功能按钮。

提示

虽然使用属性栏中的工具按钮、菜单命令及泊坞窗都可以进行对象的造型，但是需要注意的是，属性栏中的工具按钮和菜单命令虽然操作快捷，但相对于泊坞窗缺少了可操作的空间，如无法指定目标对象和源对象、无法保留来源对象等。

7.3.2 图形的焊接 重点

焊接功能主要用于将两个或两个以上对象结合在一起，成为一个独立的对象。要焊接的对象是目标对象，用来执行焊接的对象是来源对象。

使用"选择工具"选中蓝色矩形和黄色圆形，在菜单栏中执行"对象"→"造型"→"合并"命令，或单击属性栏中的"合并"按钮，即可焊接对象。

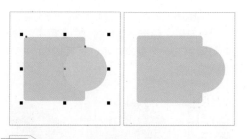

焊接功能在属性栏中的工具按钮和菜单命令的名称为"合并"，在泊坞窗中名称为"焊接"，它们是同一个焊接功能。

使用"选择工具" ▶ 选中蓝色矩形对象，选中的对象为"原始源对象"，在"造型"泊坞窗中类型的下拉列表中选择"焊接"选项，然后单击"焊接到"按钮。

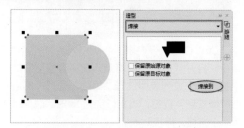

当光标变为 形状时，单击黄色圆形（目标对象）焊接对象。

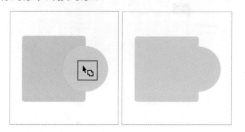

7.3.3 图形的修剪 重点

修剪功能可以将一个对象用一个或多个

对象修剪，去掉多余的部分，在修剪时需要确定源对象和目标对象的前后关系，要修剪的对象是目标对象，用来执行修剪的对象是来源对象。修剪完成后，目标对象保留其填充和轮廓属性。

使用"选择工具" ▶ 选中蓝色矩形和黄色圆形，在菜单栏中执行"对象"→"造型"→"修剪"命令，或单击属性栏中的"修剪" 按钮，即可修剪对象，移动黄色圆形，可以看到修剪的对象。

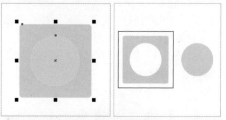

使用"选择工具" ▶ 选中黄色圆形对象，选中的对象为"原始源对象"，在"造型"泊坞窗中类型的下拉列表中选择"修剪"选项，然后单击"修剪"按钮。

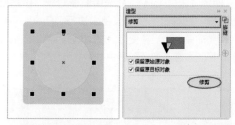

当光标变为 形状时，单击蓝色矩形（目标对象）修剪对象，移动对象，可以看到修剪的对象。

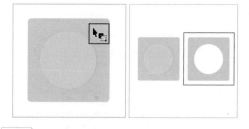

练习7-5 制作焊接游戏

难度：☆☆☆

素材文件：素材\第7章\练习7-5\素材

效果文件：素材\第7章\练习7-5\制作焊接游戏-OK.cdr

在线视频：第7章\练习7-5\制作焊接游戏.mp4

本实例使用"图纸工具"绘制图纸形状，通过"置于图文框内部"功能将图像对象置于图纸对象中，然后使用"椭圆形工具"绘制圆形，再通过"造型"泊坞窗造型，制作焊接游戏。

01 启动CorelDRAW 2018软件，新建一个空白文档，在菜单栏中执行"文件"→"导入"命令，导入本章的素材文件"插画.jpg"。单击工具箱中的"图纸工具"按钮，在属性栏设置图纸的行数和列数，然后绘制图纸。

02 使用"选择工具"选中图像对象，单击鼠标右键，在弹出的快捷菜单中执行"PowerClip内部"命令，当光标变为 ▸ 形状时，单击图纸对象，将图像置于图纸图形中。

03 单击属性栏中的"取消组合对象"按钮，或按Ctrl+U快捷键取消群组，将图像分割为小块，单击工具箱中的"椭圆形工具"按钮，按住Ctrl键绘制一个正圆。

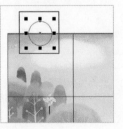

04 按住鼠标左键将圆形对象拖动到适当位置，在释放鼠标左键之前按下鼠标右键，即可将对象在当前位置复制一个副本对象，然后按Ctrl+D快捷键再制对象。

05 采用同样的方法，继续绘制圆形（图像四边可以不放置圆形），然后使用"选择工具"按住Shift键单击选中第一个方格上的两个圆形对象。

06 在菜单栏中执行"窗口"→"泊坞窗"→"造型"命令，打开"造型"泊坞窗，在"造型"泊坞窗中类型的下拉列表中选择"焊接"选项，然后单击"焊接到"按钮，当光标变为 形状时，单击第一个方格，焊接对象。

07 使用"选择工具"按住Shift键单击选中第二个方格上的圆形对象，在"造型"泊坞窗中类型的下拉列表中选择"焊接"选项，然后单击"焊接到"按钮，当光标变为 形状时，单击第二个方格，焊接对象。

08 使用"选择工具" ![] 单击选中第一个方格，在"造型"泊坞窗中类型的下拉列表中选择选择"修剪"选项，然后单击"修剪"按钮，当光标变为 ![] 形状时，单击第二个方格，修剪对象。

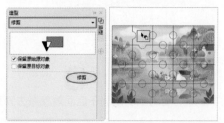

09 采用同样的方法，通过"焊接"和"修剪"对其他圆形和方格进行操作，使用"选择工具" ![] 选中全部对象，右键单击调色板中的"白"，更改轮廓线颜色，并在属性栏中设置轮廓宽度为 0.5mm。

10 使用"选择工具" ![] 选择小块并移动，可以将方格旋转打乱顺序，再拼接起来，完成制作。

相关链接

关于"再制对象"的内容请参阅本书第3章的第3.3.2节。

7.3.4 图形的相交 (重点)

"相交"命令可以在两个或多个对象的重叠区域创建新的独立对象。

使用"选择工具" ![] 选中重叠的两个图形，在菜单栏中执行"对象"→"造型"→"相交"命令，或单击属性栏中的"相交" ![]

按钮，可在两个对象的重叠区域上创建一个新对象，并且默认保留源对象和目标对象，移动新建的相交对象，可以看到两个图形相交的部分。

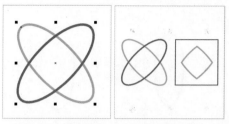

使用"选择工具" ![] 选中蓝色对象，选中的对象为"原始源对象"，在"造型"泊坞窗中类型的下拉列表中选择"相交"选项，单击"相交对象"按钮。

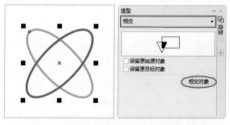

当光标变为 ![] 形状时，单击拾取目标对象，即可在两个对象的重叠区域上创建一个新对象，并且新对象以目标对象的填充和轮廓属性为准。

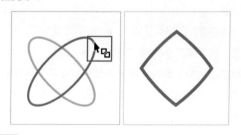

提示

相交对象与简化对象操作相似，但效果相反。

7.3.5 图形的简化 (重点)

简化功能可以减去两个或多个重叠对象的交集部分，默认不保留源对象和目标对象，移动对象，与相交对象操作相似，但效果相反。

使用"选择工具" ![icon] 选中重叠的两个图形，在菜单栏中执行"对象"→"造型"→"简化"命令，或者单击属性栏中的"简化" ![icon] 按钮，即可修剪两个对象的重叠区域。

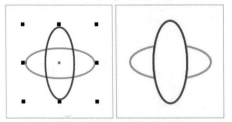

使用"选择工具" ![icon] 选中重叠的两个图形，在"造型"泊坞窗中类型的下拉列表中选择"简化"选项，然后单击"应用"按钮，即可修剪两个对象的重叠区域，可以看到简化的对象。

> **提示**
>
> 在进行"简化"操作时，需要同时选中两个或多个对象才可以激活"应用"按钮，如果选中的对象有阴影、文本、立体模型、艺术笔、轮廓图和调和的效果，在进行简化前需要转曲对象。

7.3.6 移除前面对象 ![重点]

移除前面对象功能用于前面对象减去底层对象。

使用"选择工具" ![icon] 选择重叠的两个图形，在菜单栏中执行"对象"→"造型"→"移除前面对象"命令，或单击属性栏中的"移除前面对象" ![icon] 按钮，即可减去最下层对象上的所有对象及对象之间的重叠部分。

也可以在"造型"泊坞窗中类型的下拉列表中选择"移除前面对象"选项，单击"应用"按钮，移除前面对象。

7.3.7 移除后面对象 ![重点]

移除后面对象功能用于后面对象减去顶层对象。

使用"选择工具" ![icon] 选择重叠的两个图形，在菜单栏中执行"对象"→"造型"→"移除后面对象"命令，或单击属性栏中的"移除后面对象" ![icon] 按钮，即可减去最上层对象下的所有对象及对象之间的重叠部分。

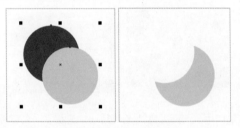

7.3.8 创建对象边界 ![重点]

使用"选择工具" ![icon] 选中对象，在菜单栏中执行"对象"→"造型"→"边界"命令，或单击属性栏中的"边界" ![icon] 按钮，可创建一个线描轮廓的新对象，移开可见，并且默认保留源对象和目标对象。

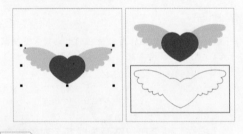

> **技巧**
>
> 在"造型"泊坞窗中勾选"放到选定对象后"选项时，应用的线描轮廓将位于源对象的后面，并且需要同时勾选"保留源对象"选项，否则不显示源对象，就没有效果。

图框精确剪裁（PowerClip）常用于隐藏图形、位图或画面的某些部分。图框精确剪裁是指将"对象1"放置到"对象2"的内部，从而使"对象1"中超出"对象2"的部分被隐藏。"对象1"被称为"内容"，"对象2"则被称为"容器"。图框精确剪裁可以将任何对象作为"内容"，而"容器"必须为矢量对象。

7.4.1 置入对象 重点

使用"选择工具" 选中位图图像，在菜单栏中执行"对象"→"PowerClip"→"置于图文框内部"命令，或者单击鼠标右键，在弹出的快捷菜单中执行"PowerClip内部"命令。

当光标变为 形状时，在灰色圆形对象（目标对象）上单击，即可将位图图像置入在圆形对象中，并且置入的图像居中显示。

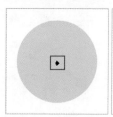

> **提示**
>
> 内容对象和容器对象有重合区域时才能显示出效果，如果没有重合区域，则内容对象被完全隐藏。

7.4.2 编辑内容 重点

在创建图框精确剪裁（PowerClip）对象后，可以对放置在"容器"内的内容对象进行编辑操作。

使用"选择工具" 选择图框精确剪裁对象，在下方出现的悬浮图标中单击"编辑内容" 按钮，此时可以看到容器内的图形变为蓝色的框架。

进入编辑内容状态，可以对内容中的对象进行调整或替换，编辑完成后单击下方的"停止编辑内容" 按钮，退出编辑内容状态。

练习7-6 制作儿童相册

难度：☆☆☆

素材文件：素材\第7章\练习7-6\制作儿童相册.cdr
效果文件：素材\第7章\练习7-6\制作儿童相册-OK.cdr
在线视频：第7章\练习7-6\制作儿童相册.mp4

本实例使用"矩形工具" 绘制矩形，再导入素材图像，然后通过"置于图文框内部"功能将图像置于形状中，制作儿童相册。

01 启动 CorelDRAW 2018 软件，打开本章的素材文件"素材\第7章\练习7-6\制作儿童相册.cdr"，单击工具箱中的"矩形工具" 按钮，创建一个矩形。

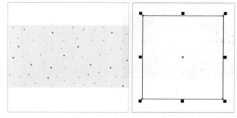

02 左键单击调色板中的"白"，为圆形填充颜色，

再右键单击调色板中的⊠按钮，取消对象的轮廓线，然后调整至合适的大小和位置。

03 使用"选择工具"🖈选中矩形对象，按 Ctrl+C 快捷键进行复制，按 Ctrl+V 快捷键粘贴对象，然后调整至合适的位置和大小，并进行旋转，再复制一个对象，进行位置、大小和角度的调整。

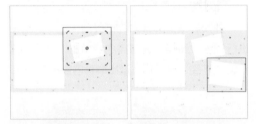

04 使用"选择工具"🖈选中大的矩形对象，按住 Shift 键等比例中心缩小对象，左键单击调色板中的"黄"，更改填充颜色，采用同样的方法，复制另外两个矩形对象并调整大小。

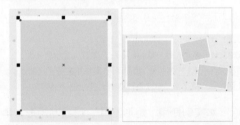

05 在菜单栏中执行"文件"→"导入"命令，导入本章的素材文件"照片 1.jpg"，右键单击图像，在弹出的快捷菜单中执行"PowerClip 内部"命令，当光标变为 ▸ 形状时，单击大的黄色矩形对象，即可将位图图像置入在矩形对象中。

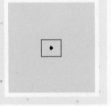

06 单击下方悬浮图标中的"编辑内容"🖾 按钮，进入编辑内容状态。

07 拖曳控制点调整图像大小，编辑完成后单击下方悬浮图标中的"停止编辑内容"🖾 按钮，即可退出编辑内容状态完成编辑。

08 采用同样的方法，导入本章的素材文件"照片 2.jpg"和"照片 3.jpg"，并分别置入矩形对象中，并调整至合适的大小、位置及角度，在菜单栏中执行"文件"→"打开"命令，打开本章的素材文件"卡通元素 .cdr"。

09 将对象复制到该文档中，调整至合适的大小和位置，完成制作。

7.4.3　调整内容

使用"选择工具"🖈选择图框精确剪裁对象，在下方出现的悬浮图标中单击 ▸ 按钮，在打开的下拉菜单中可以选择相应的调整选项来调整置入的对象。

或者在菜单栏中执行"对象"→"PowerClip"命令，在子命令中进行操作。

还可以单击鼠标右键，在弹出的快捷菜单中执行"调整内容"命令，然后在子菜单命令中进行操作。

内容居中

当置入的对象位置有偏移时，在悬浮图标的下拉菜单中选择"内容居中"选项，即可将置入的对象居中放置在容器内。

按比例调整内容

当置入的对象大小与容器不符时，在悬浮图标的下拉菜单中选择"按比例调整内容"选项，即可将置入的对象按原比例缩放在容器内，如果容器形状与置入的对象形状不符合，会留空白位置。

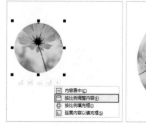 

按比例填充框

当置入的对象大小与容器不符时，在悬浮图标的下拉菜单中选择"按比例填充框"选项，即可将置入的对象按原比例缩放在容器内，图像不会产生变换。

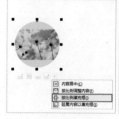 

延展内容以填充框

当置入的对象比例大小与容器形状不符时，在悬浮图标的下拉菜单中选择"延展内容以填充框"选项，即可将置入的对象按容器比例进行填充，图像会产生变形。

7.4.4 提取内容

"提取内容"可以将与容器合为一体的内容对象分离出来。

使用"选择工具" 选择图框精确裁剪的对象，然后在下方出现的悬浮图标中单击"提取内容" 按钮，将置入的对象提取出来，当移开内容对象时，容器对象的中间会出现×线，表示该对象为空PowerClip图文框，此时拖入提取出的对象或其他内容对象，可快速置入容器中。

使用"选择工具" ▶ 选择"空PowerClip图文框"，单击鼠标右键，在弹出的快捷菜单中执行"框类型"→"无"命令，可以将空PowerClip图文框转换为图形对象。

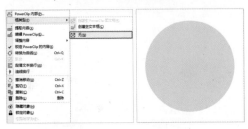

7.4.5 锁定内容

创建图框精确剪裁（PowerClip）对象后，移

动"容器"对象时，置入的内容对象不会一起移动。锁定对象后，移动"容器"对象会连带置入的内容对象一起移动，并且只能对作为"容器"的框架进行移动、旋转及拉伸等操作。

使用"选择工具" ▶ 选择图框精确剪裁对象，在下方出现的悬浮图标中单击"锁定内容" 🔒 按钮，即可锁定图框精确裁剪的内容。

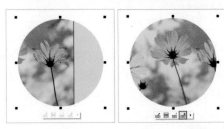

7.5 修饰图形

CorelDRAW 2018中还提供了一些用于修饰图形的形状编辑工具与裁切工具。其中形状编辑工具包括"自由变换工具" 🔄、"涂抹工具" 🖌、"粗糙工具" 🖌、"转动工具" ◎、"吸引工具" ▷ 和"排斥工具" ▷；裁切工具包括"虚拟线段删除工具" 🖋、"裁剪工具" 🔲、"刻刀工具" 🔪 及"橡皮擦工具" 🧽，本节将详解介绍这些工具的使用。

7.5.1 自由变换工具

"自由变换工具" 🔄 用于自由变换对象操作，可以针对群组对象进行操作。

单击工具箱中的"选择工具" ▶ 按钮，在打开的工具列表中选择"自由变换工具" 🔄，可通过该工具的属性栏进行操作。

- 自由旋转 ◎：单击该按钮，将光标放在对象上，按住鼠标左键拖动，可旋转对象。

- 自由角度反射 🔄：单击该按钮，可以得到与自由旋转功能相同的效果，不同的是该功能是通过一条反射线对物体进行旋转。

- 自由缩放 🔲：单击该按钮，将光标放对象上，按住鼠标左键并拖动，可以对图像进行任意的缩放，使其呈现不同的放大或缩小效果。

● 自由倾斜 ☑：单击该按钮，将光标放在对象上，按住鼠标左键并拖动，可自由倾斜图像。

● 倾斜角度 ：通过设置倾斜角度来水平或垂直倾斜对象。

● "应用到再制" 按钮：激活该按钮，将变换应用到再制对象上。

● "应用于对象" 按钮：激活该按钮，根据对象应用变换，而不是根据 x 和 y 坐标来应用变换。

7.5.2　涂抹工具 重点

"涂抹工具" 是沿对象边缘拖动工具来更改其边缘，可以在原图形的基础上添加或删减区域。使用"涂抹工具" 可以将简单的曲线更复杂化，也可以任意修改曲线的形状。

单击工具箱中的"形状工具" 按钮，在打开的工具列表中选择"涂抹工具" ，将光标移动到对象上。

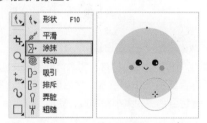

然后按住鼠标左键在图形上进行拖动，笔刷范围内出现涂抹预览，释放鼠标，即可更改曲线形状。

如果笔刷的中心点在图形的外部，则删减图形区域。

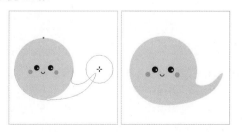

如果笔刷的中心点在图形的内部，则添加图形区域。

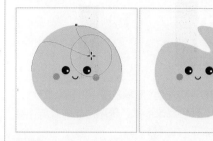

练习7-7　用涂抹绘制树木

难度：☆☆	
素材文件：素材\第7章\练习7-7\素材	
效果文件：素材\第7章\练习7-7\用涂抹绘制树木-OK.cdr	
在线视频：第7章\练习7-7\用涂抹绘制树木.mp4	

本实例使用"矩形工具" □和"椭圆形工具" ○绘制形状，再使用"涂抹工具" 涂抹形状，制作树木。

01 启动 CorelDRAW 2018 软件，新建一个空白文档，单击工具箱中的"矩形工具" □按钮，创建一个矩形，单击工具箱中"交互式填充工具" 按钮，在属性栏中单击"均匀填充" ■按钮，并在"填充色"的下拉颜色框中设置颜色（C:57；M:75；Y:90；K:30）。

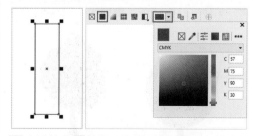

02 右键单击 ☒按钮，取消对象轮廓线，单击工具箱中的"形状工具" 按钮，在打开的工具列表中选择"涂抹工具" ，将光标移动到对象上，再在属性栏中设置"笔尖半径"和"压力"的参数，并单击"尖状涂抹" 按钮。

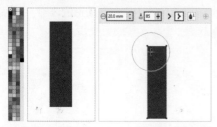

03 按住鼠标左键拖动，笔刷范围内出现涂抹预览，释放鼠标，即可更改形状，采用同样的方法，对形状进行涂抹，绘制树干。

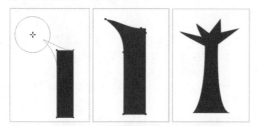

04 单击工具箱中的"椭圆形工具" ○ 按钮，绘制一个圆形，单击工具箱中"交互式填充工具" ◇ 按钮，在属性栏中单击"均匀填充" ■ 按钮，并在"填充色"的下拉颜色框中设置颜色（C:43；M:100；Y:100；K:11），再右键单击 ⊠ 按钮，取消对象轮廓线。

05 单击工具箱中的"涂抹工具" ⊞，在属性栏中设置"笔尖半径"的参数，然后单击"平滑涂抹" ▷ 按钮，按住鼠标左键拖动，更改形状。

06 使用"选择工具" ▶ 单击选中树干对象，再单击鼠标右键，在弹出的快捷菜单中执行"顺序"→"向前一层"命令，调整对象顺序，然后选择全部对象，按 Ctrl+C 快捷键进行复制，再按 Ctrl+V 快捷键粘贴，然后移开可见。

07 使用"选择工具" ▶ 单击选中树叶形状，再单击工具箱中"交互式填充工具" ◇ 按钮，然后在属性栏中"填充色"的下拉颜色框中设置颜色（C:21；M:56；Y:97；K:0），更改填充颜色，采用同样的方法，再复制一个树木对象，更改填充颜色为（C:28；M:85；Y:100；K:0）。

08 在菜单栏中执行"文件"→"打开"命令，打开本章的素材文件"背景.cdr"，使用"选择工具" ▶ 分别选择树木对象，按 Ctrl+G 快捷键进行组合，然后复制到该文档中，调整至合适的大小和位置。

09 采用同样的方法，将其他树木复制到该文档中，调整至合适的大小和位置，然后复制多个对象，分别调整至合适的大小和位置，完成制作。

7.5.3 粗糙工具

"粗糙工具" ⊞ 可以使平滑的线条变得粗糙。

单击工具箱中的"形状工具" ↳ 按钮，在打开的工具列表中选择"粗糙工具" ⊞，将光标移动到对象上。

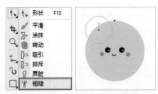

按住鼠标左键在图形上进行拖动，笔刷范围内出现粗糙预览，即可更改曲线形状。

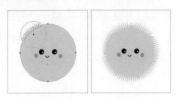

7.5.4 转动工具

在轮廓处按住鼠标左键使用"转动工具"⚙可使边缘产生旋转形状，群组对象也可以进行涂抹操作。

线段的转动

单击工具箱中的"形状工具"⬚按钮，在打开的工具列表中选择"转动工具"⚙，将光标移动到对象上。

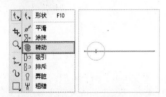

然后按住鼠标左键，笔刷范围内出现转动预览，释放鼠标即可完成编辑。

提示

"转动工具"⚙会根据按住鼠标左键的时间长短来决定转动的圈数，时间越长圈数越多，时间越短圈数越少。

面的转动

和线段转动不同，在封闭路径上进行转动可以进行填充编辑，并且也是闭合路径。

将光标中心移动到边缘线外时，旋转效果

为封闭式的尖角；

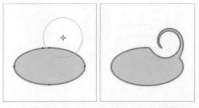

将光标移动到边缘线上时，旋转效果为封闭式的圆角。

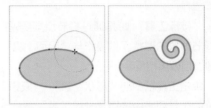

在"转动工具"⚙的属性栏中可以对参数进行设置。

"转动工具"属性栏中的各个选项或按钮的介绍如下。

● 笔尖半径：输入数值来设定转动笔尖的半径。
● 速度：设置转动涂抹时的速度。
● "逆时转动" ↺按钮：激活该按钮，按逆时针方向进行转动。
● "顺时转动" ↻按钮：激活该按钮，按顺时针方向进行转动。
● "笔压" ⬚按钮：绘图时，运用数字笔或写字板的压力控制效果。

7.5.5 吸引和排斥工具

本节主要介绍"吸引工具"⬚和"排斥工具"⬚的使用方法。

吸引工具

"吸引工具"⬚是通过将节点吸引到光标处来调节对象的形状。

单击工具箱中的"形状工具"⬚按钮，在打开的工具列表中选择"吸引工具"⬚，将光标移动到对象内部或外部靠近其边缘处，然后按住鼠标左键，边缘线会自动向光标处移动，释放鼠标，即可结束吸引操作。

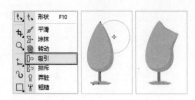

排斥工具

"排斥工具" 图 是通过将节点推离光标处来调节对象的形状，其操作与"吸引工具" 图 相似，但效果相反。

单击工具箱中的"形状工具" 图 按钮，在打开的工具列表中选择"排斥工具" 图，单击对象内部或外部靠近其边缘处，然后按住鼠标左键拖动，光标附近的节点就会被推离至笔尖的边缘，释放鼠标，即可结束排斥操作。

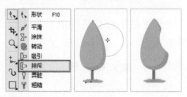

7.5.6 删除虚拟线段

"虚拟段删除工具" 图 可以删除对象交叉重叠的部分，可删除线条自身的结，以及线段中两个或更多对象重叠的结。

单击工具箱中的"裁剪工具" 图 按钮，在打开的工具列表中选择"虚拟段删除工具" 图，将光标移动到要删除的线段上，在没有目标时光标显示为 形状。

当光标变为 形状时，单击选中的线段，即可将其删除。

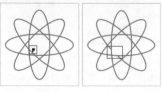

按住鼠标左键拖动，绘制一个虚线框，以框选的方式，选中多条线段，即可快速删除虚线框内的多条线段。

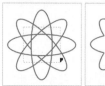

删除多余线段后，节点是断开的，无法对图形进行填充操作，使用"形状工具" 图 进行节点连接，闭合路径后可以进行填充。

7.5.7 裁剪工具 重点

"裁剪工具" 图 可以裁剪掉对象或导入图像中不需要的部分，并且可以裁剪群组的对象和未转曲的对象。

单击工具箱中的"裁剪工具" 图 按钮，在图像（或图形）上单击鼠标左键并拖动，释放鼠标即可定义裁剪区域。

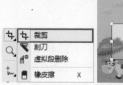

拖动四周控制点可调节大小，在裁剪区域中按住鼠标左键并拖动，可以移动范围区域。

在裁剪区域中单击，出现旋转控制点，拖动旋转控制点可以进行旋转，调整到理想范围后，按Enter键完成裁剪。

练习7-8 制作照片桌面

难度：☆☆

素材文件：素材 \ 第7章 \ 练习7-8\ 素材	
效果文件：素材 \ 第7章 \ 练习7-8\ 制作照片桌面 -OK.cdr	
在线视频：第7章 \ 练习7-8\ 制作照片桌面 .mp4	

本实例使用"裁剪工具" 将图像裁剪到需要的大小，再通过"导出"命令将裁剪后的图像导出为图片格式的图像文件。

01 启动 CorelDRAW 2018 软件，新建一个空白文档，在菜单栏中执行"文件"→"导入"命令，导入本章的素材文件"照片 .jpg"，单击工具箱中的"裁剪工具" 按钮，再将光标放在图形上单击鼠标左键并拖动，定义裁剪区域。

02 在属性栏中设置"裁剪大小"的宽度为

160mm，高度为 90mm（宽屏电脑屏幕的比例为 16:9，为了方便查看，此处扩大 10 倍），即可更改裁剪框的大小，然后拖动四周控制点可调节大小。

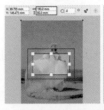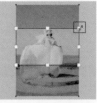

03 将光标移动到到裁剪区域中，按住鼠标左键并拖动，移动范围区域，调整完成后，按 Enter 键即可完成裁剪。

04 在菜单栏中执行"文件"→"导出"命令，打开"导出"对话框，选择"保存类型"的格式为"JPG-JPEG 位图"，并设置保存路径和文件名。

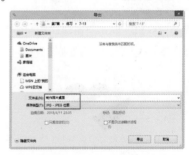

05 单击"导出"按钮，在弹出的"导出到JPEG"对话框中设置"颜色模式"为 RGB，最后单击"确定"按钮，将裁剪后的图像导出，并保存在指定文件位置，然后就可以将其设置为电脑桌面了。

相关链接

关于"导出文档"的内容请参阅本书第2章的第2.2.4节。

7.5.8 刻刀工具 （新增）

使用"刻刀工具"可以将完整的线形或矢量图形分割为多个部分，并且分割图形时，并不是删除图形的某个部分，而是将其进行分割。

CorelDRAW 2018中增强的"刻刀工具"可以沿直线、曲线或贝塞尔线拆分矢量对象、文本和位图。

直线拆分对象

单击工具箱中的"裁剪工具"按钮，在打开的工具列表中选择"刻刀工具"，再在属性栏中选择"2点线模式"按钮，然后按住鼠标左键并拖动，绘制一条直线。

释放鼠标后，即可沿直线切割对象，使用"选择工具"可以移动切割的对象。

曲线拆分对象

在属性栏中选择"手绘模式"按钮，然后按住鼠标左键并拖动，绘制一条曲线，释放鼠标后，即可沿曲线切割对象，使用"选择工具"可以移动切割的对象。

贝塞尔线拆分对象

在属性栏中选择"贝塞尔模式"按钮，然后在对象上绘制贝塞尔曲线，按Enter键完成绘制，即可沿贝塞尔线切割对象，使用"选择工具"可以移动切割的对象。

7.5.9 橡皮擦工具

"橡皮擦工具"用于擦除位图和矢量图中不需要的部分，文本和有辅助效果的图形都需要转曲后操作，其不能应用于群组对象。

单击工具箱中的"裁剪工具"按钮，在打开的工具列表中选择"橡皮擦工具"，选择需要擦除的对象。

将光标移动到对象上，单击鼠标左键即可擦除。

将光标放在对象上单击一下，然后按住鼠标左键并拖动，即可进行直线擦除。

将光标放在对象上按住鼠标左键并拖动，即可进行曲线擦除。

技巧

"橡皮擦工具"的尖头大小除了可以在属性栏设置外，还可以通过按住Shift键同时按住鼠标左键进行移动的方式进行大小的调节。

7.6 知识拓展

本章讲解了CorelDRAW图形对象的编辑方法，最基本的就是"选择工具"了，CorelDRAW中的选择工具只有一个，看似简单，但有些实用技巧未必人人都知道，下面讲解一下对象选择的技巧。

- 按空格键可以快速切换到"选择工具"。
- 按空格键还可以在选择工具和刚用过的工具之间来回切换，用习惯可以节省操作时间。
- 按 Shift 键并逐一单击要选择的对象，可连续选择多个对象，处于选中状态下的物体会显示为空心方框。
- 使用"选择工具"，按下键盘上的 Alt 键在绘图区拖动出一个虚线框，与虚线框接触到的所有对象都会被选中，这比框选来得更加方便，这个技巧用在要同时选中多条较长的曲线或对象时非常方便。
- 想要选定隐藏在一系列对象后面的单个对象，可以

按住 Alt 键，然后使用"选择工具"单击最前面的对象，直到选定所需的对象。

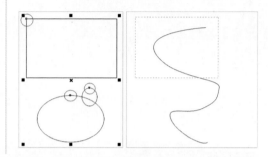

7.7 拓展训练

本章为读者安排了两个拓展练习，以帮助大家巩固本章内容。

训练7-1 绘制礼品盒

难度：☆☆
素材文件：素材\第7章\习题1\素材 .cdr
效果文件：素材\第7章\习题1\绘制礼品盒 .cdr
在线视频：第7章\习题1\绘制礼品盒 .mp4

根据本章所学的知识，通过对图形对象的编辑方法，再结合矩形工具、星形工具、2点线工具、编辑填充工具和透明度工具，绘制礼品盒。

训练7-2 阿拉丁神灯插画

难度：☆☆
素材文件：素材\第7章\习题2\老人 .cdr
效果文件：素材\第7章\习题2\阿拉丁神灯插画 .cdr
在线视频：第7章\习题2\阿拉丁神灯插画 .mp4

根据本章所学的知识，利用形状工具和修饰工具，并结合扭曲工具、矩形工具、贝塞尔工具、椭圆形工具、多边形工具等工具，导入"老人.cdr"素材，制作阿拉丁神灯插画。

第 **8** 章

特殊效果的编辑

在CorelDRAW 2018中除了可以进行一些基本的编辑操作外，还可以进行一些特殊效果的编辑，包括创建调和效果、创建轮廓图效果、创建变形效果、创建阴影效果、创建透明度效果及应用透镜效果。本章将详细介绍CorelDRAW 2018软件中这些特殊效果的编辑操作。

本章重点

创建调和效果 | 扭曲变形 | 创建阴影效果

创建标准透明效果 | 创建渐变透明效果 | 创建透镜效果

CorelDRAW可以将两个或多个图形对象进行调和,即将一个图形对象经过形状和颜色的渐变过渡到另一个图形对象上,并在这两个图形对象间形成一系列中间图形对象,从而形成两个图形对象渐进变化的叠影。它主要用于广告创意领域,实现超级炫酷的立体效果图,从而达到真实照片的级别。

8.1.1 调和效果 重点

在CorelDRAW 2018中通过"调和工具" 可以创建直线调和、曲线调和及复合调和的效果。

直线调和

单击工具箱中的"阴影工具" 按钮,在打开的工具列表中选择"调和工具" ,将光标移动到黄色圆形对象(起始对象)上。

然后按住鼠标左键向五角星对象(终止对象)拖曳,可出现一系列虚线预览,释放鼠标,创建直线调和效果。

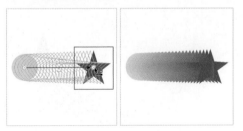

曲线调和

如果要创建曲线调和效果,则需要将光标移动到红色圆形对象(起始对象)上,然后按住Alt键不放,按住鼠标左键向黄色方形对象(终止对象)拖动出一条曲线路径,释放鼠标,即可创建曲线调和。

复合调和

复合调和一般用于三个及以上对象,在对象与对象之间既可以创建直线调和,也可以创建曲线调和。

单击工具箱中的"调和工具" 按钮,将光标移动到蓝色方形对象(起始对象)上,按住鼠标左键向黄色圆形对象(第二个对象)拖曳,释放鼠标,创建直线调和效果。

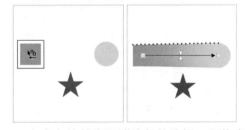

在空白处单击取消路径的选择,再将光标移动到黄色圆形对象(第二个对象)上,按住鼠标左键不放向五角星对象(终止对象)拖曳,释放鼠标,创建直线调和,也可以按住Alt键创建曲线调和。

8.1.2　设置调和属性 **重点**

在创建调和效果后，可以在"调和工具" 属性栏中设置调和属性，更改调和效果的外观。

工具属性栏

"调和工具"属性栏中的各个选项和按钮的介绍如下。

- **预设列表**：在该下拉列表框中可以选择预设的调和样式。

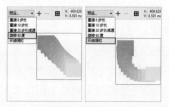

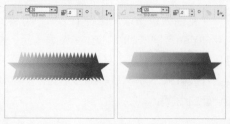

- **"添加预设" ╋ 按钮**：单击该按钮，可以将当前选中的调和对象另存为预设。
- **"删除预设" ━ 按钮**：单击该按钮，可以将当前选中的调和样式删除。
- **调和步长**：用于设置调和效果中的调和步数，数值框中的数值即为调和中间渐变对象的数目。数值越大则调和效果越自然。

- **调和间距**：设置与路径匹配的调和中对象之间的距离。仅在调和已附加到路径时适用。单击该按钮，在后面的"调和对象"文本框中输入相应的步长数。数值越大间距越大。

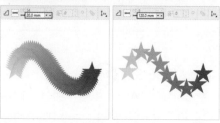

只有在曲线调和的状态下才可进行"调和步长" 按钮和"调和间距" 按钮之间的切换。在直线调和状态下，"调和步长"可以直接进行设置，而"调和间距"只能用于曲线调和和路径。

- **调和方向**：设置已调和对象的旋转角度。

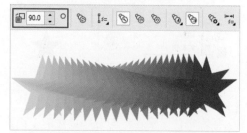

- **"环绕调和" 按钮**：按照调和方向在对象之间产生环绕式的调和效果。该按钮只有在设置了调和方向之后才可用。

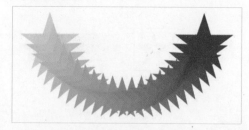

- **"路径属性" 按钮**：将调和移动到新路径、显示路径或将调和从路径中分离出来。

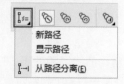

- **新路径**：单击该选项可以重置调和路径，当光标变

为弯曲箭头 ⤹ 形状时，单击路径可以将选中的调和置于路径中。

- 显示路径：单击该选项可以显示当前调和对象的路径，方便快速选择曲线路径进行编辑。
- 从路径分离：单击该选项可以将曲线调和的路径分离出来，将调和变为直线调和。

- "直接调和" ⊘ 按钮：直接在所选对象的填充颜色之间进行颜色过渡。
- "顺时针调和" ⊘ 按钮：使对象上的填充颜色按色谱的顺时针方向进行颜色过渡。
- "逆时针调和" ⊘ 按钮：使对象上的填充颜色按色谱的逆时针方向进行颜色过渡。

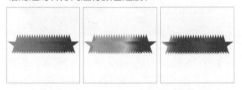

- "对象和颜色加速" ⊘ 按钮：调整调和对象显示和颜色更改的速率。单击该按钮，在弹出的下拉对话框中拖动"对象"或"颜色"的滑块，即可更改速率。向左为减速，向右为加速。

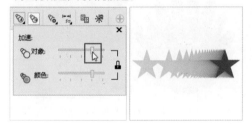

- "调整加速大小" ⊘ 按钮：激活该按钮，可以调整调和对象的大小更改速率。向左为减速，向右为加速。
- "更多调和选项" ⊘ 按钮：单击该按钮，可在下拉列表中选择"映射节点""拆分""熔合始端""熔合末端""沿路径调和"和"旋转全部对象"调和选项。

- 映射节点：将起始形状的节点应用到结束形状节点上。
- 拆分：将选中的调和对象拆分为两个独立的调和对象。
- 熔合始端：熔合拆分或复合调和的始端对象。
- 熔合末端：熔合拆分或复合调和的末端对象。
- 沿全路径调和：将整个路径进行调和，用于包含路径的调和对象。
- 旋转全部对象：沿曲线旋转所有对象，用于包含路径的调和对象。
- "起始和结束属性" ⊞ 按钮：用于重置调和效果的起始点和终止点。单击该按钮，在下拉选项中进行显示和重置操作。

- 新起点：单击该选项可以重置调和对象的起点。
- 显示起点：单击该选项可以显示当前调和对象的起点。
- 新终点：单击该选项可以重置调和对象的终点。
- 显示终点：单击该选项可以显示当前调和对象的终点。
- "复制调和属性" ⊞ 按钮：将另一个对象的调和属性应用到所选对象上。
- "清除调和" ⊠ 按钮：单击该按钮，移除对象中的调和效果。

难度：☆☆

素材文件：无

效果文件：素材\第8章\练习8-1\制作斑斓的孔雀-OK.cdr

在线视频：第8章\练习8-1\制作斑斓的孔雀.mp4

　　本实例使用"多边形工具"□绘制多边形形状，通过调色板填充颜色，再使用"变形工具"□创建变形效果，然后使用"椭圆形工具"○绘制圆形形状，并填充颜色，最后使用"调和工具"○在对象之间创建调和效果，制作斑斓的孔雀。

01 启动CorelDRAW 2018软件，新建一个空白文档，单击工具箱中的"多边形工具"□按钮，绘制一个多边形（默认边数为5），再在属性栏中设置"点数或边数"为8。

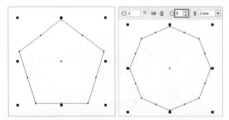

02 左键单击调色板中的"橘红"，填充颜色，再右键单击☒按钮，取消轮廓线，单击工具箱中的"变形工具"□，在属性栏中单击"推拉变形"⊕按钮，将光标移动到对象上。

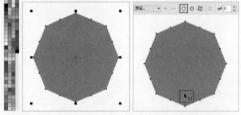

03 按住鼠标左键向左边拖曳使轮廓边缘向内推进，释放鼠标后，创建变形效果。

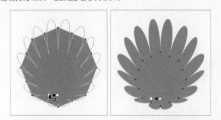

04 使用"椭圆形工具"○，创建一个圆形，左键单击调色板中的"白"，填充颜色，再右键单击☒按钮，

取消轮廓线。

05 单击工具箱中的"调和工具"○，将光标移动到黄色圆形上，按住鼠标左键向橘红色对象拖曳，创建直线调和效果，再在属性栏中单击"顺时针调和"○按钮，使对象上的填充颜色按色谱的顺时针方向进行颜色过渡。

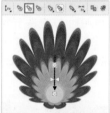

06 使用"椭圆形工具"○，绘制一个椭圆，左键单击调色板中的"橘红"，填充颜色，再右键单击☒按钮，取消轮廓线，单击工具箱中的"调和工具"○，将光标移动到橘红对象上，按住鼠标左键向黄色圆形对象拖曳，创建直线调和效果。

07 使用"选择工具"▶调整高度，然后使用"椭圆形工具"○绘制头和眼睛，再使用"多边形工具"○绘制一个三角形，填充黄色，然后将其拉长，制作鼻子。

08 使用"椭圆形工具"○和"矩形工具"□绘制形状，填充黄色并取消轮廓线，再按Ctrl+G快捷组合对象，然后调整到合适的大小和位置，单击鼠

标右键，在弹出的快捷菜单中执行"顺序"→"置
于此对象后"命令，当光标变为 ◆ 形状时，单击头
对象，将其置于头对象的后面。

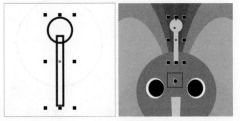

`09` 复制两个对象，调整对象顺序，并进行旋转，绘
制羽冠，然后使用"椭圆形工具" ○ 绘制两个圆形，
填充橘红色并取消轮廓线，完成制作。

相关链接

关于"多边形工具" ○ 的内容请参阅本书第 5 章
的第 5.3 节。关于"创建推拉变形效果"的内容请
参阅本书本章的第 8.3.1 节。

8.1.3 设置调和路径（重点）

在CorelDRAW 2018中，调和对象可以自
行设定路径，在对象之间创建调和效果后，可
以通过应用"路径属性"功能，使调和对象按
照指定的路径进行调和。

单击工具箱中的"调和工具" ◎，在两个
对象上创建调和效果。

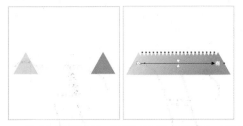

单击工具箱中的"手绘工具" ✑ 按钮，绘制
一条曲线，然后使用"调和工具" ◎ 单击选中调
和对象，再单击属性栏中的"路径属性" ✑ 按
钮，在弹出的下拉列表中选择"新路径"。

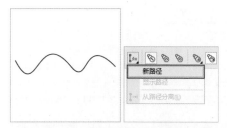

当光标变为弯曲箭头 ↙ 形状时，在曲线
（目标路径）上单击，即可使调和对象沿该路
径进行调和。

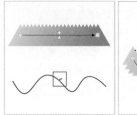 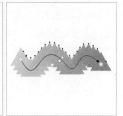

使用"形状工具" ✑ 选中路径后，对节点
进行编辑，可以修改调和路径。

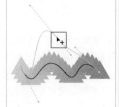 

提示

"路径属性"下拉列表中的"显示路径"和"从
路径中分离"选项只有在曲线路径状态下才可以
选择，在直线调和的状态下无法使用。

使用"选择工具" ▶，将光标放在调和部
分上，单击鼠标右键，在弹出的快捷菜单中执
行"拆分路径群组上的混合"命令，或按
Ctrl+K快捷键，即可将路径分离出来，使用
"选择工具" ▶ 移动可见，按Delete键可将其
删除，并且调和对象不会发生改变。

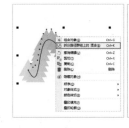 

难度：☆☆☆

素材文件：素材\第8章\练习8-2\素材

效果文件：素材\第8章\练习8-2\制作巧克力奶油字–OK.cdr

在线视频：第8章\练习8-2\制作巧克力奶油字.mp4

本实例使用"文本工具" 字 创建文本，并设置文本的属性，再通过"转换为曲线"功能将文本对象转换为曲线，然后使用"交互式填充工具" ◈ 为形状填充渐变颜色，再使用"调和工具"创建调和效果，制作巧克力奶油字。

01 启动CorelDRAW 2018软件，新建一个空白文档，单击工具箱中的"文本工具" 字 按钮，输入文本，再在属性栏中设置"字体"为"Monotype Corsiva"。

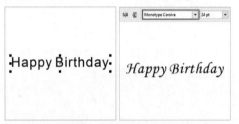

02 使用"选择工具" ▶ 选中对象，按Ctrl+K快捷键拆分对象，将文本拆分为单独的字母，再按Ctrl+Q快捷键将其转换为曲线，左键单击调色板中的 ⊠ 按钮，取消填充，再右键单击"黑"，填充轮廓颜色，使文字变成只有轮廓的对象。

03 单击工具箱中的"形状工具" ↖ 按钮，再选中不需要的曲线上的节点，单击属性栏中的"断开曲线" 按钮，断开曲线，然后选取不要的曲线上的节点，双击删除，使文字变成路径。

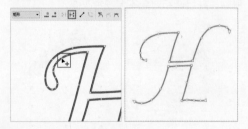

04 采用同样的方法，制作其他字母，单击工具箱中的"椭圆形工具" ○ 按钮，按住Ctrl键绘制一个正圆。

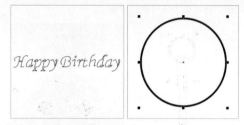

05 单击工具箱中"交互式填充工具" ◈ 按钮，在属性栏中单击"渐变填充" 按钮，再单击"线性渐变填充" 按钮，然后单击渐变节点设置色为（C:55；M:93；Y:93；K:51），然后拖动节点调整渐变填充。

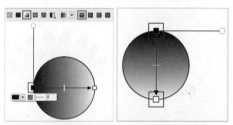

06 右键单击调色板中的 ⊠ 按钮，取消轮廓线，使用"选择工具" ▶ 选中对象，按Ctrl+C快捷键进行复制，再按Ctrl+V快捷键粘贴对象，并移开一定的距离，单击工具箱中的"调和工具" ◈，将光标移动到对象上，按住鼠标左键向另一个对象拖曳，创建直线调和效果。

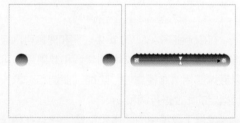

07 单击属性栏中的"路径属性" 按钮，在弹出的下拉列表中选择"新路径"，当光标变为弯曲箭头 ↵ 形状时，在文字路径上单击，即可使调和对象沿该路径进行调和。

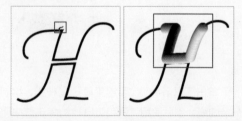

08 在属性栏中单击"起始和结束属性" 按钮，在下拉列表中选择"显示起点"，然后按住鼠标左键

拖动形状调整位置，再选择"显示终点"，调整终点形状的位置。

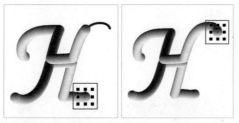

09 在属性栏中设置合适的"步长"，增加形状数目，使效果更自然，再采用同样的方法，制作其他文字对象。

10 在菜单栏中执行"文件"→"打开"命令，打开本章的素材文件"背景.cdr"，然后将制作好的文字复制到该文档中，并调整至合适的大小和位置，完成制作。

相关链接

关于"拆分对象"的内容请参阅本书第3章的第3.4.3节。关于"形状工具"的内容请参阅本书本章的第7.1节。

8.1.4 编辑调和对象

通过属性栏和泊坞窗的相关参数选项可以对调和对象进行操作。

复制调和属性

当绘制窗口有两个或两个以上的调和对象时，使用"复制调和属性"功能，可以将其中一个调和对象中的属性复制到另一个调和对象中。

使用"调和工具" 选择要复制调和属性的对象（目标对象），再单击属性栏中的"复制调和属性" 按钮。

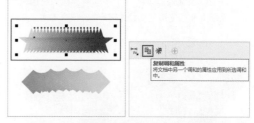

当光标变为向右的黑色箭头 ➤ 形状时，单击用于复制调和属性的对象（源对象），可将源对象中的调和属性复制到目标对象中。

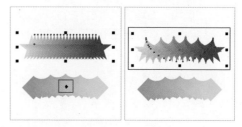

拆分调和对象

拆分调和对象是指将调和对象分离为独立的调和。

方法一：使用"调和工具" 选中调和对象，单击属性栏中的"更多调和选项" 按钮，在弹出的下拉列表中选择"拆分"选项。

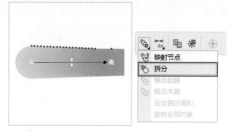

当光标变为弯曲箭头 ↙ 形状时，单击要分割的中间任意形状对象，即可完成拆分。

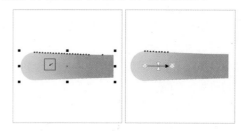

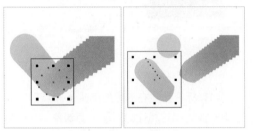

方法二：使用"调和工具" ⬡ 选中调和对象，在"调和"泊坞窗中单击"拆分"按钮，当光标变为弯曲箭头 ↙ 形状时，单击要分割的中间任意形状对象，即可完成拆分。

方法三：使用"调和工具" ⬡ 选中调和对象，在菜单栏中执行"对象"→"拆分调和群组"命令，或按Ctrl+K快捷键，即可拆分调和对象为一个群组对象，使用"选择工具" ↖ 移动可见，按Ctrl+U快捷键取消组合对象，可将其拆分为单独的个体。

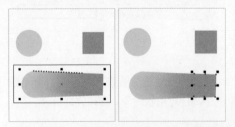

方法四：使用"选择工具" ↖ ，将光标放在调和对象上，单击鼠标右键，在弹出的快捷菜单中选择"拆分调和群组"命令，即可拆分调和对象。

清除调和效果

使用"调和工具" ↖ 选中调和对象，在菜单栏中执行"效果"→"清除调和"命令，或单击属性栏中的"清除调和" 按钮，即可移除对象中的调和，清除调和效果后，只剩下起始对象和结束对象。

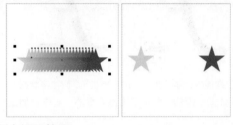

保存调和效果

使用"调和工具" ↖ 选中调和对象，单击属性栏中的"添加预设" ✚ 按钮，在打开的"另存为"对话框中设置"文件名"，单击"保存"按钮，即可将该调和效果保存在"预设选项"的下拉列表中，便于使用。

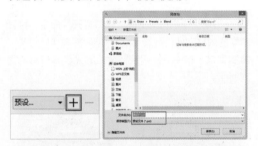

8.1.5 交互式滑块 新增

突出的交互式滑块是CorelDRAW 2018中的新增功能，可以轻松处理对象填充、透明度、混合、立体化、阴影和轮廓图效果。

填充

在进行渐变填充时，通过拖曳滑块可以快速调整填充渐变颜色的范围。

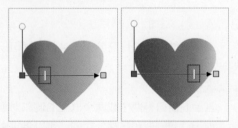

透明度效果

创建"渐变透明度"效果时，通过拖曳滑块可以快速调整渐变透明度的范围。

混合

　　创建调和效果时，通过拖曳滑块可以快速调整对象显示和颜色更改的速率。

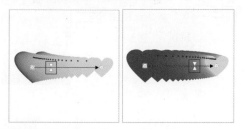

立体化

　　创建立体化效果时，通过拖曳滑块可以快速调整立体化效果的深度。

阴影

　　创建阴影效果时，通过拖曳滑块可以快速调整阴影的透明度。

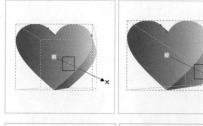

轮廓图

　　创建轮廓图效果时，通过拖曳滑块可以快速调整轮廓间的间距。

8.2 轮廓图效果

　　轮廓图效果是指由一系列对称的同心轮廓线圈组合在一起所形成的具有深度感的效果，该效果有点类似于地图中的地势等高线，故有时又称之为等高线效果。轮廓图效果与调和效果相似，和调和效果不同的是，轮廓图效果是指由对象的轮廓向内或向外放射的层次效果，并且只需一个图形对象即可完成。

8.2.1 创建轮廓图

　　使用"轮廓图工具" 可以为对象添加轮廓图效果，这个对象可以是封闭的，也可以是开放的，还可以是美术文本对象。

　　CorelDRAW 2018中提供的轮廓图效果有三种，即"到中心""内部轮廓"和"外部轮廓"。

创建中心轮廓图

　　使用"选择工具" 选中对象，单击工具箱中的"阴影工具" 按钮，在打开的工具列表中选择"轮廓图工具" ，然后单击属性栏中的"到中心" 按钮，即可自动生成由轮廓到中心依次缩放渐变的层次效果。

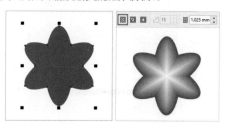

创建内部轮廓图

　　使用"选择工具" 选中对象，单击工具

箱中的"轮廓图工具"  按钮，将光标移到对象上，按住鼠标左键向内拖曳，释放鼠标，即可创建对象的内部轮廓。

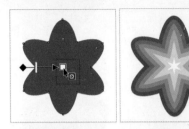

在属性栏中单击"内部轮廓" 按钮，即可自动创建内部轮廓图。

创建外部轮廓图

使用"选择工具" 选中对象，单击工具箱中的"轮廓图工具" 按钮，将光标移到对象上，按住鼠标左键向外拖动，释放鼠标，即可创建对象的外部轮廓。

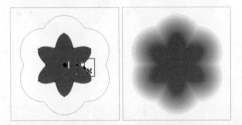

在属性栏中单击"外部轮廓" 按钮，即可自动创建外部轮廓图。

8.2.2 轮廓图参数设置

在创建轮廓图效果后，可以在属性栏进行参数设置。

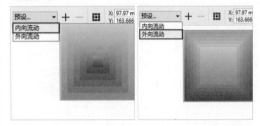

"轮廓图工具"属性栏中的各个选项和按钮的介绍如下。

● **预设列表**：在该下拉列表框中可以选择预设的轮廓图样式。

● **"添加预设"** 按钮：单击该按钮，可以将当前选中的轮廓图对象另存为预设。

● **"删除预设"** 按钮：单击该按钮，可以将当前选中的轮廓图样式删除。

● **"到中心"** 按钮：单击该按钮，创建从对象边缘向中心放射状的轮廓图。创建后无法通过"轮廓图步长"进行设置，可以通过"轮廓图偏移"进行自动调节，偏移越大层次越少；偏移越小层次越多。

● **"内部轮廓"** 按钮：单击该按钮，创建从对象边缘向内部放射状的轮廓图。创建后可以通过"轮廓图步长"设置轮廓图的层次数。

● **"外部轮廓"** 按钮：单击该按钮，创建从对象边缘向外部放射状的轮廓图。创建后可以通过"轮廓图步长"设置轮廓图的层次数。

● **轮廓图步长** ：在文本框中输入数值用于调整轮廓图的数量。

● **轮廓图偏移** ：在后面的文本框中输入数值用于调整轮廓图各步数之间的距离。

● **"轮廓图圆角"** 按钮：用于设置轮廓图的角类型。单击该按钮，在下拉选项列表选择相应的角类型进行应用。

斜接角：在创建的轮廓图中使用尖角渐变。

圆角：在创建的轮廓图中使用倒原角渐变。

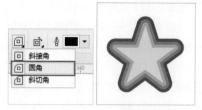

斜切角：在创建的轮廓图中使用倒角渐变。

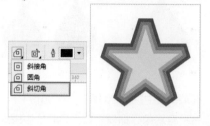

- "轮廓色" 按钮：设置轮廓色的颜色渐变序列。单击该按钮，在下拉选项列表选择相应的颜色渐变序列类型进行应用。

  线性轮廓色：设置轮廓色为直接渐变序列。

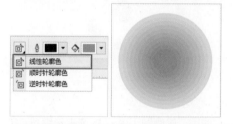

  顺时针轮廓色：设置轮廓色为色谱顺时针方向逐步调和的渐变序列。

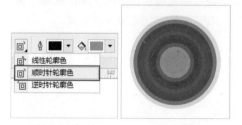

  逆时针轮廓色：设置轮廓色为色谱逆时针方向逐步调和的渐变序列。

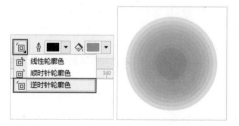

- 轮廓色：设置轮廓图的轮廓线颜色。当去掉轮廓线"宽度"后，轮廓色不显示。
- 填充色：设置轮廓图的填充颜色。
- 最后一个填充挑选器：设置轮廓图填充的第二种颜色。
- "对象和颜色加速" 按钮：调整轮廓图中对象大小和颜色变化的速率。

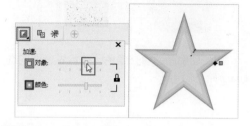

提示

在"对象和颜色加速"的下拉对话框中激活锁头图标 后，可以同时调整"对象"和"颜色"的滑块，解锁后，可以分别调整"对象"和"颜色"后面的滑块。

- "复制轮廓图属性" 按钮：将另一个对象的轮廓图属性应用到所选对象上。
- "清除轮廓图" 按钮：单击该按钮，移除对象中的轮廓图效果。

技巧

还可以在菜单栏中执行"效果"→"轮廓图"命令，打开"轮廓图"泊坞窗进行参数设置。

8.2.3 轮廓图操作

通过属性栏和泊坞窗的相关参数选项，可以对轮廓图对象进行操作。

设置轮廓图颜色

填充轮廓图的颜色分为填充颜色和轮廓线颜色，两者都可以在属性栏或泊坞窗中直接选择进行填充。

使用"轮廓图工具"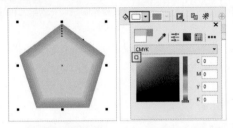选中轮廓图对象，在属性栏中"填充色"的下拉颜色框中选择需要的颜色。

更改轮廓图的填充颜色，并且轮廓图向选取的颜色进行渐变。

将对象的填充颜色去掉，设置轮廓线宽度为1mm，然后使用"轮廓图工具"选中该轮廓图对象，再在属性栏中"轮廓色"的下拉颜色框中选择需要的颜色。

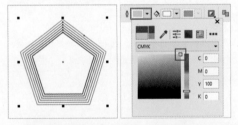

更改轮廓图的填充颜色，并且轮廓图的轮廓线以选取的颜色进行渐变。

分离轮廓图

在创建轮廓图效果后，可以根据需要将轮廓图对象中的放射图形分离成相互独立的对象。

使用"轮廓图工具"选中轮廓图对象，在菜单栏中执行"对象"→"拆分轮廓图群组"命令，或按Ctrl+K快捷键，即可分离轮廓图对象。

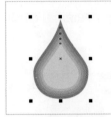

在菜单栏中执行"对象"→"组合"→"取消组合所有对象"命令，或按Ctrl+U快捷键即可取消轮廓图的群组状态。对于取消群组的轮廓图，可以对其进行单独编辑及修改。

清除轮廓图

使用"轮廓图工具"选中轮廓图对象，在菜单栏中执行"效果"→"清除轮廓"命令，或者单击属性栏中的"清除轮廓"按钮，即可清除该对象的轮廓图效果。

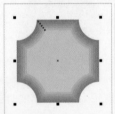

练习8-3 用轮廓图绘制粘液字

难度：☆☆☆	
素材文件：素材\第8章\练习8-3\素材	
效果文件：素材\第8章\练习8-3\用轮廓图绘制粘液字–OK.cdr	
在线视频：第8章\练习8-3\用轮廓图绘制粘液字.mp4	

本实例使用"文本工具"字创建文本，再使用"钢笔工具"沿着文本对象的轮廓绘制形状，通过调色板填充颜色，然后使用"轮廓图工具"创建轮廓图效果，制作粘液字。

01 启动 CorelDRAW 2018 软件，新建一个空白文档，单击工具箱中的"文本工具"字按钮，输入文本，单击工具箱中的"钢笔工具"按钮，沿着"H"字母的轮廓绘制粘液状的轮廓。

02 使用"钢笔工具"分别沿着其他字母绘制形状，绘制完成后，使用"选择工具"选中文本对象，按 Delete 键将其删除。

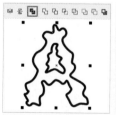

03 使用"选择工具"选中字母"A"的两个曲线对象，单击属性栏中的"合并"按钮，组合对象，采用同样的方法，合并字母"O"，然后选择全部对象，按 Ctrl+G 快捷键组合对象，再左键单击调色板中的"蓝紫"，填充颜色，右键单击⊠按钮，取消轮廓线。

04 单击工具箱中的"轮廓图工具"按钮，然后单击属性栏中的"到中心"按钮，即可自动生成由轮廓到中心依次缩放渐变的层次效果，再在属性栏中设置合适的"轮廓图偏移"数值，并设置填充色为（C:0；M:40；Y:0；K:20）。

05 使用"钢笔工具"绘制流淌的粘液曲线，再左键单击调色板中的"蓝紫"，填充颜色，右键单击⊠按钮，取消轮廓线，采用同样的方法创建轮廓图效果。

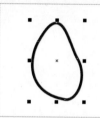
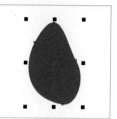

06 单击工具箱中的"轮廓图工具"按钮，再单击属性栏中的"复制轮廓图属性"按钮，当光标变为 ♦ 形状时，单击目标对象，即可复制其属性到该对象上。

07 使用"选择工具"将其调整到合适的大小和位置，再单击鼠标右键，在弹出的快捷菜单中执行"顺序"→"置于此对象后"命令，当光标变为 ♦ 形状时，单击文本对象，调整顺序。

08 采用同样的方法，制作多个流淌的粘液对象。

![HALLOWEEN]

09 在菜单栏中执行"文件"→"打开"命令，打开本

章的素材文件"背景.cdr"，将制作好的粘液字体复制到该文档中，并调整至合适的大小和位置，完成制作。

相关链接

关于"钢笔工具的绘制方法"的内容请参阅本书第4章的第4.5.1节。关于"合并对象"的内容请参阅本书第3章的第3.4.3节。

8.3 创建变形效果

在CorelDRAW 2018中使用"变形工具"▣可以创建三种变形效果，即推拉变形、拉链变形和扭曲变形。

8.3.1 推拉变形

"推拉变形"效果可以通过手动拖曳的方式将对象边缘进行推进或拉出操作。

使用"选择工具"▶选中对象，单击工具箱中的"阴影工具"▢按钮，在打开的工具列表中选择"变形工具"▣。

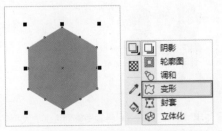

在属性栏中单击"推拉变形"⊕按钮，将光标移动到对象上，按住鼠标左键进行拖曳，释放鼠标，即可创建变形效果。

向左边拖曳可以使轮廓边缘向内推进，向右边曳可以使边缘向外拉出。

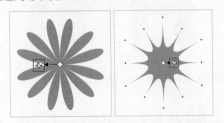

在水平方向移动的距离可以决定推进和拉出的距离和程度，也可以在属性栏中进行设置。

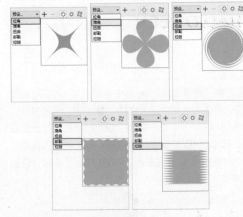

"推拉变形"属性栏中的各个选项和按钮的介绍如下。

● 预设列表：在该下拉列表框中可以选择预设的变形样式。

● "添加预设"➕按钮：单击该按钮，可以将当前选中的变形对象另存为预设。

● "删除预设"➖按钮：单击该按钮，可以将当前选中的变形样式删除。

● "推拉变形"⊕按钮：单击该按钮激活推拉变形效果，同时激活推拉变形的属性设置。

● "居中变形"⊕按钮：单击该按钮可以将变形效果居中放置。

● 推拉振幅〜：在后面的文本框中输入数值，可以设置对象推进拉出的程度。输入数值为正数则向外拉出，最大为200；输入数值为负数则向内推进，最小为-200。

● "添加新的变形" 🔄 按钮：单击该按钮可以将当前变形的对象转为新对象，然后进行再次变形。

● "复制变形属性" 🔁 按钮：将另一个对象的变形属性应用到所选对象上。

● "清除变形" 🗑 按钮：单击该按钮，移除对象中的变形效果。

● "转换为曲线" 🔂 按钮：单击该按钮可以允许使用形状工具修改对象。

练习8-4 制作光斑效果

难度：☆☆

| 素材文件：素材 \ 第 8 章 \ 练习 8-4\ 制作光斑效果 .cdr |
| 效果文件：素材 \ 第 8 章 \ 练习 8-4\ 制作光斑效果 -OK.cdr |
| 在线视频：第 8 章 \ 练习 8-4\ 制作光斑效果 .mp4 |

本实例使用"椭圆形工具" ⭕ 绘制圆形，通过调色板为形状填充颜色，再使用"变形工具" 🔲 创建推拉变形效果，制作光斑。

01 启动 CorelDRAW 2018 软件，打开本章的素材文件"素材 \ 第 8 章 \ 练习 8-4\ 制作光斑效果 .cdr"；单击工具箱中的"椭圆形工具" ⭕ 按钮，按住 Ctrl 键，绘制一个正圆。

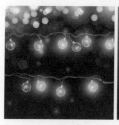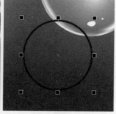

02 左键单击调色板中的"白"，填充颜色，再右键单击 ☒ 按钮，取消轮廓线，单击工具箱中的"变形工具" 🔲 按钮，再在属性栏中单击"推拉变形" ⊕ 按钮，将光标移动到对象中心，按住鼠标左键向右侧拖曳，出现蓝色预览线。

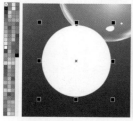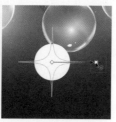

03 释放鼠标即可创建变形效果，采用同样的方法制作不同大小的光斑，并使用"选择工具" ↖ 放置在合适的位置，完成制作。

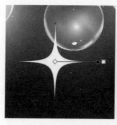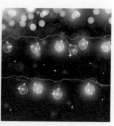

8.3.2 拉链变形

"拉链变形"效果可以将对象的边缘调整为尖锐锯齿的效果，可以通过移动拖曳线上的滑块来增加锯齿的个数。

单击工具箱中的"变形工具" 🔲，在属性栏中单击"拉链变形" 🔳 按钮，将光标移动到对象的上，按住鼠标从中心向外拖曳，出现蓝色实线进行预览变形效果，释放鼠标，即可创建拉链变形效果。

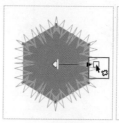

变形后移动调节线中间的滑块可以调整拉链变形中锯齿的数量，可在不同的位置创建变形，也可以增加拉链变形的调节线。

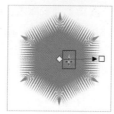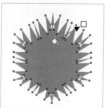

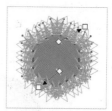

在属性栏中可以进行"拉链变形"的相关设置。

"拉链变形"属性栏中的各个选项和按钮的介绍如下。

- ●"推拉变形" 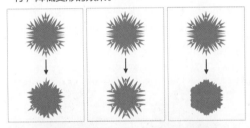 按钮：单击该按钮激活拉链变形效果，同时激活拉链变形的属性设置。
- ●拉链振幅 ∧∧：在后面的文本框中输入数值，可以调整拉链变形中锯齿的高度。
- ●拉链频率 ∿：在后面的文本框中输入数值，可以调整拉链变形中锯齿的数量。
- ●"随机变形" 按钮：单击该按钮，可以将对象按系统默认方式随机设置变形效果。
- ●"平滑变形" 按钮：单击该按钮，可以将变形对象的节点平滑处理。
- ●"变形" 按钮：单击该按钮，可以随着变形的进行，降低变形的效果。

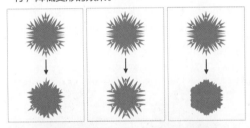

练习8-5 制作复杂花朵

难度：☆☆

素材文件：素材\第8章\练习8-5\素材

效果文件：素材\第8章\练习8-5\制作复杂花朵-OK.cdr

在线视频：第8章\练习8-5\制作复杂花朵.mp4

本实例使用"椭圆形工具" ○ 绘制圆形，通过"交互式填充工具" 填充渐变颜色，再使用"变形工具" 创建拉链变形效果，制作复杂的花朵。

01 启动 CorelDRAW 2018 软件，新建一个空白文档，单击工具箱中的"椭圆形工具" ○ 按钮，按住 Ctrl 键，绘制一个正圆，单击工具箱中"交互式填充工具" 按钮，在属性栏中单击"渐变填充" 按钮，再单击"椭圆形渐变填充" 按钮，为对象填充渐变颜色。

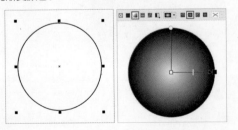

02 单击颜色节点，设置渐变颜色为红色（C:0；M:90；Y:87；K:0）和黄色（C:0；M:0；Y:100；K:0），再右键单击调色板中的 ⊠ 按钮，取消轮廓线。

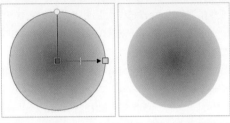

03 单击工具箱中的"变形工具" ，在属性栏中单击"拉链变形" 按钮，将光标移动到对象中心，按住鼠标向外拖曳，出现蓝色实线进行预览变形效果，释放鼠标即可创建拉链变形效果。

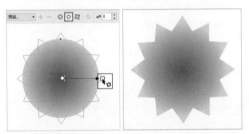

04 单击属性栏中的"平滑变形" 按钮，将变形对象的节点平滑处理，使用"选择工具" 选中该形状，按 Ctrl+C 快捷键进行复制，再按 Ctrl+V 快捷键进行粘贴，然后缩小并旋转对象。

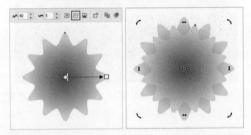

05 单击工具箱中的"变形工具" 按钮，再在属性栏中单击"推拉变形" 按钮，将光标移动到对象中心，按住鼠标左键向左侧拖曳，出现蓝色预览线，释放鼠标创建推拉变形效果。

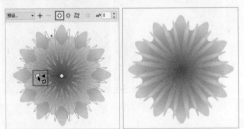

06 复制一个对象，并缩小到合适的大小，使用"选

择工具"![] 选中全部形状，按 Ctrl+G 快捷键组合对象，采用同样的方法，制作不同颜色的花朵。

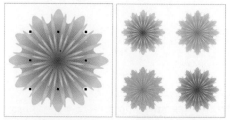

07 在菜单栏中执行"文件"→"打开"命令，打开本章的素材文件"背景 .cdr"，然后将制作好的花朵复制到该文档中，并调整至合适的大小和位置，完成制作。

8.3.3 扭曲变形（重点）

"扭曲变形"效果可以使对象绕着变形中心进行旋转，产生螺旋状的效果。

单击工具箱中的"变形工具"![]，在属性栏中单击"扭曲变形"![] 按钮，将光标移动到对象上，按住鼠标从中心向外拖曳，确定旋转角度的固定边。然后不松开鼠标继续沿顺时针或逆时针方向拖动旋转，释放鼠标，即可创建扭曲变形效果。

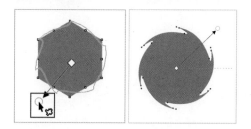

在属性栏中可以进行"扭曲变形"的相关设置。

预设... ▼ + − ⊕ ⊗ ⟳ ⊕ ⊙ ○ ○ ○ ⌐ ⌐ ⌐ 0 ⌐ 0 ⌐ ⌐ ⌐ ⌐ ⌐

"扭曲变形"属性栏中的各个选项和按钮的介绍如下。

- "扭曲变形"![] 按钮：单击该按钮激活拉链变形效果，同时激活拉链变形的属性设置。
- 完整旋转 ⟳：在后面的文本框中输入数值，可以设置扭曲变形的完整旋转次数。

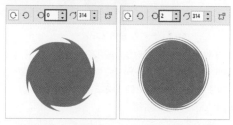

- 附加度数 ⟳：在后面的文本框中输入数值，可以设置超出完整旋转的度数。

练习8-6 制作旋转背景

难度：☆☆☆
素材文件：素材\第 8 章\练习 8-6\素材
效果文件：素材\第 8 章\练习 8-6\制作旋转背景 -OK.cdr
在线视频：第 8 章\练习 8-6\制作旋转背景 .mp4

本实例使用"多边形工具"![] 绘制三角形，通过调色板填充颜色，再通过"变换"泊坞窗旋转并复制对象，然后通过"变形工具"创建扭曲变形效果，再使用"裁剪工具"![] 裁剪对象，制作旋转背景。

01 启动 CorelDRAW 2018 软件，新建一个空白文档，单击工具箱中的"多边形工具"![] 按钮，在属性栏中设置"点数或边数"为 3，绘制一个三角形，单击工具箱中"交互式填充工具"![] 按钮，在属性栏中单击"均匀填充"![] 按钮，设置填充色为（C:39；M:0；Y:20；K:0）。

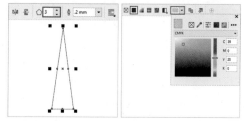

02 为对象填充颜色，再右键单击调色板中的![] 按钮，取消轮廓线。

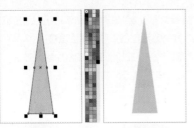

03 在菜单栏中执行"对象"→"变换"→"旋转"命令，或按 Alt+F8 快捷键打开"变换"泊坞窗，设置"旋转角度""相对中心"和"副本"，然后单击"应用"按钮，旋转并复制对象。

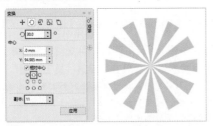

04 使用"选择工具" 选中全部对象，按 Ctrl+G 快捷键组合对象，然后按 Ctrl+C 快捷键进行复制，再按 Ctrl+V 快捷键进行粘贴，然后进行旋转，再单击工具箱中"交互式填充工具" 按钮，在属性栏中更改填充颜色为（C:22；M:0；Y:9；K:0）。

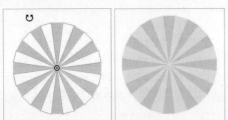

05 使用"选择工具" 选中全部对象，按 Ctrl+G 快捷键组合对象，在工具箱中单击"变形工具" ，在属性栏中单击"扭曲变形" 按钮，将光标移动到对象中心，按住鼠标从中心向外拖曳，确定旋转角度的

固定边，然后不松开鼠标继续沿逆时针方向拖动旋转。

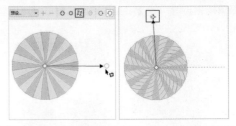

06 释放鼠标即可创建扭曲变形，单击工具箱中的"裁剪工具" 按钮，按住鼠标左键拖曳创建裁剪框，并调整裁剪区域。

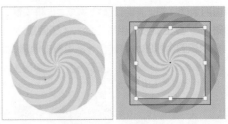

07 按 Enter 键确认裁剪，在菜单栏中执行"文件"→"打开"命令，打开本章的素材文件"旋转木马 .cdr"，然后将其复制到该文档中，并调整至合适的大小和位置，完成制作。

相关链接

关于"旋转对象"的内容请参阅本书第 3 章的第 3.2.2 节。关于"裁剪工具"的内容请参阅本书第 7 章的第 7.5.9 节。

8.4 创建阴影效果

阴影效果是绘图中不可缺少的效果，使用阴影效果可以使对象产生光线照射、立体的视觉感受。

8.4.1 添加阴影 重点

在 CorelDRAW 2018中使用"阴影工具" 可以模拟各种光线的照射效果，也可以为多种对象添加阴影效果，包括位图、矢量图、美术字文本和段落文本等。

单击工具箱中的"阴影工具" 按钮，将光标移动到对象上，按住鼠标左键拖曳，释放鼠标，即可创建阴影效果。并且从对象不同的位置拖曳鼠标，会创建不同的阴影效果。

从对象的中间拖曳鼠标，创建中心渐变。

从对象的顶端中间位置拖曳鼠标，创建顶端渐变。

从对象的底端中间位置拖曳鼠标，创建底端渐变。

从对象的左边中间位置拖曳鼠标，创建左边渐变。

从对象的右边中间位置拖曳鼠标，创建右边渐变。

白色方块表示阴影的起始位置，黑色方块表示阴影的终止位置。在创建阴影效果后，拖曳黑色方块可以更改阴影的位置和角度，拖曳调整线上的滑块可以设置阴影的不透明度。

8.4.2 设置阴影属性（重点）

在属性栏可以精确地调整阴影的方向、颜色、羽化程度等各项属性，并且实时反映到对象上，从而创造出千变万化的阴影效果。

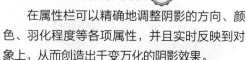

"阴影工具"属性栏中的各个选项及按钮的介绍如下。

● 预设列表：在下拉选项列表中选择预设的效果。

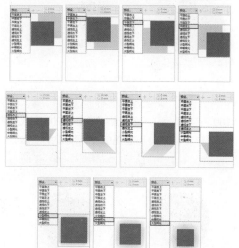

● "添加预设" ➕ 按钮：单击该按钮可以将当前的调和存储为预设。

● "删除预设" ➖ 按钮：单击该按钮，从预设列表中删除所选预设。

● 阴影偏移：设置阴影和对象间的距离。在数值框中输入数值，正数为向上向右偏移；负数为向左向下偏移，并且在创建无透视阴影时才会激活。

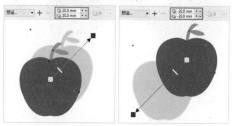

● 阴影角度 ：设置阴影方向。在后面的数值框中输入数值，设置阴影与对象之间的角度。该设置只在创建呈角度透视阴影时才会激活。

● 阴影延展 ：设置阴影的长度。在数值框中输入数值，数值越大，阴影的延伸越长。该设置只在创建呈角度透视阴影时才会激活。

- **阴影淡出** ：调整阴影边缘的淡出程度。最大值为100，最小值为0，数值越大向外淡出的阴影效果越明显，该设置只在创建呈角度透视阴影时才会激活。

- **阴影的不透明度** ：调整阴影的透明度。在数值框中输入数值，数值越大，颜色越深；数值越小，颜色越浅。

- **阴影羽化** ：在数值框中输入数值，锐化或柔化阴影边缘。
- **"羽化方向"** 按钮：单击该按钮，在下拉列表选择羽化方向。

- **高斯式模糊**：CorelDRAW 2018 的新增功能，可以以透镜形式提供高斯式模糊特殊效果。
- **向内**：阴影从内部开始计算羽化值。
- **中间**：阴影从中间开始计算羽化值。

- **向外**：阴影从外部开始计算羽化值。
- **平均**：阴影以平均状态介于内外之间进行计算羽化值。

- **"羽化边缘"** 按钮：单击该按钮，在下拉列表选择羽化类型。并且在设置"羽化方向"为"向内""向外"和"中间"后，该设置才会激活。

- **线性**：阴影以边缘开始进行羽化。
- **方形的**：阴影从边缘外进行羽化。

- **反白方形**：阴影以边缘开始向外突出羽化。
- **平面**：阴影以平面方式不进行羽化。

- **阴影颜色**：在下拉颜色框中设置阴影颜色。填充的

颜色会在阴影方向线的终端显示。

●**合并模式**：在下拉选项列表中选择阴影颜色与下层对象颜色的调和方式。

●**"复制阴影效果属性"** 按钮：单击该按钮，将另一个对象的阴影属性应用到所选对象上。

●**"清除阴影"** 按钮：单击该按钮可以移除对象中的阴影。

练习8-7 制作水晶按钮

难度：☆☆

素材文件：无

效果文件：素材\第8章\练习8-7\制作水晶按钮-OK.cdr

在线视频：第8章\练习8-7\制作水晶按钮.mp4

本实例使用"矩形工具" 绘制矩形形状，并在属性栏中设置为圆角矩形，再通过"交互式填充工具" 为对象填充颜色，接着使用"调和工具" 在对象之间创建调和效果，然后使用"阴影工具" 创建阴影效果，制作水晶按钮。

01 启动 CorelDRAW 2018 软件，新建一个空白文档，单击工具箱中的"矩形工具" 按钮，绘制一个矩形，在属性栏中单击"圆角" 按钮，并设置"转角半径"为20mm。

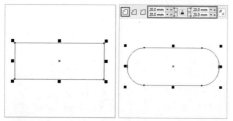

02 单击工具箱中的"交互式填充工具" 按钮，再单击属性栏的"渐变填充" 按钮，单击"线性渐

变填充" 按钮，然后单击颜色节点，在弹出的颜色框中设置颜色为深蓝绿（C:97；M:55；Y:58；K:43）和浅蓝绿（C:41；M:0；Y:7；K:0），并调整渐变角度，为对象填充渐变颜色。

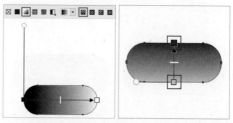

03 右键单击调色板中的 按钮，取消轮廓线，使用"选择工具" 选中该形状，按 Ctrl+C 快捷键进行复制，再按 Ctrl+V 快捷键进行粘贴，然后调整至合适的大小和位置。

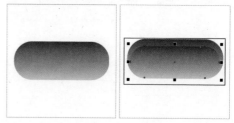

04 单击"交互式填充工具" 按钮，更改渐变颜色为（C:90；M:30；Y:41；K:0）和（C:81；M:0；Y:25；K:0），采用同样的方法，再复制一个对象调整大小，并更改渐变颜色为（C:64；M:0；Y:21；K:0）和（C:40；M:0；Y:11；K:0）。

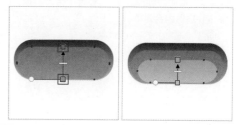

05 复制一个对象调整大小，并更改渐变颜色为（C:24；M:0；Y:6；K:0）和（C:24；M:0；Y:8；K:0），单击工具箱中的"调和工具" 按钮，选择最大的圆角矩形，然后按住鼠标左键向第二大的圆角矩形拖曳，释放鼠标即可创建直线调和效果。

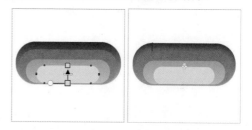

06 在空白处单击取消路径的选择，再将光标移动到第二大的圆角矩形上，按住鼠标左键不放向第三大的圆角矩形拖曳，释放鼠标创建复合调和，采用同样的方法继续创建第三大的圆角矩形和最小的圆角矩形的调和效果。

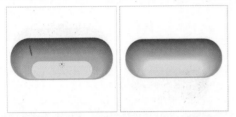

07 使用"矩形工具"□绘制一个矩形，在属性栏中单击"圆角"□按钮，并设置"转角半径"为25mm，再绘制一个矩形，然后使用"选择工具"▶选中两个对象，单击属性栏中的"移除前面对象"□按钮。

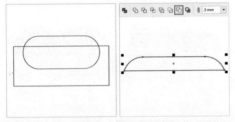

08 使用"交互式填充工具"◆填充白色到浅蓝（C:38; M:0; Y:12; K:0）的渐变，并调整渐变角度，再右键单击调色板中的⊠按钮，取消轮廓线，使用"选择工具"▶选中该形状，调整至合适的大小和位置，使用"选择工具"▶选中全部对象，按Ctrl+G快捷键组合对象。

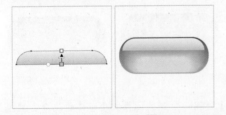

09 单击工具箱中的"阴影工具"□按钮，将光标移动到对象中心，按住鼠标左键向下方拖曳，释放鼠标，创建阴影效果，在属性栏中设置"阴影颜色"为(C:62; M:0; Y:22; K:0)，完成制作。

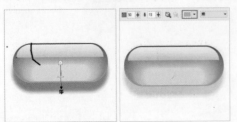

相关链接

关于"创建调和效果"的内容请参阅本章的第8.1.1节。关于"移除前面对象"的内容请参阅本书第7章的第7.3.5节。

练习8-8 使用【高斯模糊】羽化阴影

难度：☆☆

素材文件：素材\第8章\练习8-8 使用【高斯模糊】羽化阴影.cdr

效果文件：素材\第8章\练习8-8 使用【高斯模糊】羽化阴影-OK.cdr

在线视频：第8章\练习8-8\使用【高斯模糊】羽化阴影.mp4

本实例使用"阴影工具"□创建阴影效果，再在属性栏中设置"羽化方向"为"高斯模糊"，以透镜形式提供高斯式模糊特殊效果。

01 启动CorelDRAW 2018软件，打开本章的素材文件"素材\第8章\练习8-8 使用【高斯模糊】羽化阴影.cdr"，单击工具箱中的"阴影工具"□按钮，单击要创建阴影的对象，按住鼠标左键从中心向右侧拖曳。

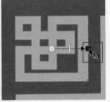

02 释放鼠标即可创建阴影效果，在属性栏中单击"羽化方向"□按钮，在下拉列表选择"高斯模糊"，即可以透镜形式提供高斯式模糊特殊效果。

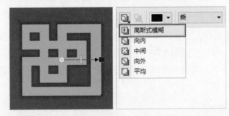

03 在属性栏中设置"阴影的不透明度"为60，"阴影羽化"为20。

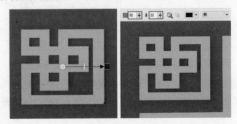

04 使用"阴影工具"  单击对象，再单击属性栏中的"复制阴影效果属性" 按钮，当光标变为 ◆ 形状时，单击阴影对象，即可将阴影属性应用到所选对象上。

05 在属性栏中调整"阴影的不透明度"和"阴影羽化"。
06 采用同样的方法，为其他对象创建阴影效果，完成制作。

8.5 创建透明效果

"透明度工具" 主要是让所做图片更真实，能够很好地体现材质，从而使对象有逼真的效果。CorelDRAW 2018中的"透明度工具" 可以创建均匀、渐变、图样和底纹类型的透明度。

8.5.1 创建标准透明效果 (重点)

使用"选择工具" 选中要创建透明效果的对象，单击工具箱中的"透明度工具" 按钮，再在属性栏中单击"均匀透明度" 按钮，即可创建标准透明效果。

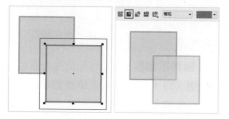

在属性栏中可以进行相关设置，使透明效果更加丰富。

"透明度工具"属性栏中的各个选项及按钮的介绍如下。

- **合并模式**：在下拉列表框中选择透明度颜色与下层对象颜色的调和方式。
- **透明度挑选器**：在下拉列表框中选择一个预设透明度。

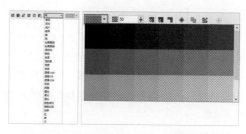

- **透明度** ：调整颜色透明度。在后面的数值框中输入数值，数值越高，颜色越透明。

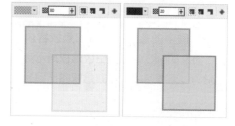

- **"全部"** 按钮：单击该按钮，将透明度应用到对象填充和对象轮廓。
- **"填充"** 按钮：单击该按钮，仅将透明度应用到对象填充。
- **"轮廓"** 按钮：单击该按钮，仅将透明度应用到对象轮廓。

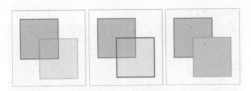

- **"冻结透明度" ⊛ 按钮**：单击该按钮，可以冻结当前对象的透明度叠加效果，在移动对象时透明度叠加效果不变。
- **"复制透明度效果属性" ⬓ 按钮**：单击该按钮，将另一个对象的透明度属性应用到所选对象上。
- **"清除透明度" ⊛ 按钮**：单击该按钮可以移除对象中的透明度。
- **"编辑透明度" ▦ 按钮**：单击该按钮，打开"编辑透明度"对话框，可以在对话框中更改透明度属性。

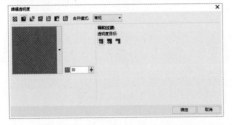

8.5.2 创建渐变透明效果

创建渐变透明可以达到添加光感的作用，渐变透明又包括"线性渐变透明度""椭圆形渐变透明度""锥形渐变透明度"和"矩形渐变透明度"，可以在属性栏中选择渐变透明度的类型。

线性渐变透明度

线性渐变透明度效果是沿线性路径逐渐更改透明度。

使用"选择工具" ▸ 选中要创建透明效果的对象，单击工具箱中的"透明度工具" ▦ 按钮，在属性栏中单击"渐变透明度" ▣ 按钮，再单击"线性渐变透明度" ▦ 按钮，即可创建线性渐变透明效果。

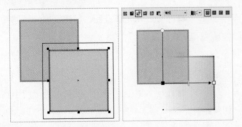

椭圆形渐变透明度

椭圆形渐变透明度效果是从同心椭圆形中心向外逐渐更改透明度。

使用"选择工具" ▸ 选中要创建透明效果的对象，单击工具箱中的"透明度工具" ▦ 按钮，在属性栏中单击"渐变透明度" ▣ 按钮，再单击"椭圆形渐变透明度" ▣ 按钮，即可创建椭圆形渐变透明效果。

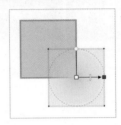

锥形渐变透明度

锥形渐变透明度效果是以锥形逐渐更改透明度。

在属性栏中单击"渐变透明度" ▣ 按钮，再单击"锥形渐变透明度" ▣ 按钮，即可创建锥形渐变透明效果。

矩形渐变透明度

矩形渐变透明度效果是从同心矩形中心向外逐渐更改透明度。

使用"选择工具" ▸ 选中要创建透明效果的对象，单击工具箱中的"透明度工具" ▦ 按钮，在属性栏中单击"渐变透明度" ▣ 按钮，再单击"矩形渐变透明度" ▦ 按钮，即可创建矩形渐变透明效果。

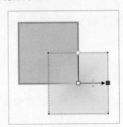

在属性栏中可以进行渐变透明度的相关设置。

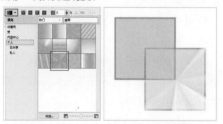

"渐变透明度"属性栏中的各个选项及按钮的介绍如下。

● **合并模式：** 在下拉列表框中选择透明度颜色与下层对象颜色的调和方式。

● **透明度挑选器：** 从个人或公共中选择透明度，双击应用一个预设透明度。

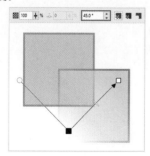

● **节点透明度** ▣：在后面的数值框中输入数值，指定选择节点的透明度。

● **节点位置** ⊹：在后面的数值框中输入数值，指定中间节点相对于第一个和最后一个节点的位置。

● **旋转：** 在后面的数值框中输入数值，以指定角度旋转透明度。

8.5.3 创建图样透明效果

图样透明效果就是为对象应用具有透明度的图样。图样透明度包括"向量图样透明度""位图图样透明度"和"双色图样透明度"。

向量图样透明度

向量图样透明度是由线条和填充组成的图像。这些矢量图形比位图图像更平滑、复杂，但较易操作。

使用"选择工具" ▶ 选中要创建透明效果的对象，单击工具箱中的"透明度工具" ▣ 按钮，在属性栏中单击"向量图样透明度" ▣ 按钮，然后在"透明度挑选器"的下拉列表中双击选择一种向量图样，即可创建向量图样透明度效果。

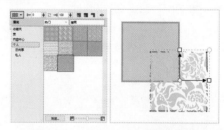

在属性栏中可以进行向量图样透明度的相关设置。

"向量图样透明度"属性栏中的各个选项及按钮的介绍如下。

● **前景透明度** ⊢：设置前景色的不透明度。

● **"反转"** 按钮：单击该按钮，翻转前景和背景不透明度。

● **背景透明度** ⊣：设置背景色的不透明度。

● **"水平镜像平铺"** 按钮：单击该按钮，排列平铺以便交替平铺在水平方向相互反射。

● **"垂直镜像"** 按钮：单击该按钮，排列平铺以便交替平铺在垂直方向相互反射。

位图图样透明度

位图图样透明度是由浅色和深色图案或矩形数组中不同的彩色像素所组成的彩色图像。

使用"选择工具" ▶ 选中要创建透明效果的对象，单击工具箱中的"透明度工具" ▣ 按钮，在属性栏中单击"位图图样透明度" ▣ 按钮，然后在"透明度挑选器"的下拉列表中双击选择一种位图图样，即可创建位图图样透明度效果。

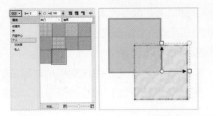

在属性栏中可以进行向量图样透明度的相关设置。

"向量图样透明度"属性栏中的各个选项及按钮的介绍如下。

● "调和过度" 调和过度 ▾ 按钮：单击该按钮，在下拉框中调整图样平铺的颜色和边缘过度。

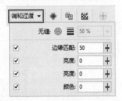

双色图样透明度

双色图样透明度由黑白两色组成的图案，应用于图像后，黑色部分为透明，白色部分为不透明。

使用"选择工具" ▶ 选中要创建透明效果的对象，单击工具箱中的"透明度工具" ▨ 按钮，在属性栏中单击"双色图样透明度" ▣ 按

钮，然后在"透明度挑选器"的下拉列表中双击选择一种双色图样，即可创建双色图样透明度效果。

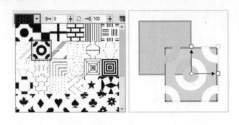

8.5.4 创建底纹透明效果

底纹透明效果与图案透明效果类似，用户可以为对象创建底纹透明效果，并且可以在属性栏中选择底纹样式。

使用"选择工具" ▶ 选中要创建透明效果的对象，单击工具箱中的"透明度工具" ▨ 按钮，在属性栏中单击"底纹透明度" ▣ 按钮，然后在"底纹"的下拉列表中选择底纹，即可创建底纹透明度效果。

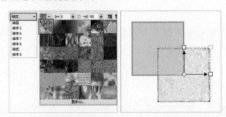

8.6 应用透镜效果

透镜效果是指通过改变对象外观或改变观察透镜下对象的方式所取得的特殊效果。透镜效果只能应用于封闭路径及艺术字对象上，不能应用于开放路径、位图或段落文本对象；也不能应用于已经建立了动态链接效果的对象（如立体化、轮廓化等效果的对象）。

8.6.1 创建透镜效果 重点

CorelDRAW 2018中有12种透镜效果，每一种类型的透镜都能使位于透镜下的对象显示出不同的效果。

在菜单栏中执行"效果"→"透镜"命令，或者按Alt+F3快捷键打开"透镜"泊坞窗，在泊坞窗中透镜类型的下拉列表中选择透

镜效果。

无透镜效果

　　"无透镜效果"用于清除对象的透镜效果。

　　使用"选择工具" 选中圆形对象，在"透镜"泊坞窗中选择"无透镜效果"，单击"应用"按钮，即可清除圆形对象的透镜效果。

变亮

　　使用"选择工具" 选中圆形对象，然后在"透镜"泊坞窗中选择"变亮"，单击"应用"按钮，圆形对象的重叠部分颜色变亮。

　　调整"比率"数值可以更改变亮的程度，数值为正数时对象变亮；数值为负数时对象变暗。

颜色添加

　　使用"选择工具" 选中圆形对象，在"透镜"泊坞窗中选择"颜色添加"，并设置"颜色"，然后单击"应用"按钮，圆形重叠部分和所选颜色进行混合显示。

　　调整"比率"数值可以控制颜色添加的程度，数值越大添加的颜色比例越大；数值越小越偏向于原图本身的颜色；数值为0时不显示添加的颜色。

色彩限度

　　使用"选择工具" 选中圆形对象，在"透镜"泊坞窗中选择"色彩限度"，并设置"颜色"，然后单击"应用"按钮，圆形重叠部分只允许所选颜色和滤镜本身颜色透过显示，其他颜色都转换为滤镜相近颜色显示。

　　调整"比率"数值可以调整透镜的颜色浓度，数值越大越浓，数值越小越浅。

自定义彩色图

　　使用"选择工具" 选中圆形对象，在"透镜"泊坞窗中选择"自定义彩色图"，并设置"颜色"，然后单击"应用"按钮，圆形重叠部分所有颜色改为介于所选颜色中间的一种颜色显示。

在"颜色范围"选项的下拉列表中可以设置颜色范围，包括"直接调色板""向前的彩虹"和"反转的彩虹"。

鱼眼

使用"选择工具" 选中圆形对象，在"透镜"泊坞窗中选择"鱼眼"，然后单击"应用"按钮，圆形重叠部分以设定的比例进行放大或缩小扭曲显示。

"比率"数值为正数时向外推挤扭曲，数值为负数时向内收缩扭曲。

热图

使用"选择工具" 选中圆形对象，在"透镜"泊坞窗中选择"热图"，然后单击"应用"按钮，圆形重叠部分模仿红外图像效果显示冷暖等级。

"调色板旋转"数值设置为0或100%时，显示同样的冷暖效果；数值为50%时，暖色和冷色颠倒。

反转

使用"选择工具" 选中圆形对象，在"透镜"泊坞窗中选择"反转"，然后单击"应用"按钮，圆形重叠部分的颜色变为色轮对应的互补色，形成独特的底片效果。

放大

使用"选择工具" 选中圆形对象，在"透镜"泊坞窗中选择"放大"，然后单击

"应用"按钮，圆形重叠部分根据设置的"数量"数值放大。

调整"数量"的数值可以决定放大或缩小的倍数，大于1时为放大，小于1时为缩小，数值为1时不改变大小。

"放大"透镜和"鱼眼"透镜都有放大和缩小显示的效果，区别在于"放大"透镜的缩放效果更加明显而且在放大时不会进行扭曲。

灰度浓淡

使用"选择工具"选中圆形对象，在"透镜"泊坞窗中选择"灰度浓淡"，并设置"颜色"，然后单击"应用"按钮，圆形重叠部分以设定的颜色等值的灰度显示。

透明度

使用"选择工具"选中圆形对象，在"透镜"泊坞窗中选择"透明度"，并设置"颜色"，然后单击"应用"按钮，圆形重叠部分变为类似彩色胶片或覆盖彩色玻璃的效果。

"比率"的数值越大，效果越透明；数值越小，效果越不透明。

线框

使用"选择工具"选中圆形对象，在"透镜"泊坞窗中选择"线框"，然后单击"应用"按钮，圆形重叠部分只允许所选颜色和轮廓颜色通过。

如果群组的对象需要应用透镜效果，必须解散群组才行，若要对位图进行透镜处理，则必须在位图上绘制一个封闭的图形，再将该图形移至需要改变的位置上。

8.6.2 编辑透镜

在"透镜"泊坞窗中可以对透镜效果的参数进行设置。

● **冻结：** 勾选该复选框，可以将透镜下方的对象显示转换为透镜的一部分，并且在移动透镜时不会改变透镜显示。

● **视点**：可以在对象不进行移动的时候改变透镜的显示区域，只弹出透镜重叠部分的一部分。勾选该复选框后，单击"编辑"按钮，然后在 x 轴和 y 轴后的数值框中输入数值，可以改变中心点的位置。

● **移除表面**：可以使覆盖对象的位置显示透镜，勾选该复选框时，在空白处不显示透镜，未勾选该复选框时，空白处也显示透镜。

练习8-9　使用透镜处理照片

难度：☆☆

素材文件：素材\第8章\练习8-9\素材

效果文件：素材\第8章\练习8-9\使用透镜处理照片 -OK.cdr

在线视频：第8章\练习8-9\使用透镜处理照片 .mp4

　　本实例使用"透镜"泊坞窗为图像创建透镜效果，对照片进行处理。

01 启动 CorelDRAW 2018 软件，新建一个空白文档，在菜单栏中执行"文件"→"导入"命令，导入本章的素材文件"照片 .jpg"，单击工具箱中的"矩形工具" 按钮，创建一个与照片一样大小的矩形。

02 在菜单栏中执行"效果"→"透镜"命令，打开"透镜"泊坞窗，在"透镜"泊坞窗中选择"颜色添加"，并设置"颜色"为（C:0；M:60；Y:80；K:0），然后单击"应用"按钮，矩形重叠部分和所选颜色进行混合显示。

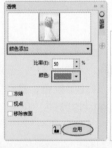

03 在泊坞窗中调整"比率"为35%，降低颜色添加的程度，然后单击"应用"按钮，应用调整效果。

04 调整完成后，在泊坞窗中勾选"冻结"复选框，然后单击"应用"按钮，将透镜下方的对象显示转

换为透镜的一部分，使用"选择工具" ![arrow] 移动透镜时不会改变透镜显示。

05 最后右键单击调色板中的 ⊠ 按钮，取消对象的轮廓线，完成制作。

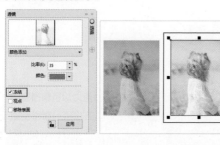

8.7 知识拓展

　　CorelDRAW 2018中新增了添加透视效果这一功能，在绘图窗口可以直接将透视效果应用至位图、矢量图对象或同时应用至两种对象，快速打造距离和景深特效，CorelDRAW 2018是一款可以在真实场景中显示超凡艺术效果的巧妙工具。

8.8 拓展训练

　　本章为读者安排了两个拓展练习，以帮助大家巩固本章内容。

训练8-1 制作啤酒图标
难度：☆☆
素材文件：素材\第8章\习题1\啤酒.cdr
效果文件：素材\第8章\习题1\制作啤酒图标.cdr
在线视频：第8章\习题1\制作啤酒图标.mp4

　　根据本章所学的知识，使用交互式轮廓图工具，制作啤酒图标。

训练8-2 制作奶油字
难度：☆☆
素材文件：无
效果文件：素材\第8章\习题2\制作奶油字.cdr
在线视频：第8章\习题2\制作奶油字.mp4

　　根据本章所学的知识，使用阴影工具、调和工具，并结合贝塞尔工具、文本工具，制作奶油字。

第 **9** 章

文本编辑与处理

文本是平面设计中不可或缺的元素之一，CorelDRAW 2018不仅对图形具有强大的处理功能，对文本也有很强的编排能力。本章将详细介绍CorelDRAW 2018软件中文本的编辑与处理。

本章重点

美术文本｜段落文本｜文本类型的转换
文本的导入、复制与粘贴｜插入特殊字符

在CorelDRAW 2018中可以创建的文本有两种类型，即美术字文本和段落文本。

9.1.1 美术文本 重点

直接用"文本工具" 字 单击后，输入的文本称为美术字文本（适用于编辑少量文本）。

单击工具箱中的"文本工具" 字 按钮，或按F8快捷键选择"文本工具"，再在图像上单击建立一个文本插入点，显示闪烁的光标，然后输入文字，所输入的文本即为美术字文本。

提示

美术文本可以作为一个单独的对象来进行编辑，并且可以使用各种编辑图形的方法对其进行编辑。

练习9-1 制作纸板字效果

难度：☆☆☆	
素材文件：素材\第9章\练习9-1\素材	
效果文件：素材\第9章\练习9-1\制作纸板字效果-OK.cdr	
在线视频：第9章\练习9-1\制作纸板字效果.mp4	

本实例使用"文本工具" 字 创建文本，再使用"交互式填充工具" 填充颜色，然后使用"立体化工具" 创建立体化效果，并在属性栏中设置相关参数，制作纸板字效果。

01 启动CorelDRAW 2018软件，新建一个空白文档，单击工具箱中的"文本工具" 字 按钮，输入文本，在属性栏中设置字体为"Arial"，并单击"粗体" B 按钮，加粗文本。

02 使用"选择工具" 选中文本对象，单击工具箱中的"交互式填充工具" 按钮，在属性栏中单击"均匀填充" 按钮，在"填充色"的下拉面板中设置填充色为（C:15；M:32；Y:32；K:0），更改文本的填充颜色。

03 单击工具箱中的"立体化工具" 按钮，按住鼠标左键从对象的中心向左上角拖曳，创建立体化效果，在属性栏中单击"立体化颜色" 按钮，在弹出的面板中单击"使用纯色" 按钮，然后设置颜色为（C:36；M:51；Y:75；K:35），即可更改立体化效果的颜色。

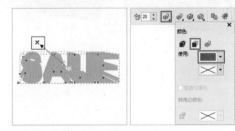

04 在属性栏中更改"深度"为2。

05 在菜单栏中执行"文件"→"打开"命令，打开本章的素材文件"背景.cdr"，然后将制作好的文本复制到该文档中，并调整至合适的大小和位置。

06 单击工具箱中的"立体化工具" 按钮，在属性栏中单击"立体化旋转" 按钮，在弹出的下拉面板中拖曳，旋转立体化对象。

07 单击工具箱中的"阴影工具" 按钮，按住鼠标左键从对象的中心向下方拖曳，创建阴影效果，完成制作。

相关链接

关于"创建立体化效果"的内容请参阅本书第5章的第5.3节。

9.1.2 段落文本 （重点）

段落文本一般用于编排较多的文字，创建段落文本可以方便文本的编排，并且段落文本在多页面文件中可以在页面之间相互流动。

单击工具箱中的"文本工具" 按钮，或按F8快捷键选择"文本工具"，按住鼠标左键向右下角拖曳一个虚线框，释放鼠标，即可创建一个文本框。

然后输入文字，所输入的文本即为段落文本。

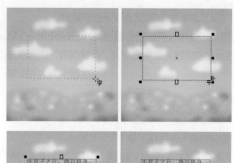

段落文本只能够显示在文本框内，若超出文本框的范围，文本框下方的控制点内会显示一个黑色的三角形 按钮。向下拖曳该按钮，使文本框扩大，即可显示被隐藏的文本。

还可以通过拖曳文本框的控制点调整文本框的大小。

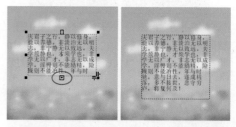

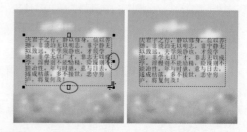

提示

在文本框中输入的文本会根据框架的大小、长宽自动换行，调整文本框的大小，文本的排版也会随之发生变化。

9.1.3 文本类型的转换 （重点）

在CorelDRAW 2018中，美术字文本和段落文本之间可以相互转换。

美术字文本转换为段落文本

在菜单栏中执行"文本"→"转换为段落文本"命令，或按Ctrl+F8快捷键即可将美术字文本转换为段落文本。

段落文本转换为美术字文本

在菜单栏中执行"文本"→"转换为美术字"命令，或按Ctrl+F8快捷键即可将美术字文本转换为段落文本。

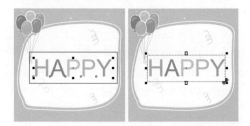

9.1.4 文本的导入、复制与粘贴 重点

在CorelDRAW 2018中，导入\粘贴外部文本是一种输入文本的快捷方法，无论是美术字文本还是段落文本，都能够大大提高工作效率。

在菜单栏中执行"文件"→"导入"命令，或按Ctrl+I快捷键打开"导入"对话框，选择要导入的文件，单击"导入"按钮，再在弹出的"导入\粘贴"对话框中设置文本的格式，然后单击"确定"按钮。

当光标显示为一个直角导入 ⌐ 形状时，按住鼠标左键并拖曳出一个红色的文本框，释放

鼠标，即可导入文本。

提示

如果是在网页中复制的文本，可以按 Ctrl+V 快捷键粘贴文本，使其显示在绘图窗口的正中间位置，并且以网页中的样式显示。

9.1.5 在图形中输入文本

在CorelDRAW 2018中可以将文本内容和闭合路径相结合，或在封闭图形内创建文本，并且文本将保留其匹配对象的形状。

单击工具箱中的"文本工具"字按钮，将光标移至圆形对象里侧的边缘，单击后显示一个虚线框，即可在图形中输入文本。

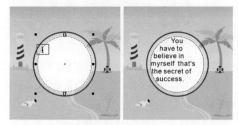

按住鼠标右键将文本对象拖曳至图形内，当光标变为 ✛ 形状时释放鼠标，然后在弹出的快捷菜单中选择"内置文本"命令，也可将文本置入到图形内。

9.1.6 输入路径文本

路径文本常用于创建走向不规则的文本行。创建的文本会沿着路径排列，当改变路径

形状时，文字的排列方式也会随之发生改变。

单击工具箱中的"文本工具"字按钮，将光标移动到路径上，当光标变为ℓ形状时，单击鼠标左键显示插入点，然后输入文字，输入的文字则会沿着路径排列。

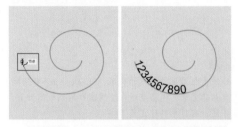

在属性栏中可以设置路径文本的相关参数。

"路径文本"属性栏中的各个选项和按钮的介绍如下。

● "文本方向"：在下拉列表中选择文本的总体朝向。

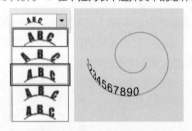

● 与路径的距离 ⋮x⋮：设置文本和路径间的距离。数值为正值时，文本在路径内；数值为负值时，文本在路径外。

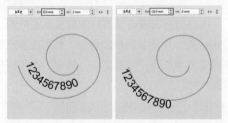

● 偏移 ⋯x⋯：设置文本靠近路径的终点或起点的距离，正值为靠近终点，负值为靠近起点。

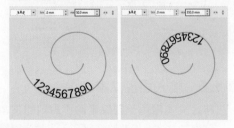

● "水平镜像文本" ᵃᵇ按钮：单击该按钮，从左至右翻转文本。

● "垂直镜像文本" ᵇ按钮：单击该按钮，从上至下翻转文本。

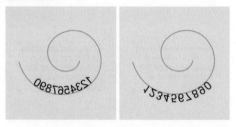

● "贴齐标记" 贴齐标记▼ 按钮：单击该按钮，在弹出的下拉面板中设置贴齐文本到路径的间距增量。

● 字体列表：在下拉列表中选择字体。

● 字体大小：设置字体的大小。可以在下拉列表中选择合适的字体大小，也可以直接在文本框中输入数值。

● "粗体" B 按钮：单击该按钮，可以将文本加粗显示。

● "斜体" B 按钮：单击该按钮，可以将文本倾斜显示。

● "文本属性" Aₐ按钮：单击该按钮，可以打开"文本属性"泊坞窗，在该泊坞窗中可以编辑文本属性。

技巧

如果要将文字与路径分开编辑，可以按 Ctrl+K 快捷键分离路径，然后选择路径，按 Delete 键即可将其删除，删除路径后文本的形状不会改变。

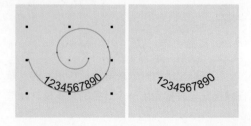

难度：☆☆
素材文件：素材\第9章\练习9-2\素材
效果文件：素材\第9章\练习9-2\制作环形咖啡印章-OK.cdr
在线视频：第9章\练习9-2\制作环形咖啡印章.mp4

本实例使用"椭圆形工具"○绘制圆形，再通过"轮廓笔"对话框设置轮廓宽度和轮廓颜色，然后使用"文本工具"字沿路径创建文本，并在属性栏中设置相关参数，制作环形咖啡印章。

01 启动CorelDRAW 2018软件，新建一个空白文档，单击工具箱中的"椭圆形工具"○按钮，按住Ctrl键绘制一个正圆，按F12键打开"轮廓笔"对话框，设置轮廓颜色为（C:46；M:80；Y:82；K:72），轮廓宽度为1.5mm。

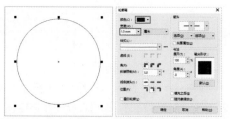

02 单击"确定"按钮，即可更改轮廓颜色和宽度，使用"选择工具"▶选中对象，按Ctrl+C快捷键进行复制，再按Ctrl+V快捷键粘贴对象，然后按住Shift键缩小对象。

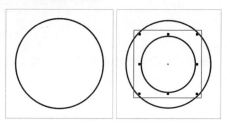

03 单击工具箱中的"文本工具"字按钮，将光标移动到小圆形对象上，当光标变为╬形状时，单击鼠标左键显示插入点，然后输入文本，输入的文字则会沿着路径排列。

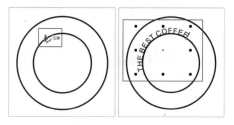

04 在属性栏中设置字体为"Comic Sans MS"，字体大小为"30pt"，并单击"粗体"B按钮，再设置"与路径的距离"为5mm，"偏移"为0mm。

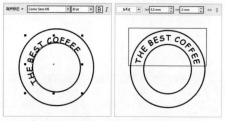

05 采用同样的方法，使用"文本工具"字创建路径文本，并设置相同的字体和字体大小。

06 单击属性栏中的"水平镜像文本"按钮和"垂直镜像文本"按钮，翻转文本，然后设置"与路径的距离"为5mm，"偏移"为0mm。

07 在菜单栏中执行"文件"→"打开"命令，打开本章的素材文件"LOGO.cdr"，将其复制到该文档中，并调整至合适的大小和位置，在菜单栏中执行"文件"→"导入"命令，导入本章的素材文件"背景.jpg"。

08 单击属性栏中的"到图层后面"按钮，将其置于最下方，然后调整至合适的大小位置，最

后使用"选择工具" 选中文本对象，按 Ctrl+Q 快捷键将其转换为曲线，完成制作。

相关链接

关于"编辑轮廓线"的内容请参阅本书第7章的第7.2节。

9.2 安装字体库

在平面设计中，系统库中自带的字体很难满足用户的需要，因此需要在Windows的系统中安装系统外的字体。

9.2.1 从系统盘安装

左键单击选中需要安装的字体，按Ctrl+C快捷键进行复制，然后依次打开"C盘"→"Windows"→"Fonts"文件夹，按Ctrl+V快捷键粘贴，即可自动安装该字体。

重新打开CorelDRAW 2018软件，可在"字体列表"中找到所安装的字体。

9.2.2 从控制面板安装

左键单击选中需要安装的字体，按Ctrl+C快捷键进行复制，然后打开"控制面板"。

双击"字体"图标，打开字体列表，然后按Ctrl+V快捷键粘贴，即可自动安装该字体。

重新打开CorelDRAW 2018软件，可在"字体列表"中找到所安装的字体。

9.3 文本美化

在平面设计中，文字的使用十分广泛，对于不同的用途，文字的样式也各不相同。在CorelDRAW 2018中可以对美术字文本及段落文本的属性进行编辑，使其更适合创作需求。

9.3.1 文本属性设置

输入文本后，可以通过属性栏进行美术字文本的设置。

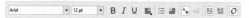

"文本工具"属性栏中的各个选项和按钮的介绍如下。

● **字体列表：** 在下拉列表中选择字体。

● **字体大小：** 设置字体的大小。可以在下拉列表中选择字号，也可以直接在文本框中输入数值。

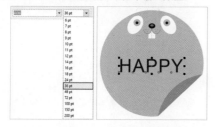

● **"粗体" B 按钮：** 单击该按钮，可以将文本加粗显示。

● **"斜体" I 按钮：** 单击该按钮，可以将文本倾斜显示。

提示

只有当选择的字体本身就有粗体或斜体样式时才可激活"粗体" B 和"斜体" I 按钮。

● **"下画线" U 按钮：** 单击该按钮，可以为文本添加下画线。

● **"文本对齐" 按钮：** 单击该按钮，在下拉列表中选择文本的对齐方式。

● **"项目符号" 按钮：** 单击该按钮，添加或删除带项目符号的列表格式。

● **"首字下沉" 按钮：** 单击该按钮，添加或移除首字下沉设置。

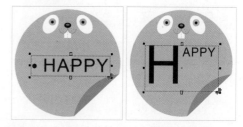

提示

"项目符号"和"首字下沉"只能应用于段落文本。

● **"文本属性" 按钮：** 单击该按钮，可以打开"文本属性"泊坞窗，在该泊坞窗中可以编辑文本属性。

● **"编辑文本" 按钮：** 单击该按钮，可以打开"编辑文本"对话框，在该对话框中可以修改文本。

● **"水平方向" 按钮：** 单击该按钮，可以将文本更改为水平方向。

- **"垂直方向"** 按钮：单击该按钮，可以将文本更改为垂直方向。

- **"交互式 Open Type"** 按钮：当某种 Open Type 功能用于选定文本时，在屏幕上显示指示。

9.3.2 文本字符设置

在CorelDRAW 2018中可以对字符进行单独的设置。

使用"文本工具" 选中要设置的字符，在菜单栏中执行"文本"→"文本属性"命令，或单击属性栏中的"文本属性" 按钮，打开"文本属性"泊坞窗，单击"字符" 按钮，展开"字符"面板。

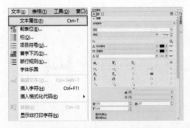

"字符"面板中的各个选项和按钮的介绍如下。

- **脚本**：在该选项的下拉列表中选择要限制的文本类型。

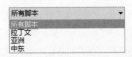

- **字体列表**：在下拉列表中选择需要的字体样式。
- **字体样式**：在下拉列表中选择文本的字体样式。

- **字体大小**：单击 按钮，或在文本框中输入数值，设置字体大小。
- **字距调整范围** ：扩大或缩小选定文本范围内单个字符之间的间距。

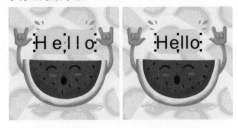

- **"下画线"** 按钮：单击该按钮，在下拉列表中选择下画线样式。

- **填充类型** ：选择要应用于字符的填充类型。

- **背景填充类型** ：选择要应用于字符背景的填充类型。

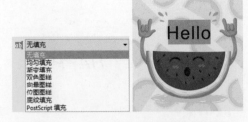

- **轮廓宽度** ：在下拉列表中设置字符的轮廓宽度，或者在文本框中输入数值。
- **轮廓颜色**：在下拉颜色挑选器中选择一种色样，设置轮廓颜色。

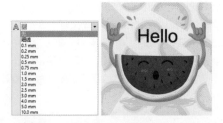

- "大写字母" **ab** 按钮：单击该按钮，在下拉列表中设置文本的大小写。
- "位置" **X²** 按钮：单击该按钮，在下拉列表中选择更改选定字符相对于周围字符的位置。

- "替代注释格式" ① 按钮：单击该按钮，在下拉列表中选择一种替代注释格式。

- "大小字母间距" **AB** 按钮：单击该按钮，设置大小字母间距。
- 字符删除线 **ab**：在下拉列表中选择一种删除线样式。

- 字符上画线 **AB**：在下拉列表中选择一种字符上画线样式。

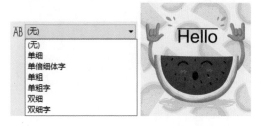

- 字符水平偏移 **X·**：指定文本字符直接的水平间距。
- 字符垂直平移 **Y·**：指定文本字符直接的垂直间距。
- 字符角度 **db**：指定文本字符的旋转角度。

- 叠印轮廓：勾选该复选框，让轮廓打印在底层颜色的上方。
- 叠印填充：勾选该复选框，让填充打印在底层颜色的上方。

练习9-3 制作气泡字

难度：☆☆☆
素材文件：素材＼第9章＼练习9-3＼制作气泡字.cdr
效果文件：素材＼第9章＼练习9-3＼制作气泡字-OK.cdr
在线视频：第9章＼练习9-3＼制作气泡字.mp4

本实例使用"文本工具" **字** 输入文本，并设置文本属性，再通过"段落"面板调整字符间距，然后拆分文本，通过"轮廓笔"对话框设置轮廓宽度和轮廓颜色，再将轮廓转换为对象，接下来使用"透明度工具" **▓** 创建线性渐变透明度效果，再使用"钢笔工具" **✒** 绘制曲线形状，填充颜色并创建透明度效果，制作气泡字。

01 启动 CorelDRAW 2018 软件，打开本章的素材文档"素材＼第9章＼练习9-3＼制作气泡字.cdr"，单击工具箱中的"文本工具" **字** 按钮，输入文本，在属性栏中设置字体为 SongWriter，字体大小为 300pt。

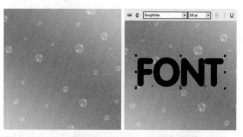

02 在菜单栏中执行"文本"→"文本属性"命令，打开"文本属性"泊坞窗，单击"段落" **▤** 按钮，展开"段落"面板，设置"字符间距"为 100%。

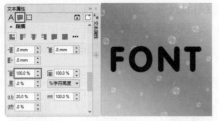

左键单击调色板中的"白",填充颜色,再单击工具箱中的"透明度工具" 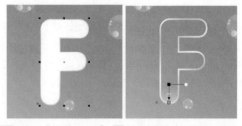 按钮,在属性栏中单击"渐变透明度" 按钮,再单击"线性渐变透明度" 按钮,创建渐变透明效果,并进行设置("透明度"参数从上至下依次为100%、50%)。

03 使用"选择工具" 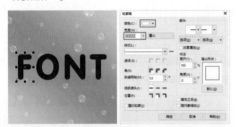 选中文本对象,在菜单栏中执行"对象"→"拆分美术字"命令,或按Ctrl+K快捷键将文本拆分为单独的文本,保持"F"字母的选中状态,按F12键打开"轮廓笔"对话框,设置轮廓颜色为白色,轮廓宽度为"1.5mm"。

07 使用"钢笔工具"  绘制高光的形状,左键单击调色板中的"白",填充颜色,再右键单击按钮,取消轮廓线。

04 单击"确定"按钮,添加白色的轮廓线,再在菜单栏中执行"对象"→"将轮廓转换为对象"命令,或按Ctrl+Shift+Q快捷键将轮廓线转换为对象。

08 使用"透明度工具" 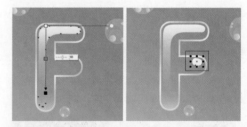 创建渐变透明度效果,使用"钢笔工具"绘制另一个高光的形状,填充白色并取消轮廓线。

05 保持"F"字母的选中状态,单击工具箱中的"透明度工具" 按钮,在属性栏中单击"渐变透明度" 按钮,再单击"线性渐变透明度" 按钮,创建渐变透明效果,然后拖曳透明度节点调整角度,并在渐变透明度形状上双击添加透明节点,设置透明度("透明度"参数从上至下依次为10%、50%、0、50%、20%)。

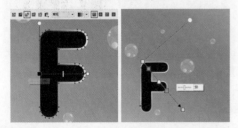

09 使用"透明度工具"  创建渐变透明度效果,采用同样的方法制作其他字母,最后选中所有的文本对象,按Ctrl+Q快捷键将其转换为曲线,完成制作。

06 使用"选择工具" 选中黑色的"F"字母,

相关链接

关于"创建渐变透明效果"的内容请参阅本书第8章的第8.5.2节。关于"钢笔工具的绘制方法"的内容请参阅本书第4章的第4.5.1节。

9.3.3 段落文本设置

CorelDRAW 2018中可以对段落文本进行对齐、缩进、字距、行距等格式的操作。

使用"文本工具" 选中要设置的字符，在菜单栏中执行"文本"→"文本属性"命令，或单击属性栏中的"文本属性" 按钮，打开"文本属性"泊坞窗，单击"段落" 按钮，展开"段落"面板。

"段落"面板中的各个选项和按钮的介绍如下。

● "无水平对齐" 按钮：单击该按钮，使文本不与文本框对齐。

● "左对齐" 按钮：单击该按钮，使文本与文本框左侧对齐。

● "中" 按钮：单击该按钮，使文本置于文本框左右两侧之间的中间位置。

● "右对齐" 按钮：单击该按钮，使文本与文本框右侧对齐。

● "两端对齐" 按钮：单击该按钮，使文本与文本框左右两侧对齐（最后一行除外）。

技巧

设置文本的对齐方式为"两端对齐"时，如果在输入文本的过程中按Enter键进行过换行，则设置该对齐方式后为"左对齐"样式。

● "强制两端对齐" 按钮：单击该按钮，使文本与文本框的两侧同时对齐。

● "调整间距设置" 按钮：单击该按钮，可以打开"间距设置"对话框，对文本间距进行设置。

提示

在"间距设置"对话框中，"最大字间距""最小字间距"和"最大字符间距"只有在"水平对齐"选择为"全部调整"或"强制调整"时才可以用。

● **左行缩进**：设置段落文本（首行除外）相对于文本框左侧的缩进距离。

● **右行缩进**：设置段落文本相对于文本框右侧的缩进距离。

● **首行缩进**：设置段落文本的首行相对于文本框左侧的缩进距离。

● **段前间距**：指定在段落上方插入的间距值。

● **段后间距**：指定在段落下方插入的间距值。

● **行间距**：设置文本的行之间的距离。

● **垂直间距单位**：在下拉列表中设置文本间距的度量单位。

● **字符间距**：设置字符之间的距离。

● **字间距**：指定单个字之间的距离。

● **语言间距**：控制文档中多语言文本的间距。

● **制表位**：单击右侧的"制表位设置" 按钮，可以打开"制表位"对话框。

- **项目符号**：勾选该复选框，为文本添加项目符号。单击右侧的"项目符号设置" ··· 按钮，打开"项目符号"对话框，修改带项目符号的外观和间距。

- **首字下沉**：勾选该复选框，为文本添加首字下沉效果。单击右侧的"首字下沉设置" ··· 按钮，打开"首字下沉"对话框，修改首字下沉的外观和间距。

- **断字**：勾选该复选框，进行断字。单击右侧的"断字设置" ··· 按钮，打开"断字"对话框，修改文本分行和断字设置。

9.3.4 艺术文本设计

艺术文本设计表达的含义丰富多彩，常用于表现产品属性和企业经营性质。运用夸张、明暗、增减笔画形象及装饰等手法，以丰富的想象力重新构成字形，既加强了文字的特征，又丰富了标准字体的内涵。

在CorelDRAW 2018中，通过将文本转换为曲线的方式，可以在原有字体样式上对文本进行编辑和再度创作。

使用"文本工具" 字 输入文本，单击鼠标右键，在弹出的快捷菜单中执行"转换为曲线"命令，按Ctrl+Q快捷键将其转换为曲线。

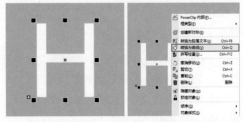

单击工具箱中的"形状工具" 按钮，显示节点，即可进行形状的编辑，从而设计艺术文本。

练习9-4 艺术文本设计

难度：☆☆☆

素材文件：	素材\第9章\练习9-4\素材
效果文件：	素材\第9章\练习9-4\艺术文本设计 -OK.cdr
在线视频：	第9章\练习9-4\艺术文本设计 .mp4

本实例将文本对象转换为曲线后，使用"形状工具" 编辑文本的形状，制作艺术字体。

01 启动 CorelDRAW 2018 软件，新建一个空白文档，单击工具箱中的"文本工具" 字 按钮，输入文本，在属性栏中设置字体为"Arial"，左键单击调色板中的"白"，更改填充颜色，再右键单击"黑"，更改轮廓线颜色。

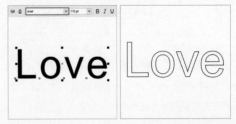

02 右键单击对象，在弹出的快捷菜单中执行"转换为曲线"命令，或按 Ctrl+Q 快捷键将其转换为曲线，单击属性栏中的"形状工具" 按钮，显示节点，选中全部节点，在属性栏中单击"转

换为曲线"🔲按钮，将全部节点转换为曲线节点。

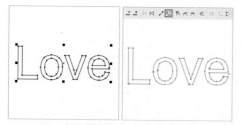

03 调整每个字母的形状，然后按 Ctrl+K 快捷键将其拆分为单独的对象，使用"选择工具"🔲调整位置。

04 使用"形状工具"🔲分别调整形状，使每个形状都有重叠部分，单击选中要删除的线段上的节点对象，在属性栏中单击"断开节点"🔲按钮，断开曲线。

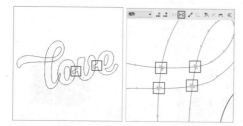

05 双击节点删除多余的节点，拖曳至需要连接的节点上，当光标变为 ↙ 形状时，连接节点。

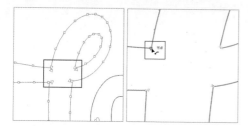

06 采用同样的方法，调整形状，单击工具箱中的"交互式填充工具"🔲按钮，在属性栏中单击"渐变填充"🔲按钮，再单击"椭圆形渐变填充"按钮，然后设置白色到浅紫色（C:11；M:16；Y:2；K:0）的渐变颜色，并调整渐变范围和角度。

07 右键单击调色板中的🔲按钮，取消轮廓线（为了方便查看，更改桌面颜色为灰色），使用"选择工具"🔲选中该对象，按 Ctrl+C 快捷键进行复制，再按 Ctrl+V 快捷键进行粘贴，在属性栏中单击"均匀填充"🔲按钮，在"填充色"的下拉面板中设置填充色为（C:27；M:40；Y:25；K:0），更改填充颜色。

08 右键单击对象，在弹出的快捷菜单中执行"顺序"→"向后一层"命令，调整对象顺序，并向右下方移动。

09 复制一个对象，左键单击调色板中的"白"，更改填充颜色，并调整到最下方，然后向左上方移动，使用"选择工具"🔲选中全部对象，按 Ctrl+G 快捷键组合对象。

10 在菜单栏中执行"文件"→"打开"命令，打开本章的素材文件"背景.cdr"，然后将制作好的文本对象复制到该文档中，并调整至合适的大小和位置。

11 单击工具箱中的"阴影工具" 🔲 按钮，按住鼠标左键从文本对象的中心向左下角拖曳，创建阴影效果，再在属性栏中更改"阴影的不透明度"为50%，"阴影羽化"为5，完成制作。

相关链接

关于"形状工具"的内容请参阅本书第7章的第7.1节。

9.3.5 插入特殊字符 重点

在CorelDRAW 2018中，可以插入各种类型的特殊字符，有些字符可以作为文字来调整，有的可以作为图形对象来调整。

在菜单栏中执行"文本"→"插入字符"命令，或按Ctrl+F11快捷键打开"插入字符"泊坞窗，再在泊坞窗中的"字体"的下拉列表中选择特殊字符的类型。

在"泊坞窗"中间的列表中选择要插入的特殊字符，单击底部的"复制"按钮，然后在绘图窗口中按Ctrl+V快捷键进行粘贴，即可插入特殊字符。

或者按住鼠标左键将特殊字符拖曳到绘图窗口中，释放鼠标，即可插入特殊字符。

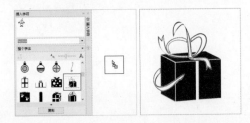

9.4 文本排版

CorelDRAW文本排版功能可适用于画册、书刊、杂志、报纸等方面。本节将介绍自动断字、添加制表位、首字下沉、断行规则、分栏、项目符号和图文混排的操作。

9.4.1 自动断字

英文文本经常出现行尾放不下整个单词而影响美观的情况，在CorelDRAW 2018中可以通过断字功能将不能排入一行的某个单词自动进行拆分，从而使文本更加整齐美观。

使用"选择工具" 🔲 选中段落文本对象，在菜单栏中执行"文本"→"使用断字"命令，即可为文本使用默认的设置自动断字。

除了使用自动断字功能外，还可以自定义断字设置。

在菜单栏中执行"文本"→"断字设置"命令，打开"断字设置"对话框，在对话框中勾选"自动连接段落文本"复选框，将激活该对话框中的所有选项，即可进行设置。

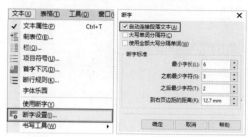

"断字"对话框中的各个选项和按钮的介绍如下。

● **大写单词分隔符**：在大写单词中断字。

● **使用全部大写分隔单词**：断开包含所有大写字母的单词。

● **最小字长**：设置自动断字的最短单词长度，这个值表示断字必须包含的最少字符数。

● **之前最少字符**：设置要在前面开始断字的最小字符数。

● **之后最少字符**：设置要在后面开始断字的最小字符数。

● **到右页边距的距离**：设置"断字区"，这个值表示断字区的字符数。此区域中放不下的单词会被断开或移动到下一行。

9.4.2 添加制表位

制表位是指在水平标尺上的位置，指定文字缩进的距离。制表位的三要素包括制表位位置、制表位对齐方式和制表位的前导字符。CorelDRAW 2018中可以在段落文本中添加制表位，以设置段落内文本的缩进量，同时可以调整制表位的对齐方式。制表位在书本目录排版设计上使用最多。

使用"文本工具" ![字] 创建段落文本框，在菜单栏中执行"文本"→"制表位"命令，打开"制表位设置"对话框。

在"制位表位置"后面的数值框中输入数值，单击"添加"按钮，即可在标尺中添加一个制表位。

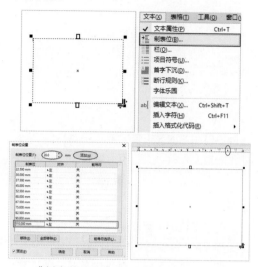

"制表位设置"对话框中的各个选项和按钮的介绍如下。

● **制表位位置**：用于设置添加制表位的位置，新设置的数值是在最后一个制表位的基础上而设置的。

● **"添加"按钮**：单击该按钮，添加制表位到制表位列表中。

● **"制表位"**：制表位的位置，可以在数值框中输入数值。

● **"对齐"**：单击右侧的下拉按钮，在弹出的下拉列表中设置对齐方式。

● **前导符**：单击右侧的下拉按钮，在弹出的下拉列表中选择打开前导符或关闭前导符。

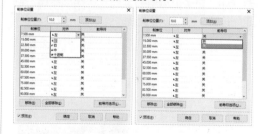

● **"移除"按钮**：单击该按钮，移除在制表位列表中所选择的制表位。

● **"全部移除"按钮**：单击该按钮，移除制表位中所有的制表位。

● **"前导符选项"按钮**：单击该按钮，在弹出的"前导符设置"对话框中可以选择制表位将显示的符号，以及设置前导符的间距。

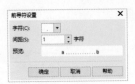

9.4.3 首字下沉

首字下沉即设置段落文字的段首文本加以放大并强化，能够使文本更加醒目。

使用"文本工具" [字] 选中需要设置首字下沉的段落文本，在菜单栏中执行"文本"→"首字下沉"命令，打开"首字下沉"对话框。

在对话框中勾选"使用首字下沉"复选框，并在"外观"选项组中分别设置"下沉行数"和"首字下沉后的空格"，然后单击"确定"按钮，即可应用设置的首字下沉效果。

"首字下沉"对话框中的各个选项和按钮的介绍如下。

● **使用首字下沉**：勾选该复选框，才可以激活各选项的设置。

● **下沉行数**：设置段落文本中每个段落首字下沉的行数，该选项范围为 2 ~ 10。

● **首字下沉后的空格**：设置下沉文字与主体文字之间的距离。

● **首字下沉使用悬挂式缩进**：勾选该复选框，首字下沉的效果将在整个段落文本中悬挂式缩进。

● **预览**：勾选该复选框，可以预览进行首字下沉的文本效果。

9.4.4 断行规则

在菜单栏中执行"文本"→"断行规则"命令，打开"亚洲断行规则"对话框，即可进行设置。

"亚洲断行规则"对话框中的各个选项和按钮的介绍如下。

● **前导字符**：可以确保不在选项文本框的任何字符之后断行。

● **下随字符**：可以确保不在选项文本框的任何字符之前断行。

● **字符溢值**：可以允许选项文本框中的字符延伸到行边距之外。

● **"重置"按钮**：在相应的选项文本框中，可以输入或移除字符。单击该按钮，即可清空选项文本框中的字符。

● **预览**：勾选该复选框，可以预览进行断行规则的文本效果。

9.4.5 分栏

段落文本可以分为两个或两个以上的文本栏，使文字在文本栏中进行排列。在文字篇幅较多的情况下，使用分栏功能可以方便读者进行阅读。分栏常用于杂志类的设计，可以使文本更加清晰明了，大大提高文章的可读性。

使用"文本工具"选中需要设置分栏的段落文本，在菜单栏中执行"文本"→"栏"命令，打开"栏设置"对话框。

在"栏数"后面的数值框内输入数值，设置需要分栏的数目，根据需要设置"栏间宽度"及其他参数，单击"确定"按钮，即可为所选文本分栏。

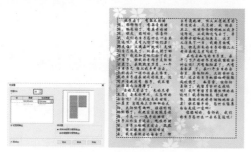

"栏设置"对话框中的各个选项和按钮的介绍如下。

● 栏数：设置段落文本的分栏数目，在栏设置对话框中显示了分栏后的"宽度"和"栏间距"，当勾选"栏宽相等"复选框时，在"宽度"和"栏间宽度"中单击鼠标左键，可以设置不同的宽度和栏间宽度。

● 栏宽相等：勾选该复选框，可以使栏和栏之间的距离相等。

● 保持当前图文框宽度：选择该选项，可以保持分栏后文本框的宽度不变。

● 自动调整图文框宽度：选择该选项，系统可以根据设置的栏宽自动调整文本框的宽度。

练习9-5 分栏排版杂志

难度：☆☆☆
素材文件：无
效果文件：素材\第9章\练习9-5\分栏排版杂志.cdr
在线视频：第9章\练习9-5\分栏排版杂志.mp4

本实例使用"分栏"功能分栏排版段落文本，制作杂志。

01 启动CorelDRAW 2018软件，在菜单栏中执行"文件"→"导入"命令，导入本章的素材文件"背景.jpg"，单击工具箱中的"矩形工具"按钮，绘制一个矩形。

02 左键单击调色板中的"白"，为矩形填充颜色，再右键单击按钮，取消轮廓线，单击属性栏中的"透明度工具"按钮，在属性栏中单击"均匀透明度"按钮，设置"透明度"为30%。

03 在菜单栏中执行"文件"→"导入"命令，导入本章的素材文件"图片1.jpg""图片2.jpg"和"图片3.jpg"，然后调整至合适的大小和位置，使用"文本工具"输入美术字文本，在属性栏中设置字体为"隶书"，字体大小为"20pt"。

04 使用"手绘工具"绘制一条直线，在属性栏中更改"轮廓宽度"为"细线"，使用"文本工具"输入段落文本。

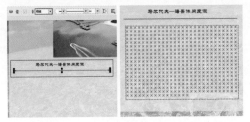

05 在菜单栏中执行"文本"→"文本属性"命令,打开"文本属性"泊坞窗,设置字体为"方正中等线简体",字体大小为"10pt"。

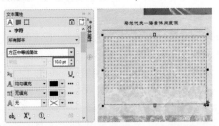

06 在"文本属性"泊坞窗中单击"段落" 按钮,展开"段落"面板,设置"首行缩进"为5mm,"段前间距"为120%,"行间距"为120%。

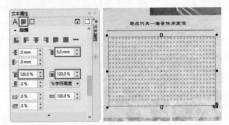

07 在菜单栏中执行"文本"→"栏"命令,打开"栏设置"对话框,设置"栏数"为3,勾选"栏宽相等"复选框,再单击"栏间宽度",设置宽度为5mm,然后单击"确定"按钮,将文本分为三栏。

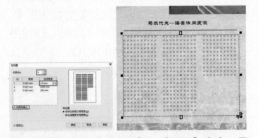

08 在菜单栏中执行"文件"→"导入"命令,导入本章的素材文件"图片4.jpg",调整至合适的位置和大小,再单击属性栏中的"文本换行" 按钮,在弹出的选项面板中选择"文本从左向右排列"按钮,即可使文本围绕图形排列。

09 采用同样的方法,使用"文本工具" 输入段落文本,并进行属性设置及分栏设置。

10 选中全部文本对象,按 Ctrl+Q 快捷键将文本转换为曲线,完成制作。

相关链接

关于"创建透明效果"的内容请参阅本书第8章的第8.5.1节。

9.4.6 项目符号

在段落文本中添加项目符号,可以使一些没有顺序的段落文本内容编排成统一风格,使版面的排列井然有序。

使用"文本工具" 选中需要添加项目符号的段落文本,在菜单栏中执行"文本"→"项目符号"命令,打开"项目符号"对话框。

在对话框中勾选"使用项目符号"复选框，然后单击"确定"按钮，即可添加项目符号。

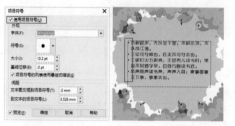

"项目符号"对话框中的各个选项和按钮的介绍如下。

● **使用项目符号：** 勾选该复选框，才可以激活该对话框中的其他选项。
● **字体：** 在下拉列表中选择项目符号的字体。当更改字体时，当前选择的"符号"也将随之改变。
● **符号：** 在下拉列表中选择项目符号。

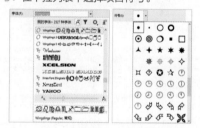

● **项目符号大小：** 设置所选项目符号的大小。
● **基线位移：** 设置项目符号在垂直方向上的偏移量。

当参数为正值时，项目符号向上偏移；当参数为负值时，项目符号向下偏移。

● **项目符号的列表使用悬挂式缩进：** 勾选该复选框，添加的项目符号将在整个段落文本中悬挂式缩进。
● **文本图文框到项目符号：** 设置文本和项目符号到图文框（或文本框）的距离。
● **到文本的项目符号：** 设置文本到项目符号的距离。
● **预览：** 勾选该复选框，预览添加项目符号的效果。

9.4.7　图文混排

图文混排是指将段落文本围绕图形进行排列，使画面更加美观。

使用"选择工具" ![图标] 将图形对象移动到段落文本上，使其与段落文本有重叠区域。然后单击属性栏中的"文本换行" ![图标] 按钮，在弹出的选项面板中选择任意一种样式，即可设置图文混排效果。

"文本换行"面板中的各个选项和按钮的介绍如下。

● **"无"按钮：** 单击该按钮，取消换行样式。
● **轮廓图：** 使文本围绕图形的轮廓进行排列。
● **正方形：** 使文本围绕图形的边界进行排列。
● **文本换行偏移：** 设置文本到对象轮廓或对象边界框的距离。

9.5 查找与替换文本

与Microsoft Office Word软件相似，在CorelDRAW 2018中也可以根据需要对文本进行查找与替换的操作。例如，在一篇较长的文本内容中快速地查找或替换特定的文本，就要用到这一功能。

9.5.1　查找文本

使用"选择工具" ![图标] 选中要进行查找的文本，在菜单栏中执行"编辑"→"查找并替换"→"查找文本"命令。

打开"查找文本"对话框，在"查找"后面的文本框中输入要查找的文字，并根据需要设置其他选项，然后单击"查找下一个"按钮。

系统则会自动进行查找，并且查找到的文本将呈现为浅蓝色，继续单击"查找下一个"按钮，可以查找并显示下一个文本。

当查找的文本全部显示完后，会弹出一个"已达到文档结尾"的提示对话框。然后在"查找文本"对话框中单击"查找下一个"按钮，可以重新开始查找。

9.5.2　替换文本

如果在一个有很多文字的文本里发现了一个错字，而这个错字出现的次数很多，这就可以用替换功能将所有相同的错字替换，而不用对其进行逐一更改。

使用"选择工具" 选中要进行替换的文本，在菜单栏中执行"编辑"→"查找并替换"→"替换文本"命令。

打开"替换文本"对话框，输入要替换的文本，并根据需要设置其他选项。

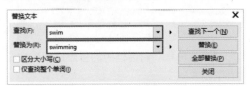

单击"查找下一个"按钮，即可定位到需要替换的文本，并且文本呈现为浅蓝色，单击"替换"按钮，即可完成替换并定位下一个需要替换的文本。

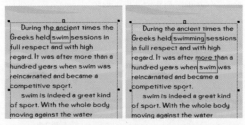

继续单击"替换"按钮，可以对其进行逐一替换，单击"全部替换"按钮，可以快速替换文本框中需要替换的全部文本。

9.6 使用书写工具

书写工具主要用于对文本的辅助处理，如更正拼写和语法方面的错误，还可以自动更正错误，并能帮用户改进书写样式。

9.6.1 拼写检查

拼写检查功能可以检查整个文档、部分文档或选定文本中的拼写错误。

打开需要拼写检查的文档，在菜单栏中执行"文本"→"书写工具"→"拼写检查"命令，或按Ctrl+F12快捷键打开"书写工具"对话框。

默认打开"拼接检查器"选项卡，并自动检查拼写错误，再在"替换为"的下拉列表框中选择要替换的单词。

单击"替换"按钮，即可执行替换。检查完成后，在弹出的"拼写检查器"对话框中单击"是"按钮，结束操作。

9.6.2 语法检查

语法检查功能可以检查整个文档或文档的某一部分语法、拼写及样式的错误。

打开需要语法检查的文档，在菜单栏中执行"文本"→"书写工具"→"语法检查"命令，打开"书写工具"对话框。

默认打开"语法"选项卡，并自动检查语法错误，再在"替换"的列表框中选择要替换的新句子。

单击"替换"按钮，即可执行替换。当所有错误语法替换完成后，在弹出的"语法"对话框中单击"是"按钮，结束操作。

9.6.3 同义词查询

同义词功能可以改进书写样式。同义词可用来查询各种选项，如同义词、反义词及相关词汇。

使用"文本工具"字选中一个单词或在单词中插入光标，在菜单栏中执行"文本"→"书写工具"→"同义词"命令，打开"书写工具"对话框。

默认打开"同义词"选项卡，并自动查询出该单词的同义词。

双击一种同义词定义后可展开列表，单击列表中的一个单词。

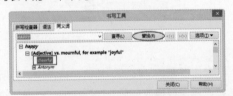

然后单击"开始"按钮，即可替换单词。

9.6.4 快速更正

快速更正功能可自动更改拼写错误的单词和大写错误。

打开需要快速更正的文档，在菜单栏中执行"文本"→"书写工具"→"快速更正"命令，打开"选项"对话框。

勾选"句首字母大写"复选框，然后单击"确定"按钮，即可更正文本对象。

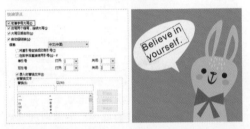

在菜单栏中执行"文本"→"书写工具"→"设置"命令，打开"选项"对话框，用户可以在"拼写"选项中进行拼写校正方面的相关设置。

"拼写"选项中各个选项的介绍如下。

● **执行自动拼写检查：** 勾选该复选框，可以在输入文本的同时进行拼写检查。

● **错误的显示：** 可以设置显示错误的范围。

● **显示：** 可以设置显示 1~10 个错误的建议拼写。

● **将更正添加到快速更正：** 勾选该复选框，可以将对错误的更正添加到快速更正中，方便对同样错误进行替换。

● **显示被忽略的错误：** 勾选该复选框，可以显示在文本的输入过程中被忽略的拼写错误。

9.7 文本统计、选择与设置

在CorelDRAW 2018中还提供了文本统计、通过"字体乐园"选择合适字体和设置字体列表的功能。

9.7.1 文本统计

使用"选择工具" 选中要进行文本统计的文本对象。

在菜单栏中执行"文本"→"文本统计"命令,打开"统计"对话框,在该对话框中可以看到所选文本的各项统计信息。

提示

在未选中文本对象的情况下,在对话框中可以看到整个工作区中的文本的各项统计信息。

9.7.2 字体乐园

通过"字体乐园"泊坞窗引入了一种更易于浏览、体验和选择最合适字体的方法,还可以访问受支持字体的高级OpenType功能。

在菜单栏中单击"文本"→"字体乐园"命令,即可打开"字体乐园"泊坞窗。

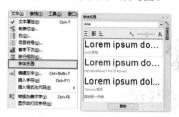

"字体乐园"泊坞窗中的各个选项和按钮的介绍如下。

- **"字体"**:在下拉列表中选择字体,即可添加到示例列表中。

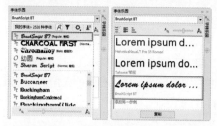

- **文本视图选项**:可以将文本示例作为单行文本、多行文本进行查看。

- **"缩放"按钮**:单击 按钮,缩小示例文本;单击 按钮,放大示例文本。还可以拖动缩放滑块快速调整示例文本的大小。

- **添加其他示例**:单击该按钮,再从字体列表中选择某个字体,即可添加到示例列表中。

- **"复制" 复制 按钮**:在示例列表中选择一种示例文本后,单击该按钮,然后按 Ctrl+V 快捷键即可粘贴到绘图窗口中。

双击示例文本,可以重新键入文本,并自动更改所有示例文本。

在示例列表中拖曳文本示例可以移动位置，更改文本示例的顺序，还可以单击该示例右上角的"×"按钮，删除文本示例。

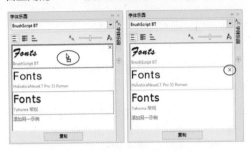

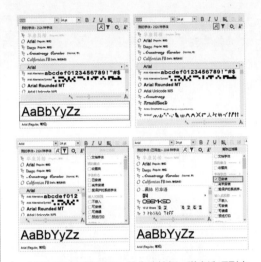

9.7.3 设置字体列表

单击工具箱中的"文本工具" 按钮，在属性栏中单击"字体"右侧的三角形 按钮，在打开的下拉列表框中可以对字体列表进行设置。

"字体"列表框中各个按钮的介绍如下。

● "隐藏预览"按钮：激活该按钮，显示字体预览，取消激活按钮，隐藏字体预览。

● "显示过滤器" 按钮：激活该按钮，在右侧打开过滤器列表，勾选对应的复选框，进行筛选。

● "字体选项" 按钮：单击该按钮，弹出选项列表，可以按系列分组字体或显示最近使用的字体。

● "获取更多" 按钮：单击该按钮，打开"获取更多"对话框，进行字体的购买。

● "缩放"按钮：单击 按钮，缩小字体预览；单击 按钮，放大字体预览。还可以拖动缩放滑块快速调整预览字体的大小。

9.8 知识拓展

CorelDRAW 2018新增了图块阴影工具，通过此交互功能可以向对象和文本添加实体矢量阴影，缩短准备输出文件的时间。该功能还可以显著减少阴影线和节点数，进而加速复印工作流程。

9.9 拓展训练

本章为读者安排了两个拓展练习，以帮助大家巩固本章内容。

训练9-1 制作立体字

难度：☆☆

素材文件：素材\第9章\习题1\素材.cdr	
效果文件：素材\第9章\习题1\制作立体字.cdr	
在线视频：第9章\习题1\制作立体字.mp4	

根据本章所学的知识，使用文本工具的编辑和处理方法，再结合贝塞尔工具、透明度工具和椭圆形工具，制作立体字。

训练9-2 制作情人节贺卡

难度：☆☆

素材文件：素材\第9章\习题2\素材.cdr	
效果文件：素材\第9章\习题2\制作情人节贺卡.cdr	
在线视频：第9章\习题2\制作情人节贺卡.mp4	

根据本章所学的知识，利用文本工具和段落文本的设置方法，并使用"内置文本"功能，制作情人节贺卡。

第 10 章

位图操作

在CorelDRAW 2018中，不仅可以处理矢量图形，还可以对位图进行处理。另外，还可以将矢量图转换为位图进行编辑，或者将位图描摹为矢量图形，以满足不同用户的需要。本章将详细介绍CorelDRAW 2018软件中关于位图的编辑操作。

本章重点

将矢量图转换为位图｜描摹位图｜位图颜色转换

调整位图的色调｜【三维效果】滤镜组

10.1 位图的编辑

在CorelDRAW 2018中可以将矢量图转换为位图，并且有多种位图编辑的方式，如矫正位图、重新取样、位图边框扩充及校正位图等。

10.1.1 将矢量图转换为位图

在CorelDRAW 2018中可以将矢量图转换成位图，从而应用各种位图图像的特殊处理效果，创造出别具风格的画面效果。

使用"选择工具" 选中矢量图像，在菜单栏中单击执行"位图"→"转换为位图"命令，打开"转换为位图"对话框。

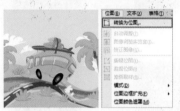

在对话框中设置"分辨率"，再在"颜色"选项组中"颜色模式"的下拉列表框中选择转换的色彩模式，然后根据需要设置其他选项，最后单击"确定"按钮，即可将矢量图转换为位图。

"转换为位图"对话框中的各个选项和按钮的介绍如下。

●**分辨率**：设置对象转换为位图之后的清晰度，可以在下拉列表选项中选择一种分辨率，也可以直接输入数值。数值越大图像越清晰，数值越小图像越模糊，会出现马赛克边缘。

●**颜色模式**：在下拉列表选项中选择一种位图的颜色显示模式。颜色位数越小，其丰富程度越低。

●**递色处理的**：该选项在使用颜色位数少时激活，以模拟的颜色块数目来显示更多的颜色。勾选该复选框时，转换的位图以颜色块来丰富颜色效果；未勾选时，转换的位图以选择的颜色模式显示。

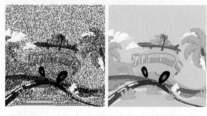

●**总是叠印黑色**：勾选该复选框，在通过叠印黑色进行打印时，可以避免黑色对象与下面对象有间距。该选项在"RGB色"和"CMYK色"模式下激活。

●**光滑处理**：勾选该复选框，可减少锯齿，使位图边缘平滑。

●**透明背景**：勾选该复选框，可设置位图背景透明，未勾选时，则用白色背景颜色作为填充区域。

技巧

将矢量图转换为位图后，可以为其添加各种图像效果，但不能再对其形状进行编辑，各种填充功能也不可再用。

203

10.1.2 矫正位图

矫正图像功能可以快速矫正构图上存在一定偏差的位图图像。

使用"选择工具" 选中位图图像，在菜单栏中单击执行"位图"→"矫正图像"命令，打开"矫正图像"对话框。

在对话框中调节"旋转图像"的参数，再勾选"裁剪图像"复选框，然后单击"确定"按钮，即可矫正图像。

提示

在"矫正图像"对话框的上方工具栏中，提供了多种调整画面显示的工具按钮。

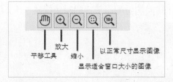

平移工具　缩小
放大　　　　　以正常尺寸显示图像
　　　显示适合窗口大小的图像

练习10-1 矫正透视变形

难度：☆☆

素材文件：素材\第10章\练习10-1\矫正透视变形.cdr

效果文件：素材\第10章\练习10-1\矫正透视变形-OK.cdr

在线视频：第10章\练习10-1\矫正透视变形.mp4

本实例使用"矫正图像"命令，矫正透视变形的图像。

01 启动CorelDRAW 2018软件，打开本章的素材文件"素材\第10章\练习10-1\矫正透视变形.cdr"，使用"选择工具" 选中位图图像，在菜单栏中单击执行"位图"→"矫正图像"命令，打开"矫正图像"对话框。

02 在对话框中分别调节"旋转图像""垂直透视""水平透视"的参数，在左侧预览框中预览矫正效果，然后勾选"裁剪图像"和"裁剪并重新取样为原始大小"的复选框。

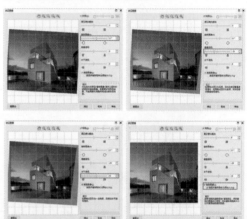

03 设置完成后，单击"确定"按钮，即可矫正位图图像。

10.1.3 重新取样

重新取样功能可以改变位图图像的大小和分辨率。

使用"选择工具" 选中位图图像，在菜单栏中单击执行"位图"→"重新取样"命令，打开"重新取样"对话框。

在对话框中分别设置"宽度""高度""水平"和"垂直"等参数，设置完成后单击"确定"按钮，完成重新取样。

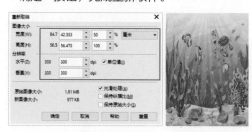

10.1.4　位图边框扩充

位图边框扩充功能可以为位图图像添加边框效果。在CorelDRAW 2018中有两种位图边框扩充的方式，包括"自动扩充位图边框"和"手动扩充位图边框"。

自动扩充位图边框

打开CorelDRAW 2018软件，在菜单栏中单击执行"位图"→"位图边框扩充"→"自动扩充位图边框"命令，当该命令前显示"√"时为激活状态，则导入位图时可自动扩充位图边框。

手动扩充位图边框

使用"选择工具"选中位图图像，在菜单栏中单击执行"位图"→"位图边框扩充"→"手动扩充位图边框"命令。

在打开的"位图边框扩充"对话框中设置"宽度"和"高度"，然后单击"确定"按钮，即可扩充位图边框，扩充区域为白色。

10.1.5　校正位图

校正位图功能可以将位图的尘埃和刮痕移除，快速改进位图的质量和显示，所选的设置取决于瑕疵大小及其周围的区域。

使用"选择工具"选中位图图像，在菜单栏中单击执行"效果"→"校正"→"尘埃与刮痕"命令，打开"尘埃与刮痕"对话框。

在对话框中调整参数，单击"预览"按钮预览效果，然后单击"确定"按钮，即可移除尘埃与刮痕，校正位图。

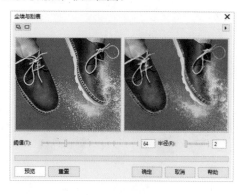

"尘埃与刮痕"对话框中的各个选项和按钮的介绍如下。

●**阈值:** 设置杂点减少的数量,数值越大,保留图像细节越多。

●**半径:** 设置应用范围的大小,数值越小,保留图像细节越多。

10.2 描摹位图

描摹位图功能可以将位图图像转换为矢量图,对转换后的图像可以进行填充、编辑等操作。在Corel-DRAW 2018中描摹位图的方式包括快速描摹位图、中心线描摹位图和轮廓描摹位图。

10.2.1 快速描摹位图 重点

快速描摹可以快速地将位图图像转换为矢量图像,但是描摹位图之后,会去掉很多位图的细节。"快速描摹"是使用系统设置的默认参数进行自动描摹,无法进行自定义参数的设置。

使用"选择工具" ▶ 选中位图图像,在菜单栏中单击执行"位图"→"描摹位图"命令,即可快速描摹位图。

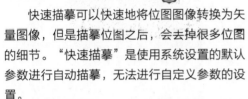

技巧

描摹位图后,单击工具箱栏中的"取消组合对象" 按钮,或者"取消组合所有对象" 按钮,将转换后的图像进行拆分,然后可以使用"选择工具" ▶ 进行选择,或者使用"形状工具" ▶ 编辑节点和路径。

练习10-2 制作复古插画

难度:☆☆
素材文件:素材\第10章\练习10-2\制作复古插画.cdr
效果文件:素材\第10章\练习10-2\制作复古插画-OK.cdr
在线视频:第10章\练习10-2\制作复古插画.mp4

本实例使用"描摹位图"命令,快速描摹位图,然后单击属性栏中的"取消组合对象" 按钮,将转换后的图像进行拆分,并删除不需要的对象,接下来导入背景素材文件,调整对象顺序,制作复古插画。

01 启动 CorelDRAW 2018 软件,打开本章的素材文档"素材\第10章\练习10-2\制作复古插画.cdr",使用"选择工具" ▶ 选中位图图像,在菜单栏中单击执行"位图"→"描摹位图"命令,快速描摹位图。

02 使用"选择工具" ▶ 移动描摹的图像,单击工具箱栏中的"取消组合对象" 按钮,将转换后的图像进行拆分,然后选中不需要的图像,按 Delete 键删除。

03 采用同样的方法，删除其他的图像，只保留需要的部分，在菜单栏中单击执行"文件"→"导入"命令，导入本章的素材文件"背景.cdr"。

04 单击属性栏中的"到图层后面" 按钮，将其置于最下方，然后调整至合适的大小和位置，完成制作。

10.2.2　中心线描摹位图(重点)

中心线描摹位图可以将对象以线描的形式描摹出来，并且可以更加精确地调整转换参数，包括"技术图解"和"线条画"。

技术图解

"技术图解"是使用很细很淡的线条描摹的黑白图。

使用"选择工具" 选中位图图像，在菜单栏中单击执行"位图"→"中心线描摹"→"技术图解"命令，或单击属性栏中的"描摹位图"按钮，在下拉列表中选择"中心线描摹"→"技术图解"选项，打开"Power-TRACE"对话框。

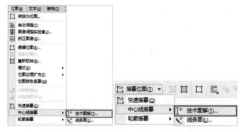

在对话框中调整参数，单击"预览"按钮预览效果，然后单击"确定"按钮，即可描摹位图。

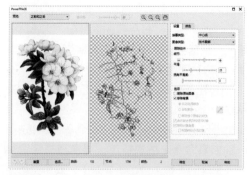

线条画

线条画是使用线条描摹对象的轮廓，用于描摹黑白草图。

使用"选择工具" 选中位图图像，在菜单栏中单击执行"位图"→"中心线描摹"→"线条画"命令，或单击属性栏中的"描摹位图"按钮，在下拉列表中选择"中心线描摹"→"线条画"选项，打开"PowerTRACE"对话框。

在对话框中调整参数，单击"预览"按钮预览效果，然后单击"确定"按钮，即可描摹位图。

10.2.3　轮廓描摹位图(重点)

轮廓描摹位图是使用无轮廓的闭合路径描摹对象，矢量图形只有填充颜色，没有轮廓线，包括"线条图""徽章""详细徽标""剪贴画""低品质图像"和"高质量图像"。根据位图所属类型，选择不同的描摹命令，可以达到更理想的转换效果。

使用"选择工具" ![选择工具] 选中位图图像，在菜单栏中单击执行"位图"→"快速描摹"命令，再在"轮廓描摹"命令的6个子命令中选择一种描摹命令（依次往下，图像细节保留越好，生成的矢量图像也越复杂），或单击属性栏中的"描摹位图"按钮，在下拉列表中选择"轮廓描摹"命令，再在"轮廓描摹"命令的6个子命令中选择一种描摹命令，打开"Power-TRACE"对话框。

在对话框中调整参数，单击"预览"按钮

预览描摹效果，然后单击"确定"按钮，即可轮廓描摹位图。

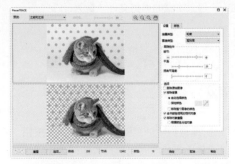

"轮廓描摹"选项列表中的各个描摹方式的介绍如下。

● 线条图：突出描摹对象的轮廓描摹。
● 徽标：描摹细节和颜色相对少一些的简单徽标。
● 徽标细节：描摹细节和颜色较精细的徽标。
● 剪贴画：根据复杂程度、细节量和颜色数量来描摹对象。
● 低品质图像：用于描摹细节量不多或相对模糊的对象，可以减少不必要的细节。
● 高质量图像：用于描摹精细的高质量图片，描摹质量较高。

10.3 位图颜色转换

CorelDRAW 2018提供了丰富的位图颜色模式，包括"黑白""灰度""双色""调色板色""RGB颜色""Lab颜色"和"CMYK颜色"，改变颜色模式后，位图的颜色结构也会随之变化。

10.3.1 转换黑白图像

黑白模式是颜色构成中最简单的一种位图色彩模式。由于只使用一种（1位）来显示颜色，所以只有黑白两色。

使用"选择工具" ![选择工具] 选中位图图像，在菜单栏中单击执行"位图"→"模式"→"黑白（1位）"命令，在打开的"转换为1位"对话框中"转换方法"下拉列表中选择一种转换方法，并调整其他参数，然后单击"确定"按钮，即可将位图转换为黑白模式。

提示

将图像转换为黑白模式时会丢失大量细节，因此，将彩色图像转换成黑白模式的时候，最好先将其转换成灰度模式。

10.3.2 转换灰度模式

灰度模式是指用单一色调表现图像，该模式可以用于表现高品质的黑白图像，使用灰度模式可以有效地减少图片文件体积，但是此模式是不可逆的，一旦转换，就会丢失颜色信息。

使用"选择工具" ▶ 选中位图图像，在菜单栏中单击执行"位图"→"模式"→"灰度（8位）"命令，即可将位图图像转换为灰度模式。

10.3.3 转换RGB图像

RGB颜色模式是运用最为广泛的模式之一，R代表红色（Red），G代表绿色（Green），B代表蓝色（Blue），这三种颜色被人们称为三基色或三原色，这三种颜色通过叠加形成了其他的色彩。

使用"选择工具" ▶ 选中一张CMYK模式的位图图像，在菜单栏中执行"位图"→"模式"→"RGB颜色（24位）"命令，即可将位图图像转换为RGB模式。

10.3.4 转换CMYK图像

CMYK色模式又称减色模式，以打印油墨在纸张上的光线吸收特性为基础，是一种印刷用的色彩模式。

使用"选择工具" ▶ 选中位图图像，在菜单栏中执行"位图"→"模式"→"CMYK色（32位）"命令，即可将位图图像转换为CMYK模式。

10.4 调整位图色调

在CorelDRAW 2018中提供了许多调整位图色调的功能，包括"高反差""局部平衡""取样/目标平衡""调和曲线""亮度/对比度/强度""颜色平衡""伽马值""色调/饱和度/亮度""所选颜色"等功能，通过这些功能可以进行颜色和色调的调整。

10.4.1 高反差 重点

　　"高反差"可以将图像从最暗区到最亮区重新分布颜色，以调整图像的阴影、中间色和高光区域的明度对比。高反差功能用于在保留阴影和高亮度显示细节的同时，调整颜色、色调和位图的对比度。

　　使用"选择工具"  选中位图图像，在菜单栏中单击执行"效果"→"调整"→"高反差"命令，打开"高反差"对话框。

　　在对话框中设置参数，单击"预览"按钮，可以预览调整效果，调整完成后单击"确定"按钮，即可应用调整效果。

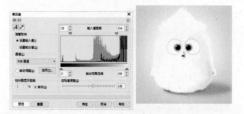

　　"高反差"对话框中的各个选项和按钮的介绍如下。

● 单击右上角的 按钮，可以弹出位图滤镜效果菜单命令，此菜单中包括图形图像的调整命令及特殊效果命令。

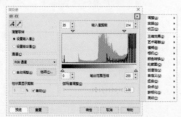

● 显示预览创建：单击对话框左上角的 按钮，可以切换图像调整预览窗口，其中左侧为原始图像预览窗口，右侧为调整后的效果预览窗口。单击对话框左上角的 按钮，可以切换图像调整后的效果预览窗口。

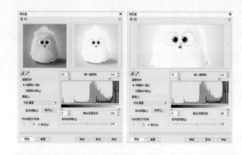

● 滴管取样：单击"深色滴管" 按钮，然后在左侧图像窗口或绘制窗口中选择一种颜色，将其作为最深颜色输入或输出。单击"浅色滴管" 按钮，然后在左侧图像窗口或绘制窗口中选择一种颜色，将其作为最浅颜色输入或输出。

● 通道：在此选项中可以选取不同的颜色通道进行图像颜色调整。

● 自动调整：勾选该复选框，可以在色调范围内自动重新分布像素值。

● "选项"按钮：单击该按钮，打开"自动调整范围"对话框，设置色调边缘的像素所占的百分比。

10.4.2 局部平衡

　　"局部平衡"通过在区域周围设置宽度和高度来提高边缘附近的对比度，以显示浅色和深色区域的细节部分，可以提高图像边缘颜色的对比度，显示明亮区域和阴暗区域中的细节，还可以在此区域周围设置高度和宽度来强化对比度。

　　使用"选择工具" 选中位图图像，在菜单栏中执行"效果"→"调整"→"局部平衡"命令，打开"局部平衡"对话框。

分别拖动"高度"和"宽度"的滑块，调节参数，设置像素周围区域的宽度和高度，单击"确定"按钮，即可应用调整效果。

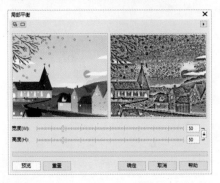

10.4.3 调合曲线 重点

"调合曲线"是通过对图像各个通道的明暗数值曲线进行调整，从而快速对图像的明暗关系进行设置。

使用"选择工具" 🗔 选中位图图像，在菜单栏中执行"效果"→"调整"→"调合曲线"命令，打开"调合曲线"对话框。

在"活动通道"的下拉列表中分别选择"红""绿""蓝"通道，并调整曲线的形状。

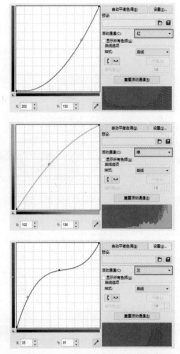

选择"RGB"通道，进行整体曲线调整，最后单击"确定"按钮，即可应用调整效果。

"调合曲线"对话框中的各个选项和按钮的介绍如下。

● "自动平衡色调"按钮：单击该按钮，以设置的范围进行自动平衡色调。

● "设置"按钮：单击该按钮，打开"自动调整范围"对话框设置范围。

● 活动通道：在下拉选项中切换颜色通道，然后可以进行调整。

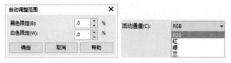

● **显示所有色频**：勾选该复选框，可以将所有的活动通道分别进行调整。

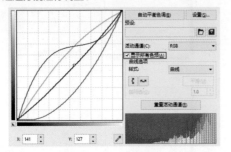

● **曲线样式**：在下拉选项中选择曲线的调节样式，包括"曲线""直线""手绘"和"伽马值"，在绘制手绘曲线时，可以单击下方的"平滑"按钮平滑曲线。

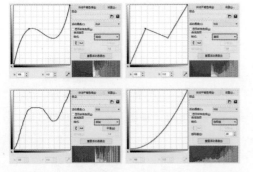

● **"重置活动通道"按钮**：单击该按钮，可以重置当前活动通道的设置。

10.4.4 亮度/对比度/强度 （重点）

"亮度/对比度/强度"可以调节所有颜色的亮度及明亮区域与暗色区域之间的差异，"亮度/对比度/强度"是通过改变HSB的值来影响图像的亮度、对比度及强度的。

使用"选择工具" 选中位图图像，在菜单栏中执行"效果"→"调整"→"亮度/对比度/强度"命令，或按Ctrl+B快捷键打开"亮度/对比度/强度"对话框。

拖动滑块调节参数，单击"预览"按钮预览效果，然后单击"确定"按钮，即可应用调整效果。

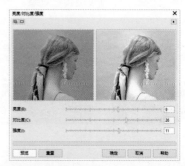

"亮度/对比度/强度"对话框中的各个选项和按钮的介绍如下。

● **亮度**：可以调节所选图形或图像的亮度，即颜色的深浅。

● **对比度**：可以调节所选图形或图像的对比度，即深颜色与浅颜色之间的差异。

● **强度**：可以调节所选图形或图像的强度，使浅颜色区域变亮，而深颜色区域不变。

10.4.5 颜色平衡 （重点）

"颜色平衡"可以改变图像中的多个图形或图像的总体平衡度，当图形或图像上有太多的颜色时，可以校正图形或图像的色彩浓度，调整绘图窗口中所选择的图形或图像的色彩平衡，是从整体上改变图形或图像颜色的一种快速方法。

使用"选择工具" 选中位图图像，在菜单栏中单击执行"效果"→"调整"→"颜色平衡"命令，或按Ctrl+Shift+B快捷键打开"亮度/对比度/强度"对话框。

根据色偏调整参数，单击"预览"按钮预览效果，调整完成后，单击"确定"按钮，即可应用调整效果。

"颜色平衡"对话框中的各个选项和按钮的介绍如下。

- 范围：决定颜色平衡应用的范围。"阴影""中间色调"和"高光"复选框可以分别调整阴影区域、中间色调和高光区域的颜色平衡，"保持亮度"复选框可以在调整颜色平衡时保持图形或图像的原来亮度。
- 颜色通道：设置颜色的层次。

10.4.6 伽玛值

"伽玛值"是影响对象中所有颜色范围的一种校色方法，主要调整对象的中间色调，对于深色和浅色则影响较小。"伽玛值"可以在对图形或图像的阴影、高光等区域影响不太明显的情况下，改变低对比度图形或图像的细节，伽玛值的计算是以影响中间色调色彩的曲线为基础的。

使用"选择工具" 选中位图图像，在菜单栏中单击执行"效果"→"调整"→"伽玛值"命令，打开"伽玛值"对话框。

向左拖动"伽玛值"滑块，降低图像的对比度并强大细节，单击"确定"按钮，即可应用调整效果。

"伽玛值"选项可以改变伽玛值的曲线值，增加伽玛值，可以改善曝光不足、对比度低或发灰图像的质量。

10.4.7 色度/饱和度/亮度

"色度/饱和度/亮度"命令可以改变位图的色度、饱和度和亮度，使图像呈现出多种富有质感的效果。

使用"选择工具" 选中位图图像，在菜单栏中单击执行"效果"→"调整"→"色度/饱和度/亮度"命令，或按Ctrl+Shift+U快捷键打开"色度/饱和度/亮度"对话框。

选择要调整的通道，然后调节参数，单击"预览"按钮预览效果，调整完成后，单击"确定"按钮，即可应用调整效果。

10.5 调整位图的色彩效果

在CorelDRAW 2018中提供了变换位图颜色的功能，包括"去交错""反显"和"极色化"，通过这些功能可以对位图的颜色和色调添加特殊效果。

10.5.1 去交错

"去交错"可以把扫描过的位图对象中产生的网点消除，使图像更加清晰。

使用"选择工具" ![] 选中位图图像，在菜单栏中单击执行"效果"→"变换"→"去交错"命令，打开"去交错"对话框。

在"扫描线"中选择样式，再选择相应的"替换方法"，然后单击"预览"按钮预览效果，设置完成后，单击"确定"按钮，即可应用去交错效果。

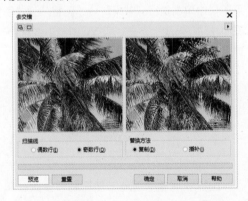

10.5.2 反显

"反转颜色"可以将图像中的所有颜色自动替换为相应的补色，可使其产生类似于负片的效果。

使用"选择工具" ![] 单击选择位图图像，在菜单栏中执行"效果"→"变换"→"反转颜色"命令，即可使图像产生负片效果。

10.5.3 极色化

"极色化"可以把图像颜色进行简单化处理，减少图像中的色调值数量，得到色块化的效果，还可以去除颜色层次并产生大面积缺乏层次感的颜色。

使用"选择工具" ![] 选中位图图像，在菜单栏中执行"效果"→"变换"→"极色化"命令，打开"极色化"对话框。

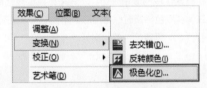

拖动"层次"滑块，设置颜色的级别（数值越小，颜色级别越小；数值越大，颜色级别越大），单击"预览"按钮预览效果，然后单击"确定"按钮，即可应用效果。

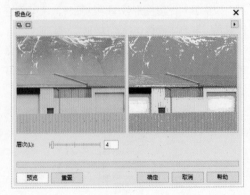

10.6 位图滤镜效果

CorelDRAW 2018提供了多种滤镜，不同的滤镜可以产生不同的效果，恰当地使用这些滤镜，可以丰富画面，使图像产生意想不到的效果。

10.6.1 【三维效果】滤镜组 重点

三维效果滤镜组可以创建纵深感，使位图图像产生立体的画面旋转透视的效果。使图像看起来更具有生动、逼真的三维视觉效果。在“三维效果”滤镜中有三维旋转、柱面、浮雕、卷页、挤远/挤近和球面滤镜。

使用“选择工具” 单击选择位图图像，在菜单栏中单击执行“位图”→“三维效果”命令，在子命令中选择一种滤镜命令，即可打开相应的“对话框”，设置完成后，单击“确定”按钮应用滤镜效果。

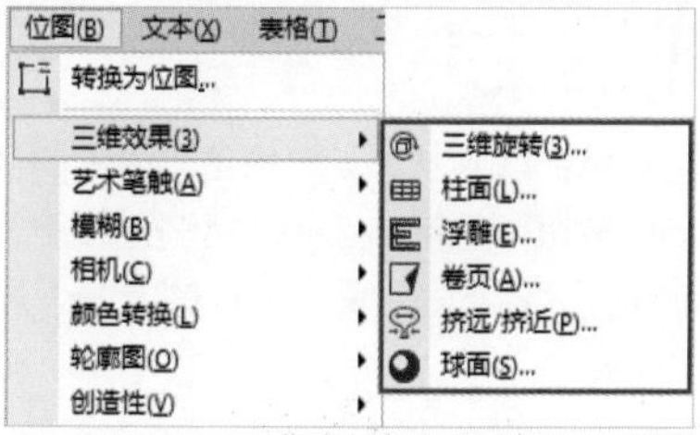

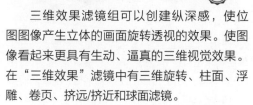

三维旋转

“三维旋转”滤镜可以按照设置角度的水平和垂直数值旋转位置。应用该滤镜时，位图将模拟三维立方体的一个面，模拟从各种角度来观察这个立方体，从而使立方体上的这个位图产生变形效果。

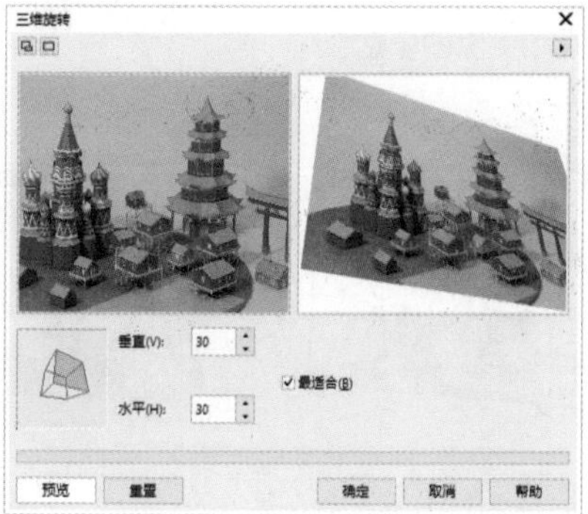

“三维旋转”对话框中的各个选项和按钮的介绍如下。

- **垂直：**设置对象在垂直方向上的旋转效果。
- **水平：**设置对象在水平方向上的旋转效果。
- **最适合：**勾选该复选框，可以使经过变形后的图形适合于图框。

浮雕

“浮雕”滤镜可以使选定的对象产生具有深度感的浮雕效果，可以在“浮雕色”选项中设置浮雕的颜色。

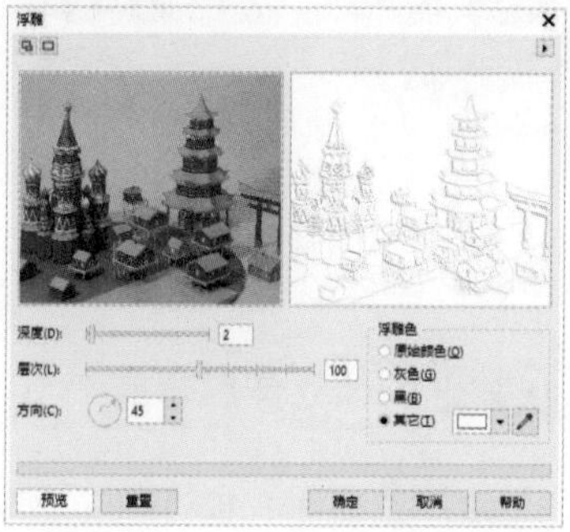

卷页

“卷页”滤镜：可以使位图的四个边产生不同程度的卷起效果，添加卷页风格效果。

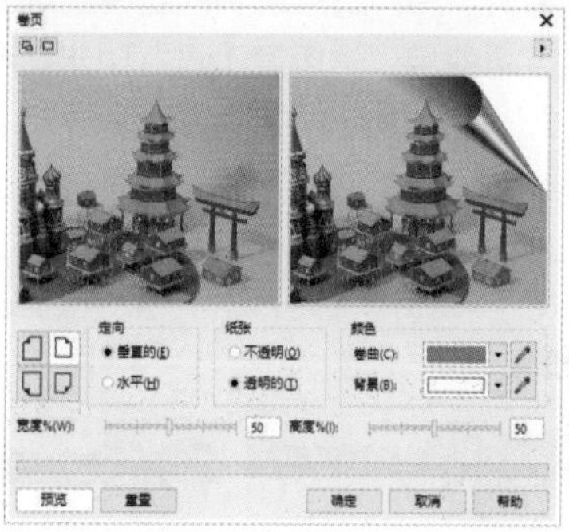

挤远 / 挤近

“挤远/挤近”滤镜可以通过网状挤压的方式拉远或拉近图片某个点的区域，以圆的方式展开。

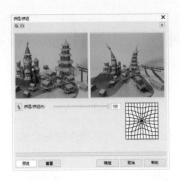

球面

"球面"滤镜可以使图像产生一种以球形为基准的展开延伸球化效果。

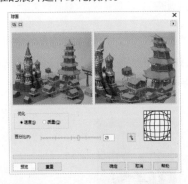

本实例使用"三维旋转"滤镜创建三维旋转效果，再使用"透明度工具"创建渐变透明度效果，制作立体包装盒。

01 启动CorelDRAW 2018软件，打开本章的素材文件"素材\第10章\练习10-3\制作立体包装盒.cdr"，使用"选择工具" 单击选择正面素材图像。

02 在菜单栏中单击执行"位图"→"三维效

果"→"三维旋转"命令，打开"三维旋转"对话框，设置"垂直"和"水平"参数，然后单击"确定"按钮，应用效果。

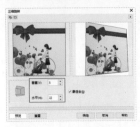 

03 使用"选择工具" 选中侧面素材图像，在菜单栏中单击执行"位图"→"三维效果"→"三维旋转"命令，打开"三维旋转"对话框，设置"垂直"和"水平"参数，然后单击"确定"按钮，应用效果。

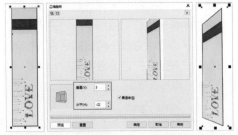

04 保持对象的选中状态，单击工具箱中的"形状工具" 按钮，显示节点，然后调整节点，去掉多余的白色图像部分，采用同样的方法，调整正面图像节点。

05 使用"选择工具" 移动对象，并进行旋转，使正面和侧面图像贴合在一起。

06 单击工具箱中的"钢笔工具" 按钮，绘制侧面形状，左键单击调色板中的"黑"，为对象填充黑色，右键单击 按钮，取消轮廓线。

07 单击工具箱中的"透明度工具"▦按钮,在属性栏中单击"渐变透明度"▦按钮,再单击"线性渐变透明度"▦按钮,创建渐变透明效果,然后拖动渐变形状调整透明度,接下来使用"钢笔工具"✎绘制底部阴影形状,左键单击调色板中的"黑",为对象填充黑色。

08 单击工具箱中的"阴影工具"▣按钮,按住鼠标左键从对象的中心向下方拖曳,创建阴影效果,在菜单栏中执行"对象"→"拆分阴影群组"命令,或按 Ctrl+K 快捷键拆分阴影对象,然后使用"选择工具"▨选中黑色形状,按 Delete 键将其删除。

09 使用"选择工具"▨选中阴影对象,单击鼠标右键,在弹出的快捷菜单中单击执行"顺序"→"到图层后面"命令,将其置于最下方,然后调整至合适的位置,完成制作。

相关链接

关于"钢笔工具的绘制方法"的内容请参阅本书第 4 章的第 4.6.1 节。关于"创建渐变透明效果"的内容请参阅本书第 9 章的第 8.5.2 节。关于"创建阴影效果"的内容请参阅本书第 8 章的第 8.4.1 节。

10.6.2 【艺术笔触】滤镜组

艺术笔触滤镜组可以为位图添加一些手工美术绘画技法的效果,此滤镜中包含了炭笔画、单色蜡笔画、蜡笔画、立体派、印象派、调色刀、彩色蜡笔画、钢笔画、点彩派、木版画、素描、水彩画、水印画和波纹纸画共14种特殊的美术表现技法。

使用"选择工具"▨单击选择位图图像,在菜单栏中单击执行"位图"→"艺术笔触"命令,在子命令中选择一种滤镜命令,即可打开相应的"对话框",设置完成后,单击"确定"按钮即可应用滤镜效果。

炭笔画

"炭笔画"滤镜可以使图像产生类似于用炭笔绘画的效果。

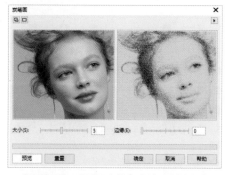

"炭笔画"对话框中的各个选项的介绍如下。

● 大小: 设置画笔尺寸的大小。

● 边缘: 设置轮廓边缘的清晰程度。

蜡笔画

"蜡笔画"滤镜可以使图像产生蜡笔画的效果。

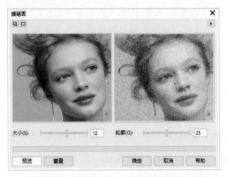

"蜡笔画"对话框中的各个选项的介绍如下。

- **大小**：调节图像上的像素值，数值越大，图像上的像素越多，图像就越平滑；数值越小，图像上的像素越少，图像就越粗糙。
- **轮廓**：调节对象轮廓显示的清晰程序，数值越大，轮廓越明显。

立体派

"立体派"滤镜可以使图像中相同颜色的像素组合成颜色块，生成类似于立体派的绘画风格。

"立体派"对话框中的各个选项的介绍如下。

- **大小**：设置颜色块的色块大小，即颜色相同部分像素的稠密程度。数值越小，图像就越平滑；数值越大，图像就越粗糙。
- **亮度**：调节图像的光亮程度，数值越大，图像就越清晰。
- **纸张色**：设置背景纸张的颜色。

调色刀

"调色刀"滤镜可以使位图图像产生一种用刀刻画的效果。

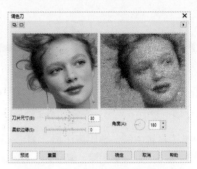

"调色刀"对话框中的各个选项的介绍如下。

- **刀片尺寸**：调节刀刃的锋利程度。数值越小，刀片刻画痕迹越粗、越深；数值越大，刀片刻画痕迹越细、越浅。
- **柔化边缘**：调节刀的坚硬程度。在"刀片尺寸"参数一定的情况下，数值越大，在图像上刻画的痕迹就越平滑，数值越小，痕迹就越粗糙。
- **角度**：刀片刻画的角度。

钢笔画

"钢笔画"滤镜可以使图像产生使用钢笔绘画的效果，通过单色线条的变化和由线条的轻重疏密组成的灰白调子来表现对象。

"钢笔画"对话框中的各个选项和按钮的介绍如下。

- **样式**：有两种绘画样式。选择"交叉阴影"，可产生由疏密程度不同的交叉线条组成的素描画效果；选择"点画"，可产生由疏密程度不同的点组成的素描画效果。
- **密度**：调节素描画中交叉笔画和点的密度，值越大，密度越高。
- **墨水**：控制绘画的复杂程度。数值越大，区域内绘画的笔画线条越多，颜色就越深；反之则越浅。

点彩派

"点彩派"滤镜可以将图像分解成颜色点。

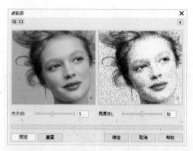

"点彩派"对话框中的各个选项的介绍如下。

● **大小**：调节像素点的大小。

● **亮度**：调节图像的亮度。

木版画

　　"木版画"滤镜可以使图像产生有刮痕的效果。

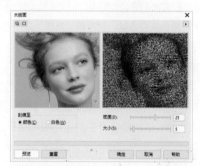

　　"木版画"对话框中的各个选项和按钮的介绍如下。

● **刮痕至**：选择"颜色"，可制作成彩色木版画效果；选择"白色"，可制作成黑白木版画效果。

● **密度**：调节木版画中线条的密度，数值越大，线条越密集。

● **大小**：调节木版画中线条的尺寸，数值越大，线条就越长，越宽。

素描

　　"素描"滤镜可以使图像产生类似于透过彩色玻璃看到的画面效果。

　　"素描"对话框中的各个选项的介绍如下。

● **炭色**：选择该选项后，图像可制作成黑白素描的效果。

● **颜色**：选择该选项后，图像可制作成彩色素描的效果。

● **样式**：设置从粗糙到精细的画面效果，数值越大，画面就越精细。

● **笔芯**：设置笔芯颜色深浅的变化，数值越大，笔芯越软，画面越精细。

● **轮廓**：设置轮廓的清晰程度，数值也越大，轮廓越清晰。

水彩画

　　"水彩画"滤镜可以使图像周围产生虚光的画面效果。

　　"水彩画"对话框中的各个选项的介绍如下。

● **画刷大小**：设置笔刷的大小。

● **粒状**：设置纸张底纹的粗糙程度。

● **水量**：设置笔刷中的含水量，数值越大，含水量越多，画面颜色就越浅。

● **出血**：设置颜色块超出轮廓线的程度。数值越小，图像的轮廓越清晰；数值越大，颜色块覆盖在轮廓线上的面积越大，轮廓线将会被更多的颜色所覆盖。

● **亮度**：设置画面的亮度。

10.6.3 【模糊】滤镜组

　　模糊滤镜组可以制作不同的模糊效果，包括定向平滑、高斯式模糊、锯齿状模糊、低通滤波器、动态模糊、放射性模糊、平滑、柔和、缩放和智能模糊滤镜。

　　使用"选择工具" ▶ 单击选择位图图像，在菜单栏中单击执行"位图"→"模糊"命令，在子命令中选择一种滤镜命令，即可打开相应的"对话框"，设置完成后，单击"确定"按钮应用滤镜效果。

定向平滑

"定向平滑"滤镜可以给图像的边缘添加细微的模糊效果,使图像中的颜色过渡平滑,但效果不是很明显。

"定向平滑"对话框中的各个选项的介绍如下。

● **百分比**:设置平滑效果的强度。

高斯式模糊

"高斯式模糊"滤镜可以使图像按照高斯分布曲线产生一种朦胧雾化的效果,这种滤镜可以改变边缘比较锐利的图像的品质,提高边缘参差不齐的位图的图像质量。

"高斯式模糊"对话框中的各个选项的介绍如下。

● **半径**:设置图像的模糊程度。

锯齿状模糊

"锯齿状模糊"滤镜可以在相邻颜色的

一定高度和宽度范围内产生锯齿波动的模糊效果。

"锯齿状模糊"对话框中的各个选项和按钮的介绍如下。

● **宽度**:设置模糊锯齿的宽度。

● **高度**:设置模糊锯齿的高度。

● **均衡**:勾选该复选框,当修改"宽度"或"高度"中的任意一个数值时,另一个也随之改变。

动态模糊

"动态模糊"滤镜可以将图像沿一定方向创建镜头运动所产生的动态模糊效果,就像用照相机拍摄快速运动的物体产生的运动模糊效果。

"动态模糊"对话框中的各个选项和按钮的介绍如下。

● **间距**:设置模糊效果的强度。

● **方向**:设置模糊的角度。

● **图像外围取样**:在该选项组中可以选择"忽略图像外的像素""使用纸的颜色"和"提取最近边缘的像素"单选按钮。

放射性模糊

"放射性模糊"滤镜可以使图像从指定的圆心处产生同心圆旋转的模糊效果。

"放射性模糊"对话框中的各个选项的介绍如下。

● 数量：设置放射状模糊效果的强度。

平滑

"平滑"滤镜可以减小图像中相邻像素之间的色调差别。

"平滑"对话框中的各个选项的介绍如下。

● 百分比：设置平滑效果的强度。

柔和

"柔和"滤镜可以使图像产生轻微的模糊效果，从而达到柔和画面的目的。

"柔和"对话框中的各个选项的介绍如下。

● 百分比：设置柔和效果的强度。

智能模糊

"智能模糊"滤镜可以光滑表面，同时又保留鲜明的边缘。

"智能模糊"对话框中的各个选项的介绍如下。

● 数量：设置智能模糊效果的强度。

练习10-4 制作粉笔字

难度：☆☆☆

素材文件：素材 \ 第 10 章 \ 练习 10-4\ 制作粉笔字 .cdr

效果文件：素材 \ 第 10 章 \ 练习 10-4\ 制作粉笔字 -OK. cdr

在线视频：第 10 章 \ 练习 10-4\ 制作粉笔字 .mp4

本实例使用"文本工具"创建文本，并设置文本属性，再通过"轮廓"对话框设置轮廓宽度和颜色，然后使用"矩形工具"绘制矩形，通过调色板填充颜色，再将其转换为位图，然后应用扭曲和模糊的滤镜效果，再通过"置于图文框内部"功能将制作好的位图图像置入到文本对象中，制作粉笔字。

01 启动 CorelDRAW 2018 软件，打开本章的素材文件"素材 \ 第 10 章 \ 练习 10-4\ 制作粉笔字 .cdr"，使用"文本工具"输入文本，在属性栏设置字体为"Babylon5"，字体大小为"70pt"。

02 按 F12 快捷键打开"轮廓"对话框，设置"宽度"为 0.5mm，"颜色"为白色，然后单击"确定"按钮，为文本对象添加白色的轮廓。

03 使用"矩形工具"⬜绘制一个矩形，左键单击调色板中的"白"，填充白色，然后在菜单栏中执行"位图"→"转换为位图"命令，打开"转换为位图"对话框，单击"确定"按钮（默认设置即可），将矩形对象转换为位图。

04 保持矩形对象的选中状态，在菜单栏中单击执行"位图"→"扭曲"→"块状"命令，打开"块状"对话框，设置参数，然后单击"确定"按钮，应用块状滤镜效果。

05 在菜单栏中执行"位图"→"模糊"→"动态模糊"命令，打开"动态模糊"对话框，设置"方向"为60°，并设置其他参数，然后单击"确定"按钮，应用动态模糊效果。

06 使用"选择工具"▶将其移开，然后在菜单栏中执行"对象"→"PowerClip"→"置于图文框内部"命令，当光标变为 ◂ 形状时，单击文本对象，即可将其置于文本对象内部，完成制作。

相关链接

关于"编辑轮廓线"的内容请参阅本书第7章的第7.2.1节。关于"置于图文框内部"的内容请参阅本书第7章的第7.4节。

10.6.4 【颜色转换】滤镜组

颜色转换滤镜组可以通过减少或替换颜色来创建摄影幻觉效果。包括位平面、半色调、梦幻色调和曝光滤镜，使用这些滤镜可以让图片产生特殊的视觉效果。

使用"选择工具"▶单击选择位图图像，在菜单栏中执行"位图"→"颜色转换"命令，在子命令中选择一种滤镜命令，即可打开相应的"对话框"，设置完成后，单击"确定"按钮应用滤镜效果。

位平面

"位平面"滤镜可以使图像中的颜色以红、绿、蓝三种色块平面显示出来，用纯色来表示位图中颜色的变化，以产生特殊的视觉效果。

"位平面"对话框中的各个选项和按钮的介绍如下。

● 红、绿、蓝：调整相应颜色通道。

● 应用于所有位面：勾选该复选框，当调整"红""绿"和"蓝"任一参数值时，其他选项数值随之改变。

半色调

"半色调"滤镜可以使图像产生彩色网板的效果。若把彩色图片去色，添加该滤镜效果，则相当于无彩报纸的效果。

"半色调"对话框中各个选项的介绍如下。

● 青、品红、黄、黑：调整相应颜色的通道。

● 最大点半径：设置图像中点半径的大小。

曝光

"曝光"滤镜可以将图像制作成类似胶片底片的效果。

"曝光"对话框中各个选项的介绍如下。

● 层次：设置曝光效果的强度。数值越大，光线越强。

10.6.5 【轮廓图】滤镜组

轮廓图滤镜组可以突出显示和增强图像的边缘，使图片有一种素描的感觉，包括边缘检测、查找边缘和描摹轮廓滤镜。

使用"选择工具" 单击选择位图图像，在菜单栏中执行"位图"→"轮廓图"命令，在子命令中选择一种滤镜命令，即可打开相应的"对话框"，设置完成后，单击"确定"按钮应用滤镜效果。

边缘检测

"边缘检测"滤镜可以查找图像中的边缘并勾画出对象轮廓，该滤镜适合高对比的位图图像的轮廓查找。

"边缘检测"对话框中各个选项和按钮的介绍如下。

● 背景色：在该选项组中设置背景颜色，可以选择"白色""黑"或者"其他"单选按钮，当选择"其他"选项时，可以在下拉颜色框中选择颜色，或者使用后面的"吸管工具"按钮 吸取颜色。

● 灵敏度：设置检测边缘程度的灵敏度。

查找边缘

"查找边缘"滤镜可以自动寻找图像的边缘，并将其边缘以较亮的色彩显示出来。

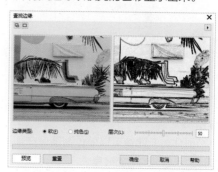

"查找边缘"对话框中各个选项和按钮的介绍如下。

● 边缘类型：在该选项组中设置边缘类型。可以选择"软"（可以产生较为平滑的边缘）或"纯色"（可以产生较为尖锐的边缘）单选按钮。

● 层次：设置边缘效果的强度。

描摹轮廓

"描摹轮廓"滤镜可以勾画出图像的边缘，边缘以外的部分大多以白色填充。

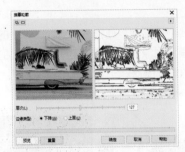

"描摹轮廓"对话框中各个选项和按钮的介绍如下。

- 层次：设置边缘效果的强度。
- 边缘类型：设置滤镜影响的范围。可以选择"下降"或"上面"单选按钮。

10.6.6 【创造性】滤镜组

创造性滤镜组可以为图像添加各种底纹和形状，包括晶体化、织物、框架、玻璃砖、马赛克、散开、茶色玻璃、彩色玻璃、虚光和旋涡滤镜。

使用"选择工具" 单击选择位图图像，在菜单栏中单击执行"位图"→"创造性"命令，在子命令中选择一种滤镜命令，即可打开相应的"对话框"，设置完成后，单击"确定"按钮应用滤镜效果。

晶体化

"晶体化"滤镜可以使位图图像产生类似于晶体块状组合的画面效果。

"晶体化"对话框中各个选项的介绍如下。

- 大小：设置水晶碎片的大小。

织物

"织物"滤镜可以使图像产生类似于各种编织物的画面效果。

"织物"对话框中各个选项和按钮的介绍如下。

- 样式：在下拉列表中选择一种样式，不同的样式可以创建不同的效果。包括"刺绣""地毯勾织""彩格被子""珠帘""丝带"和"冰纸"。
- 大小：设置工艺元素的大小。
- 完成：设置图像转换为工艺元素的程度。
- 亮度：设置图像转换为工艺元素的亮度。
- 旋转：设置光线旋转的角度。

框架

"框架"滤镜可以使图像边缘产生艺术的涂抹笔刷效果。

"框架"对话框中各个选项和按钮的介绍如下。

- 样式：单击右侧的 ▼ 按钮，在下拉列表中可以选择框架样式。
- 查看：单击 ⊙ 图标，可以隐藏相应的框架效果，单击 ⊙ 图标，可以显示相应的框架效果。
- 选择帧：在该选项下显示所选框架样式的文件位置。
- "删除" 🗑 按钮：单击该按钮，删除所选框架样式。
- 当前框架：显示所选框架样式的名称。
- "添加" ➕ 按钮：单击该按钮，在弹出的"保存预设"对话框中输入新的框架名称，然后单击"确定"
按钮添加新样式。

- **"删除" ━ 按钮：** 在"预设"下拉列表中选择要
删除的框架，单击该按钮，在弹出的提示框中单击
"是"按钮，即可删除；单击"否"按钮，则不删除。

- **修改：** 在该选项卡中可以对框架进行相应的设置。

玻璃砖

　　"玻璃砖"滤镜可以使图像产生通过块状
玻璃观看图像的效果。

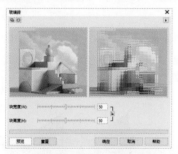

　　"玻璃砖"对话框中各个选项和按钮的介
绍如下。

- **块宽度：** 设置玻璃块的宽度。
- **块高度：** 设置玻璃块的高度。
- **"锁定" 按钮：** 单击该按钮，在改变"块宽度"
或"块高度"中的一个数值时，另一个也会随之改变。

马赛克

　　"马赛克"滤镜可以使图像产生类似于马
赛克拼接成的画面效果。

　　"马赛克"对话框中各个选项和按钮的介
绍如下。

- **大小：** 设置马赛克颗粒的大小。
- **背景色：** 在下拉列表中选择一种背景颜色，或者使
用"吸管工具" 吸取颜色。
- **虚光：** 勾选该复选框，在马赛克效果上添加一个虚
框效果。

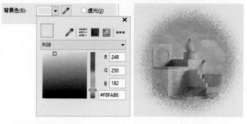

彩色玻璃

　　"彩色玻璃"滤镜可以使图像产生类似于
透过彩色玻璃看到的画面效果。

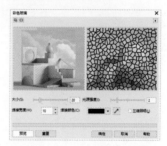

　　"彩色玻璃"对话框中各个选项和按钮的
介绍如下。

- **大小：** 设置玻璃块的大小。
- **光源强度：** 设置光线的强度。
- **焊接宽度：** 设置玻璃块边界的宽度。
- **焊接颜色：** 在下拉颜色框中选择一种接缝的颜色，
或者使用"吸管工具" 吸取颜色。
- **三维照明：** 勾选该复选框，创建三维灯光效果。

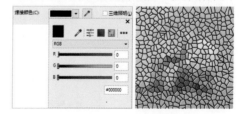

10.6.7 【扭曲】滤镜组

　　扭曲滤镜组可以为图像添加各种扭曲效果，
包括块状、置换、网孔扭曲、偏移、像素、龟

纹、旋涡、平铺、湿画笔、涡流和风吹效果。

使用"选择工具" ![] 单击选择位图图像，在菜单栏中单击执行"位图"→"扭曲"命令，在子命令中选择一种滤镜命令，即可打开相应的"对话框"，设置完成后，单击"确定"按钮应用滤镜效果。

网孔扭曲

"网孔扭曲"滤镜可以按网格曲线扭动的方向变形图片，产生飘动的效果。

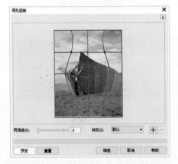

"网孔扭曲"对话框中各个选项和按钮的介绍如下。

- **网格线：** 设置网格线的数量。
- **"添加"** ![+] **按钮：** 单击该按钮，在弹出的"保存网络路径文件"对话框中输入新的扭曲名称，然后单击"确定"按钮添加新样式。
- **"删除"** ![-] **按钮：** 在"样式"下拉列表中选择要删除的样式，单击该按钮，在弹出的提示框中单击"是"按钮，即可删除；单击"否"按钮，则不删除。

偏移

"偏移"滤镜可以按照指定的数值偏移整个图像，将其切割成小块，然后以不同的顺序组合起来。

"偏移"对话框中各个选项和按钮的介绍如下。

- **Shift：** 在该选择组中设置"水平"和"垂直"方向的偏移位置。
- **未定义区域：** 在下拉列表中选择一种偏移样式。包括"环绕""重复边缘"和"颜色"。另外，在选择"颜色"选项时，可以在下拉颜色框中选择一种背景颜色，或者使用"吸管工具" ![] 吸取颜色。

像素

"像素"滤镜可以通过结合并平均相邻像素的值，将图像分割为正方向、矩形或射线的单元格。

"像素"对话框中各个选项和按钮的介绍如下。

- **像素化模式：** 在该选择组中设置像素化模式。可以选择"正方形""矩形"或"射线"单选按钮。
- **"中心点"** ![] **按钮：** 当"像素化"模式选择为"射线"选项时，单击该按钮后，在预览窗口左侧窗中单击一点，可设置射线的中心位置。
- **调整** 在该选择组中调整"宽度""高度"和"透明度"，可以设置单元格的大小和透明度。

龟纹

"龟纹"滤镜可以对位图图像中的像素进行颜色混合，使图像产生畸变的波浪效果。

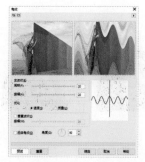

"龟纹"对话框中各个选项和按钮的介绍如下。

- **主波纹**：在该选择组中设置波浪弧度和抖动的大小。
- **优化**：在该选项组中设置执行"龟纹"命令的优先项目。可以选择"速度"或"质量"单选按钮。
- **垂直波纹**：勾选该复选框，然后拖动"振幅"滑块，可以增加并设置垂直的波纹。
- **扭曲龟纹**：勾选该复选框，进一步设置波纹的扭曲角度。
- **角度**：设置波纹的角度。

旋涡

"旋涡"滤镜可以使图像产生顺时针或逆时针的旋涡变形效果。

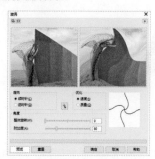

"旋涡"对话框中各个选项和按钮的介绍如下。

- **定向**：在该选择组中设置旋涡的扭转方向。可以选择"顺时针"或"逆时针"单选按钮。
- **"中心点"** 按钮：单击该按钮后，在预览窗口左侧窗中单击一点，可设置旋涡旋转的中心位置。
- **优化**：在该选项组中设置执行"旋涡"命令的优先项目。可以选择"速度"或"质量"单选按钮。
- **角度**：在该选项组中设置旋涡程度。

风吹效果

"风吹效果"滤镜可以使图像产生类似于被风吹过的画面效果，还可以做拉丝效果。

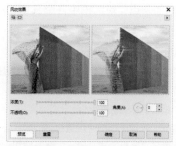

"风吹效果"对话框中各个选项和按钮的介绍如下。

- **浓度**：设置风的强度。
- **不透明**：设置风吹效果的不透明度。
- **角度**：设置风吹效果的方向。

10.6.8 【杂点】滤镜组

杂点滤镜组可以在图像中模拟或消除由于扫描或者颜色过渡所造成的颗粒效果，包括添加杂点、最大值、中值、最小、去除龟纹和去除杂点滤镜。

使用"选择工具" 单击选择位图图像，在菜单栏中执行"位图"→"杂点"命令，在子命令中选择一种滤镜命令，即可打开相应的"对话框"，设置完成后，单击"确定"按钮应用滤镜效果。

添加杂点

"添加杂点"滤镜可以在图像中增加颗粒，使图像画面具有粗糙效果。

"添加杂点"对话框中各个选项和按钮的介绍如下。

- **杂点类型**：在该选项组中设置不同的杂色点。可以选择"高斯式""尖突"或"均匀"单选按钮。
- **层次**：设置杂点的数量。
- **密度**：设置杂点的密度大小。
- **颜色模式**：在该选项组中设置杂点的颜色。可以选择"强度""随机"或"单一"单选按钮，然后在下拉颜色框中选择一种颜色，或者使用"吸管工具" 🖋 吸取颜色。

去除杂点

"去除杂点"滤镜可以去除图像中的灰尘和杂点，使图像有更干净的画面效果，但同时去除杂点后的画面也会变得模糊。

"去除杂点"对话框中各个选项和按钮的介绍如下。

- **阈值**：设置图像杂点的平滑程度。
- **自动**：勾选该复选框，可以自动调整为适合图像的阈值。

10.7 知识拓展

CorelDRAW 2018新增了为位图应用封套的功能，以交互方式调整位图形状。使用封套预置参数值或从头创建自定义封套，可以快速无缝地将位图混合到插图中。

10.8 拓展训练

本章为读者安排了一个拓展练习，以帮助大家巩固本章内容。

训练 制作线描图

难度：☆☆

素材文件：素材\第10章\习题\鞋.jpg
效果文件：素材\第10章\习题\制作线描图.cdr
在线视频：第10章\习题\制作线描图.mp4

根据本章所学的知识，利用描摹位图的操作方法，制作线描图。

第11章

应用表格

表格在实际运用中比较常见，例如在画册、海报、产品介绍中应用非常广泛。在CorelDRAW中可以快速创建表格，然后通过修改表格属性和格式可以轻松地更改表格外观。本章将详细介绍CorelDRAW 2018软件中表格的创建、编辑与应用。

本章重点

表格工具创建 | 使用菜单命令创建

表格属性设置 | 单元格属性设置 | 插入单元格

11.1 创建表格

在CorelDRAW 2018中可以使用"表格工具" ▦ 创建表格，也可以通过菜单栏中的命令创建。

11.1.1 表格工具创建 重点

单击工具箱中的"文本工具" 字 按钮，在打开的工具列表中选择"表格工具" ▦，将光标放在工作区中，按住鼠标左键并拖动，显示表格，在不释放鼠标的情况下可调整表格大小。

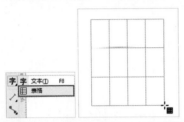

释放鼠标，即可创建表格。创建表格后，可以在属性栏中修改表格的行数和列数，还可以进行合并拆分等操作。

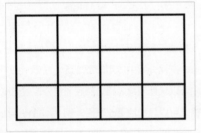

技巧

按住 Ctrl 键拖动鼠标可以绘制正方形表格。

11.1.2 使用菜单命令创建 重点

在菜单栏中执行"表格"→"创建新表格"命令，打开"创建新表格"对话框，在对话框中设置表格的"行数""栏数""高度"和"宽度"。

然后单击"确定"按钮，即可按照所设置的参数创建表格。

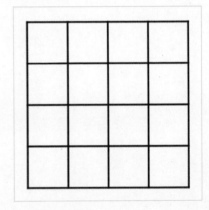

11.2 文本与表格的相互转换

在CorelDRAW 2018中，文本与表格可以相互转换，可以从现有文本创建表格，也可以将表格文本转换为段落文本。

11.2.1 将文本转换为表格

使用"选择工具" ▶ 选中文本对象（该段落文本是以逗号","为分隔符的），在菜单栏中执行"表格"→"将文本转换为表格"命令，打开"将文本转换为表格"对话框。

在对话框中选择以"逗号"为分隔符创建列，然后单击"确定"按钮，即可将文本转换为带文本内容的表格。

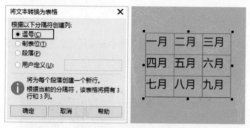

将文本转换为表格后，如果文本的字体太大，则单元格内会显示红色虚线框，并且显示不了文本，只要调整表格大小就可以显示文本了。

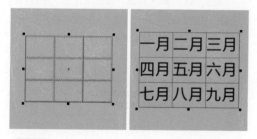

"将文本转换为表格"对话框中各个选项和按钮的介绍如下。

● **逗号：** 在逗号显示处创建一个列，在段落标记显示处创建一个行。

● **制表位：** 在制表位显示处创建一个列，在段落标记显示处创建一个行。

● **段落：** 在段落标记显示处创建一个列。

● **用户定义：** 在指定标记显示处创建一个列，在段落标记显示处创建一个行。

11.2.2　将表格转换为文本

使用"选择工具" ▶ 选中表格对象，在菜单栏中执行"表格"→"将表格转换为文本"命令，打开"将表格转换为文本"对话框。

选择以"制表位"单元格文本分隔依据创建新段落，然后单击"确定"按钮，即可将表格转换为文本。

"将表格转换为文本"对话框中各个选项和按钮的介绍如下。

● **逗号：** 使用逗号替换每列，使用段落标记替换每行。

● **制表位：** 使用制表位替换每列，使用段落标记替换每行。

● **段落：** 使用段落标记替换每列。

● **用户定义：** 使用指定字符替换每列，使用段落标记替换每行。

11.3 表格设置

创建表格后，可以对表格属性和单元格的属性进行设置，以满足实际工作的需要。

11.3.1 表格属性设置 重点

创建表格后，可以在属性栏中设置表格的相关属性。

"表格工具"属性栏中各个选项和按钮的介绍如下。

● **行数和列数**：设置表格的行数和列数。

● **填充色**：在下拉颜色框中设置表格的填充色。

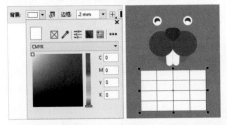

● **"编辑填充"** 按钮：单击该按钮，打开"编辑填充"对话框，设置多种类型的填充。

● **轮廓宽度**：在下拉列表或文本框中输入数值，设置边框的轮廓宽度。

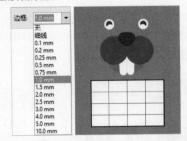

● **"边框选择"** 按钮：在下拉列表中选择调整显示在表格内部或外部的边框。

● **轮廓颜色**：在下拉颜色框中设置所选边框的轮廓颜色。

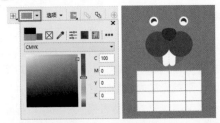

● **"表格选项"** 按钮：单击该按钮，在打开的下拉面板中设置是否"在键入时自动调整单元格大小"及"单独的单元格边框"。

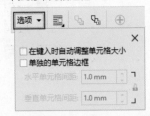

● **在键入时自动调整单元格大小**：勾选该选项，在单元格内输入文本时，单元格的大小会随着文字的多少而变换；若不勾选该选项，当文本输入满单元格时，继续输入的文本会被隐藏。

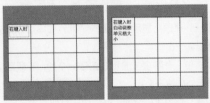

● **单独的单元格边框**：勾选该选项，可以在"水平单元格间距"和"垂直单元格间距"的数值框中输入数值，设置水平距离和垂直距离。

● "文本换行" 📄 按钮：单击该按钮，在打开的下拉面板中选择段落文本环绕对象的样式并设置偏移距离。

● "到图层前面" 按钮：单击该按钮，将对象移到图层前面。

● "到图层后面" 按钮：单击该按钮，将对象移到图层后面。

练习11-1 绘制明信片

难度：☆☆
素材文件：素材 \ 第 11 章 \ 练习 11-1\ 绘制明信片 .cdr
效果文件：素材 \ 第 11 章 \ 练习 11-1\ 绘制明信片 -OK.cdr
在线视频：第 11 章 \ 练习 11-1\ 绘制明信片 .mp4

本实例使用"表格工具" 📄 创建表格，再通过属性栏设置表格的相关属性，绘制明信片。

01 启动 CorelDRAW 2018 软件，打开本章的素材文件"素材 \ 第 11 章 \ 练习 11-1\ 绘制明信片 .cdr"，使用"表格工具" 📄 创建表格。

02 在属性栏中设置"行数和列数"，更改表格的行数和列数，然后拖动控制点调整表格到合适大小。

03 保持表格的选中状态，在属性栏中单击"边框选择" ⊞ 按钮，在"轮廓色"的下拉颜色框中设置"轮廓色"为（C:84；M:22；Y:100；K:0），再设置"轮廓宽度"为 0.75mm，即可更改表格边框的颜色和宽度。

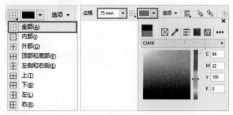

04 在属性栏中单击"边框选择" ⊞ 按钮，在下拉选项中选择"左侧和右侧"。

05 在属性栏中设置"轮廓宽度"为"无"，即可隐藏表格左右两侧的边框，完成制作。

11.3.2 单元格属性设置 重点

选择单元格后，可以通过工具属性栏设置单元格的属性。

"表格工具"属性栏中的各个选项和按钮的介绍如下。

● 表格单元格宽度和高度：设置选定表格单元格的宽度和高度。

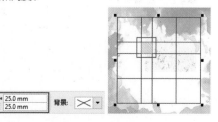

● **背景填充色：** 在下拉颜色框中设置所选单元格的背景填充色。

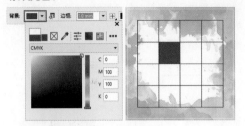

● **"编辑填充"** 按钮：单击该按钮，打开"编辑填充"对话框，设置多种类型的填充。

● **轮廓宽度：** 在下拉列表或文本框中输入数值，设置所选单元格的轮廓宽度。

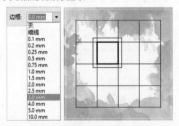

● **"边框选择"** 按钮：在下拉列表中选择调整显示在所选单元格内部或外部的边框。

● **轮廓颜色：** 设置所选单元格的轮廓颜色。

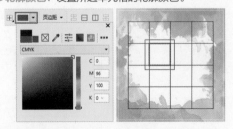

● **"页边距"** 页边距 ▾ 按钮：为所选单元格指定顶部、

底部、左侧和右侧边距。单击"锁定边距" 按钮，显示为 按钮时，可以将单元格的所有边距设置为相同宽度。

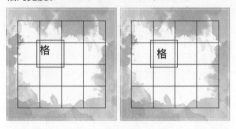

● **"合并多个单元格"** 按钮：选择多个单元格后，单击该按钮，即可将多个单元格合并为一个单元格。

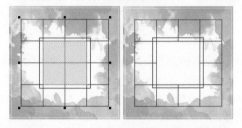

● **"水平拆分单元格"** 按钮：将单元格拆分为特定的行数。单击该按钮，在打开的"拆分单元格"对话框中设置"行数"，单击"确定"按钮，即可将所选单元格拆分为设置的行数。

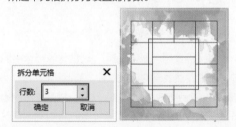

● **"垂直拆分单元格"** 按钮：将单元格拆分为特定的列数。单击该按钮，在打开的"拆分单元格"对话框中设置"栏数"，单击"确定"按钮，即可将所选单元格拆分为设置的栏数。

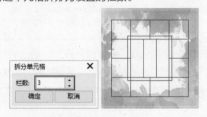

● **"撤销合并"** 按钮：单击该按钮，即可将合并的单元格分割回单独的单元格，并且只有选中合并后的单元格时该按钮才可用。

● "文本属性" 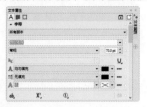 按钮：单击该按钮，可以打开"文本属性"泊坞窗，在泊坞窗中可以设置表格文本的属性。

04 在属性栏中单击"页边距"按钮，在下拉选项框中设置边距为 0mm。

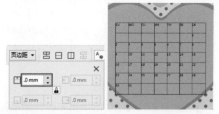

练习11-2 制作日历

难度：☆☆

素材文件：素材 \ 第 11 章 \ 练习 11-2\ 制作日历 .cdr
效果文件：素材 \ 第 11 章 \ 练习 11-2\ 制作日历 -OK.cdr
在线视频：第 11 章 \ 练习 11-2\ 制作日历 .mp4

本实例使用"表格工具" 创建表格，再通过属性栏设置表格的相关属性及调整单元格，然后在单元格中输入文本并设置文本属性，制作日历。

05 选中该表格的所有单元格，再在属性栏中单击"文本属性" 按钮，打开"文本属性"泊坞窗，任意设置一个系统自带的字体，字号为 12pt，即可更改表格中的所有文本。

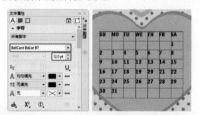

01 启动 CorelDRAW 2018 软件，打开本章的素材文档"素材 \ 第 11 章 \ 练习 11-2\ 制作日历 .cdr"，使用"表格工具" 创建表格。

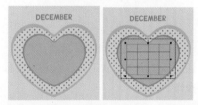

06 在"文本属性"泊坞窗中单击"段落" 按钮，切换段落设置面板，然后单击"中" 按钮，设置表格中的文本为居中。

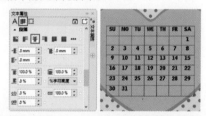

02 在属性栏中设置"行数和列数"，更改表格的行数和列数，然后拖动控制点调整表格到合适大小。

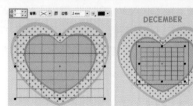

07 使用"选择工具"选中表格，在属性栏中单击"边框选择" 按钮，在下拉选项中选择"全部"，并设置轮廓宽度为"无"，取消表格的显示，完成制作。

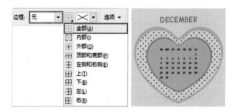

03 使用"表格工具" 在单元格内单击，显示闪烁的光标，即可输入文本，然后将光标移动到左上角，当光标变为 ◢ 形状时单击，即可选择该表格的所有单元格。

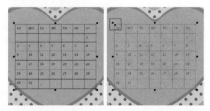

技巧

还可以使用"文本工具" 字 在单元格中输入文本。在单元格内输入文本后，可以在属性栏中设置每个单元格文本的属性。

11.4 操作表格

创建表格后，可以根据需要对表格进行操作，例如选择单元格、插入单元格、删除单元格、调整行高和列宽、设置单元格对齐及在单元格中添加图像等。

11.4.1 选择单元格

在CorelDRAW 2018中有多种选择单元格的方法，并且可以根据需要选择一个、多个或全部单元格。

使用"表格工具"圃，单击表格中的任一单元格，会显示一个闪烁的光标，在菜单栏中执行"表格"→"选择"→"单元格"命令，即可选中该单元格。

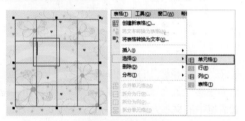

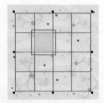

使用"表格工具"圃，将光标移动到单元格上，当光标变成加号 ✛ 形状时，单击可选择该单元格，按住Ctrl键移到其他单元格，当光标变成两个加号 ✛ 形状时，单击可选择多个指定单元格。

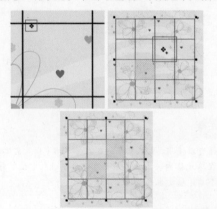

使用"表格工具"圃，将光标放在单元格中

按住鼠标左键向右拖动，即可选择一个单元格或多个单元格。

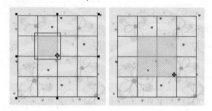

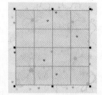

还可以使用"形状工具"进行选择单元格的操作。

11.4.2 插入单元格（重点）

在CorelDRAW 2018中可以进行插入单元格的操作。包括在行上方插入、在行下方插入、在列左侧插入、在列右侧插入、插入多行及插入多列。

在行上方插入

使用"表格工具"圃选中任意一个单元格，执行"表格"→"插入"→"行上方"命令，即可在所选的单元格上方插入行，并且插入的行与所选单元格的行属性相同。

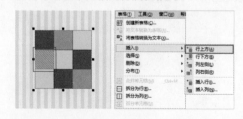

在行下方插入

使用"表格工具"📰选中任意一个单元格，在菜单栏中执行"表格"→"插入"→"行下方"命令，即可在所选的单元格下方插入行，并且插入的行与所选单元格的行属性相同。

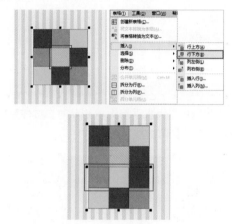

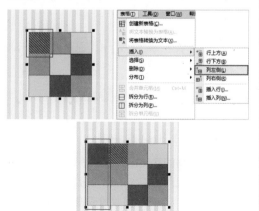

在列左侧插入

使用"表格工具"📰选中任意一个单元格，在菜单栏中执行"表格"→"插入"→"列左侧"命令，即可在所选的单元格左侧插入列，并且插入的列与所选单元格的列属性相同。

在列右侧插入

使用"表格工具"📰选中任意一个单元格，在菜单栏中执行"表格"→"插入"→"列右侧"命令，即可在所选的单元格右侧插入列，并且插入的列与所选单元格的列属性相同。

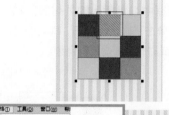

插入多行

使用"表格工具"📰选中任意一个单元格，在菜单栏中执行"表格"→"插入"→"插入行"命令，打开"插入行"对话框。

在对话框中设置插入的"行数"和"位置"，然后单击"确定"按钮，即可在选择的单元格上方或下方插入设置的行数。

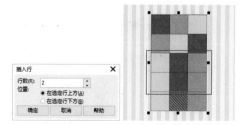

插入多列

使用"表格工具"📰选中任意一个单元格，在菜单栏中执行"表格"→"插入"→"插入列"命令，打开"插入列"对话框。

在对话框中设置插入的"列数"和"位置"，然后单击"确定"按钮，即可在选择的单元格左侧或右侧插入设置的列数。

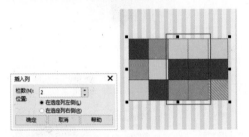

在表格中选中了多个单元格后，在菜单栏中执行"表格"→"插入"命令，则会在所选单元格的上方（或下方、左侧或右侧）插入与所选的单元格相同行数的行（或相同列数的列），并且插入的单元格的属性与邻近单元格的属性相同。

11.4.3 删除单元格

如果要删除表格中的单元格，可以使用"表格工具"选中需要删除的单元格，在菜单栏中执行"表格"→"删除"命令，在该命令的列表中执行"行""列"或"表格"命令，即可对选中单元格所在的行、列或表格进行删除。

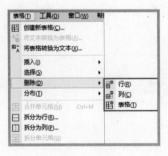

如果选择某行，却选择了用于删除列的命令，或者选择了某列，但选择了用于删除行的命令，则将删除整个表格。

11.4.4 调整行高和列宽

使用"表格工具"选中表格，然后将光标移动至单元格边框上，当光标变为垂直箭头形状时，按住鼠标左键拖动，出现蓝色预览线，释放鼠标，即可调整行高。

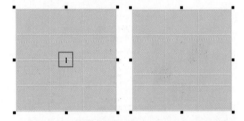

当光标变为水平箭头→形状时，按住鼠标左键拖动，即可调整列宽。

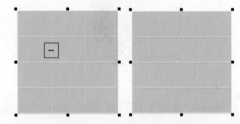

将光标移动到单元格边框的交叉点上，当光标变为倾斜箭头↘形状时，按住鼠标左键拖动，可以移动交叉点上两条边框的位置。

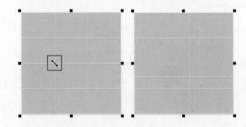

11.4.5 平均分布行列

经过调整的单元格很容易造成水平方向或垂直方向难以对齐或无法均匀分布的情况。在CorelDRAW 2018中可以对不规则的表格进行调整，使版面更加整洁。

使用"表格工具"▦选中表格中的所有单元格，在菜单栏中执行"表格"→"分布"命令。

在该命令的列表中执行"行均分"或"列均分"命令，即可将表格中的所有分布不均的行或列调整为均匀分布。

技巧

执行"分布"菜单命令时，选中的单元格行数和列数必须为两个或两个以上，此时"行均分"和"列均分"命令才可以同时执行。如果选择的多个单元格中只有一行，则"行均分"命令不可用；如果选择的多个单元格中只有一列，则"列均分"命令不可用。

11.4.6　设置单元格对齐

在表格中输入文本内容后，可以对文本进行对齐操作。

使用"表格工具"▦在单元格中单击，然后在属性栏中单击"文本对齐"▤按钮，在下拉列表中选择一种对齐方式，即可设置单元格对齐。

使用"表格工具"▦选中表格中的全部单元格，单击属性栏中的"文本属性"按钮，打开"文本属性"泊坞窗，单击"段落"▤按钮，切换为段落面板，然后单击对齐按钮，即可设置全部单元格对齐。

11.4.7　在单元格中添加图像

在绘制或排版时，有时会需要将图片放置到表格中来美化与和谐版面风格。

方法一：使用"选择工具"▶选中位图图像，按Ctrl+C快捷键进行复制，再使用"表格工具"▦单击要填充的单元格。

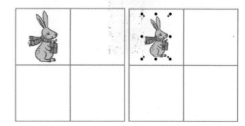

然后按Ctrl+V快捷键进行粘贴，即可在该单元格中添加图像，单击图像显示控制点，通过调整控制点，可以调整图像大小。

方法二：使用"选择工具"▶选中位图图像，按住鼠标右键将图像拖动到表格的单元格上。

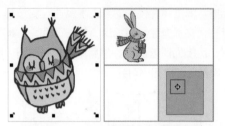

"置于单元格内部"命令，即可将该图像置于单元格内部。

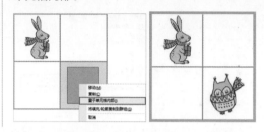

释放鼠标后，在弹出的快捷菜单中执行

11.5 知识拓展

按D键，可以快速打开图纸工具，在属性栏中可以完成编辑表格的边框、内部线条的粗细、颜色及段落文本换行等常见用于表格的操作。而图纸的编辑作用是将图纸取消群组后，可以对每个小格进行填色、移动、复制、删除、造型等操作，制作成各种各样的图形。

11.6 拓展训练

本章为读者安排了两个拓展练习，以帮助大家巩固本章内容。

训练11-1 绘制遥控器	训练11-2 绘制礼品卡
难度：☆☆	难度：☆☆
素材文件：无	素材文件：素材\第11章\习题2\素材.psd
效果文件：素材\第11章\习题1\绘制遥控器.cdr	效果文件：素材\第11章\习题2\绘制礼品卡.cdr
在线视频：第11章\习题1\绘制遥控器.mp4	在线视频：第11章\习题2\绘制礼品卡.mp4

根据本章所学的知识，运用表格的创建和操作方法，结合矩形工具，绘制遥控器。

根据本章所学的知识，使用表格工具和复制粘贴表格的技巧，绘制礼品卡。

第 **12** 章

管理和打印文件

在CorelDRAW 2018软件中，可以将该软件制
作的文件发布为其他应用程序可以使用的文件类
型或格式，还可以对其进行打印或印刷。本章将
详细介绍CorelDRAW 2018软件中管理和打印
文件的相关操作。

通常需要将CorelDRAW软件设计或制作的作品上传到互联网上，以便更多的人浏览、鉴赏。如果直接将CDR格式的文件上传，网页将无法正常显示，所以需要将绘制的图像导出为适合网页使用的图像格式。

12.1.1 CorelDRAW与其他图形文件格式

不同的软件有着不同的文件格式，文件格式代表着一种文件类型。通常情况下，可以通过其扩展名来进行区别。例如，扩展名为.cdr的文件表示该文件是CorelDRAW文件，而扩展名为.doc的文件表示该文件是word文档。

在CorelDRAW软件中，可以生成多种不同格式的文件。如果要生成各种不同格式的文件，需要用户在保存文件时选择所需的文件类型，然后程序将自动生成相应的文件格式。下面介绍经常用到的几种文件格式。

CDR 格式

CDR格式是CorelDRAW软件生成的默认文件格式，它只能在CorelDRAW中打开。

TIFF（.TIF）格式

TIFF图像文件格式是一种无损压缩格式，能存储多个通道，可在多个图像软件之间进行数据交换。

JPEG（.JPG、.JPE）格式

JPEG通常简称JPG，是一种标准格式，允许在各种平台之间进行文件传输。它是一种较常用的有损压缩格式，支持8位灰度、24位RGB和32位CMYK颜色模式。由于支持真彩色，在生成时可以通过设置压缩的类型产生不同大小和质量的文件，主要用于图像预览及超文本文档，如HTML文档。

GIF 格式

GIF图像文件格式能够保存为背景透明化的图像形式，可进行LZW压缩，使图像文件占用较少的磁盘空间，传输速度较快，还可以将多张图像存储为一个文件形成动画效果。

BMP（.BMP、.RLE）格式

BMP图像文件格式是一种标准的点阵式图像文件格式，以BMP格式保存的文件通常比较大。

PNG 格式

PNG文件格式广泛应用于网络图像的编辑，可以保存24位真彩色图像，具有支持透明背景和消除锯齿边缘的功能，可在不失真的情况下进行压缩并保存图像。

EPS 格式

EPS文件格式为压缩的PostScript格式，可用于绘图或排版，最大的优点是可以在排版软件中以低分辨率预览，打印时以高分辨率输出，效果与图像输出质量两不误。

PDF 格式

PDF文件格式可包含矢量图和位图，可以存储多页信息，包含图形、文档的查找和导航功能。该格式支持超文本链接，是网络下载经常使用的文件格式。

AI 格式

AI文件格式是一种矢量文件格式，它的优点是占用硬盘空间小，打开速度快，方便格式转换。

12.1.2 发布到Web

使用CorelDRAW 2018完成制作后，可以将当前图像进行优化并导出为与Web兼容的GIF、PNG或JPEG格式。

在菜单栏中执行"文件"→"导出为"→

"Web" 命令，打开"导出到网页"对话框，可以直接使用系统预设（即默认设置）进行导出，也可以自定义以得到特定结果。

"导出到网页"对话框中各个选项和按钮的介绍如下。

- 预览窗口按钮：显示文档的预览效果。
- 预览模式：在单个窗口或拆分的窗口中预览所做的调整。

- 缩放和平移工具：单击"放大工具" ![icon] 或"缩小工具" ![icon] 按钮，可以将显示在预览窗口中的文档放大或缩小；单击"平移工具" ![icon] 按钮，可以将显示在高于 100% 的缩放级上的图像平移，使其适合预览窗口。
- 滴管工具和取样的色样：单击"滴管工具" ![icon] 按钮，可以对颜色进行取样；其右侧的下拉列表框用于选择取样的颜色。
- 预设下拉列表框：选择文件格式的设置。

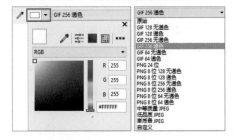

- 格式：在下拉列表中选择一种 Web 兼容的格式。

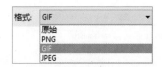

- PNG：适用于各种类型的图像，包括照片和线条画。与 GIF 和 JPEG 格式不同，该格式支持 Alpha 通道，也就是可以存储带有透明部分的图像。
- GIF：适用于线条、文本、颜色很少的图像或具有锐利边缘的图像，如扫描的黑白图像或徽标。GIF 提供了多种高级设置选项，包括透明背景、隔行图像和动画等。此外，还可以创建图像的自定义调色板。
- JPEG：适用于照片和扫描的图像，该格式会对文件进行压缩以减少其体积，方便图像的传输。这会造成一些图像数据丢失，但是不会影响大多数照片的质量。在保存图像时，可以对图像质量进行设置。图像质量越高，文件体积越大。
- 导出设置：在对话框右侧的面板中可以自定义导出设置，如颜色、显示选项和大小等。

- 格式信息：查看文件格式信息，在每一个预览窗口中都可以查看。

- 颜色信息：显示所选颜色的颜色值。

- 速度：在下拉列表中选择保存文件的互联网速度。

12.1.3 发布到Office

CorelDRAW与Office应用程序（如Microsoft Word和WordPerfect Office）高度兼容，在CorelDRAW中，用户可将文件导出到Office来适用不同用途。

在菜单栏中执行"文件"→"导出"→"导出到Office"命令，打开"导出到Office"对话框。

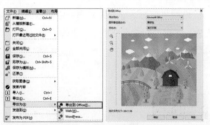

在"导出到"列表中选择图像的应用类型，应用类型有两种，应用到Word和应用到所有的Office文档中。

- **Microsoft Office：**可以设置选项以满足各种Microsoft Office应用程序的不同输出需求。
- **WordPerfect Office：**通过将Corel WordPerfect Office图像转换为WordPerfect图形文件（WPG）来优化图像。

如果选择Microsoft Office，可从"图形最佳适合"下拉列表中选择"兼容性"或"编辑"。

- **兼容性：**可以将绘图另存为Portable Network Graphic（PNG）位图。当将绘图导入办公应用程序时，这样可以保留绘图的外观。
- **编辑：**可以在Extended Metafile Format（EMF）中保存绘图，这样可以在矢量绘图中保存大多数可编辑元素。

如果选择Microsoft Office和兼容性，可从"优化"下拉列表中选择图像最终应用品质。

- **演示文稿：**可以优化输出文件，如幻灯片或在线文档（96dpi），适用于在电脑屏幕上演示。
- **桌面打印：**可以保持用于桌面打印的良好图像质量（150dpi），适用于一般文档打印。
- **商业印刷：**可以优化文件以适应高质量打印（300dpi），适用于出版级别。

单击"确定"按钮，弹出"另存为"对话框，选择保存到文件夹，在"文件名"文本框中键入文件名，单击"保存"按钮，即可根据用途将文件导出为合适质量的图像。

提示

应用的品质越高，输出的图像文件大小越大，可在"导出到Office"对话框的左下角看到"估计的文件大小"。

12.1.4 发布到PDF

在CorelDRAW中将文档发布为PDF文件，可以保存原始文档的字体、图像、图形及格式。如果用户在计算机上安装了Adobe Acrobat、Adobe Reader或PDF兼容的阅读器，就可以在任意平台上查看、共享和打印PDF文件。PDF文件也可以上载到企业内部网或Web，还可以将个别选定部分或整个文档导出到PDF文件中。

在菜单栏中执行"文件"→"发布为PDF"命令，或者单击标准工具栏中的"发布为PDF"  按钮，打开"发布为PDF"对话框。

在"PDF预设"下拉列表中选择所需要的PDF预设类型。如有需要，可单击"设置"按

钮，然后在弹出的"PDF设置"对话框中对常规、颜色、文档、预印等属性进行设置。

选择保存路径，输入文件名后，在"发布至PDF"对话框中单击"保存"按钮，即可将当前文档保存为PDF文件。

12.2 打印和印刷

在CorelDRAW中将设计好的作品打印或印刷出来后，整个设计制作过程才算彻底完成。本节将详细介绍关于打印与印刷的相关操作。

12.2.1 准备标题供打印

"准备标题供打印"功能可以加快制作的工作流程，从而简化准备标题设计以供打印的过程。

在CorelDRAW 2018中，使用"边框和扣眼"命令可以灵活地通过整个活动页面或所选对象创建标题。不管是延展、镜像文档边缘或设置颜色，都具有直观的控件来精确创建完美边框，该功能还可以简化添加扣眼，扣眼是穿过较薄材料插入孔中的圆环或边条，用于插入绳子和正确悬挂标题。

在菜单栏中执行"工具"→"边框和扣眼"命令，打开"边框和扣眼"对话框，在对话框中设置各项参数，然后单击"确定"按钮，即可添加边框和扣眼。

"边框和扣眼"对话框中各个选项和按钮的介绍如下。

● 来源：在该选项区域中选择"页面"或"选定内容"单选按钮。

● 边框：在该选项区域设置添加的边框。

● 添加边框：勾选该复选框，启用边框控件。

● 类型：在下拉列表中选择创建边框的类型。包括"页面""颜色""延展"和"镜像"。

● 页面：选择该选项，使用页面背景色创建边框。

● 颜色：选择该选项，在弹出的"选择颜色"对话框中选择颜色，即可使用所选颜色创建边框。

245

●**延展:** 选择该选项,向边框边缘拉伸页面。

●**镜像:** 选择该选项,将页边镜像到边框边缘。

●**大小:** 在后面的数值框中输入数值,设置边框的大小。
●**扣眼:** 在该选项区域设置添加的扣眼。
●**添加扣眼:** 勾选该复选框,启用扣眼控件。

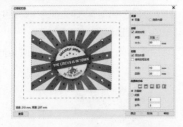

●**使用边框区域:** 勾选该复选框,在计算扣眼位置时使用边框区域。

●**大小:** 在后面的数值框中输入数值,设置扣眼标记的大小。

●**边距:** 在后面的数值框中输入数值,设置扣眼中心到页边的距离。
●**位置和分布:** 勾选该复选框,才可激活该选项区域。设置放置扣眼标记的位置,可以选择"转角" 🞖、"上" 🞖、"下" 🞖、"左" 🞖 及"右"按钮🞖。

●**扣眼数:** 选择该单选按钮,然后在"水平"和"垂直"后面的数值框中输入数值,设置要放置在每侧扣眼的数量。
●**间距:** 选择该单选按钮,然后在"水平"和"垂直"后面的数值框中输入数值,设置扣眼之间的距离。

12.2.2 打印设置

要成功地打印作品,需要对打印选项进行设置,以得到更好的打印效果。用户可以选择按标准模式打印,指定文件中的某种颜色进行分色打印,也可以将文件打印为黑白或单色效果。在CorelDRAW中提供了详细的打印选项,通过设置打印选项,能够即时预览打印效果,以提高打印的准确性。

打印设置是指对打印页面的布局和打印机类型等参数进行设置。

在菜单栏中执行"文件"→"打印"命令,或单击标准工具栏上的"打印" 🖨 按钮,也可以按Ctrl+P快捷键,打开"打印"对话框。

该对话框中包括"常规""颜色""复合""布局""预印"和"问题"选项卡,用户可以根据需要,在这些选项卡中进行相应的设置。

"常规"选项卡中各个选项和按钮的介绍
如下。

●**打印机:** 在下拉列表中选择一种打印机。

●**页面:** 在下拉列表中选择一个页面尺寸和方向选项。

●**副本:** 在副本区域的份数框中键入一个值。如果要
将副本进行分页,请启用分页复选框。

●**打印范围:** 在该选项区域中启用一种页面选项。

●**当前文档:** 打印活动的绘图。

●**当前页:** 打印活动的页面。

●**页:** 打印指定页。

●**文档:** 打印指定的文档。

●**选定内容:** 打印选定的对象。

设置完成后,单击"打印"对话框底部的
▶ 按钮,可以对所做的打印设置进行预览,满
意后单击"打印"按钮,对页面打印区域中的
对象进行打印。

12.2.3 打印预览

在正式打印前通常要预览一下,查看并确
认打印总体效果。在CorelDRAW软件中设计
的作品可以预览到文件在输出前的打印状态,
显示打印的作品在纸张上显示的位置和大小。
并且可以缩放一个区域,或者查看打印时单个
分色的显示方式。

在菜单栏中执行"文件"→"打印预览"
命令,打开"打印预览"窗口。

"打印预览"窗口中各个选项和按钮的介
绍如下。

●**打印样式:** 在该下拉列表中可以选择自定义打印样
式,或者导入预设文件。

●**"打印样式另存为" ➕ 按钮:** 单击该按钮,将当前
打印样式存储为预设。

●**"删除打印样式" ➖:** 单击该按钮,删除当前选择
的打印预设。

●**"打印选项" ⚙ 按钮:** 单击该按钮,在弹出的"打
印选项"对话框中对常规打印的配置、颜色、复合、
布局、预印及印前检查进行设置。

●**缩放:** 在该下拉列表中可以选择预览的缩放级别。

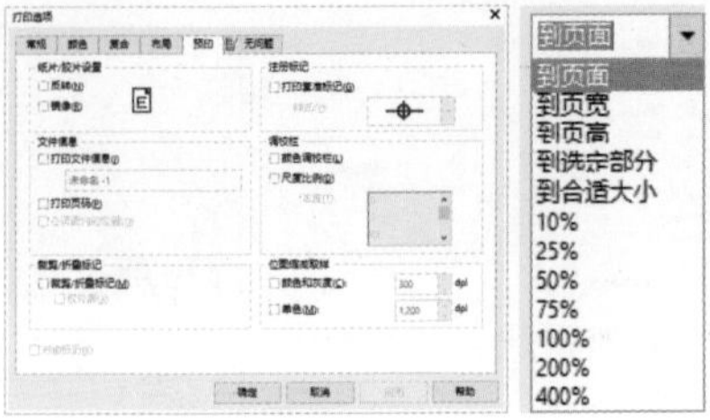

- **"全屏"按钮**：单击该按钮，可全屏预览，按Esc键，则退出全屏模式。
- **"启用分色"按钮**：分色是一个印刷专业名词，指的是将原稿上的各种颜色分解为黄、洋红、青、黑4种原色。单击该按钮后，彩色图像将会以分色的形式呈现出多个颜色通道，单击窗口底部的分色标签（青色、品红、黄色、黑体），可以查看各个分色效果。

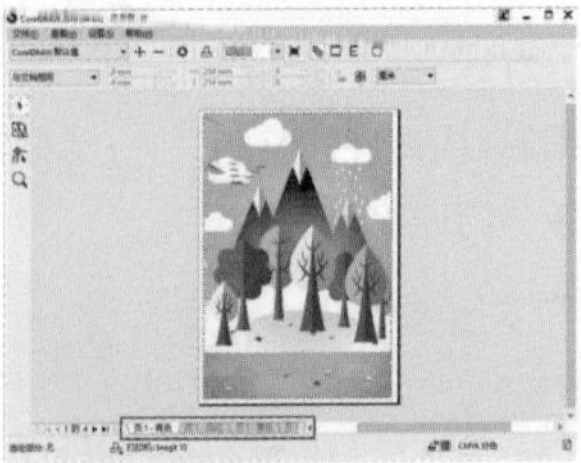

- **"反转"按钮**：单击该按钮，可以查看当前图像颜色反向的效果。
- **"镜像"按钮**：单击该按钮，可以查看到当前图像的水平镜像效果。

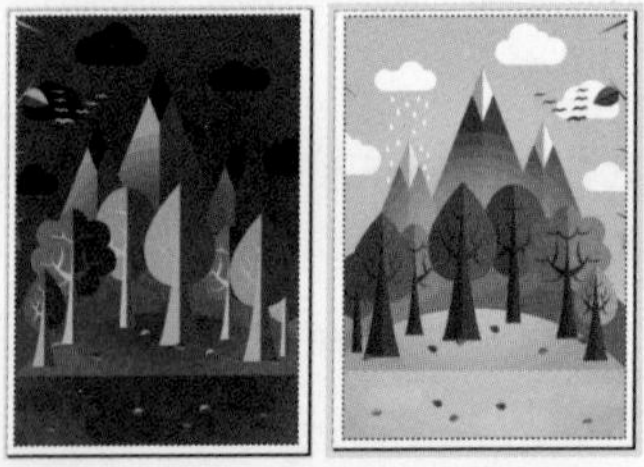

- **"关闭打印预览"按钮**：单击该按钮，将关闭当前预览窗口。
- **页面中的图像位置**：在该下拉列表中选择图像在印刷页面中所处的位置。
- **"挑选工具"按钮**：单击该按钮，可以选择画面中的对象，选中的对象可以进行移动、缩放等操作。

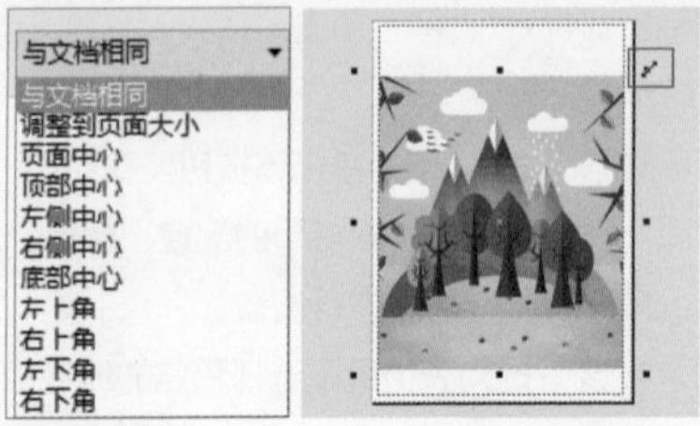

- **"版面布局"按钮**：单击该按钮，可以查看当前图像预览模式，将工作区中所显示的阿拉伯数字进行垂直翻转，然后单击"挑选工具"按钮，回到图像预览状态后可以看到图像也会发生相应变换。

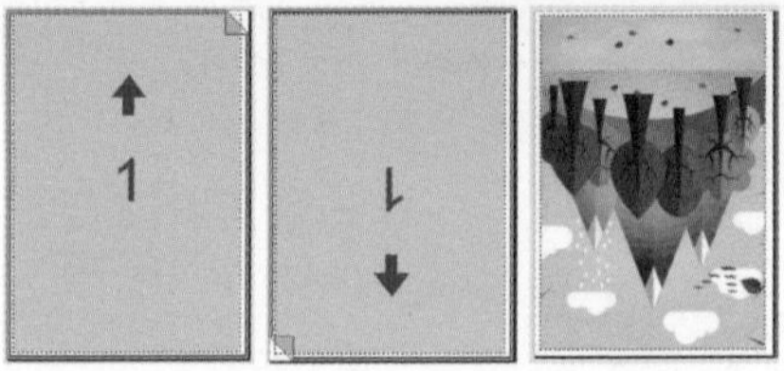

- **"标记放置"按钮**：单击该按钮，可以定位打印机标记。

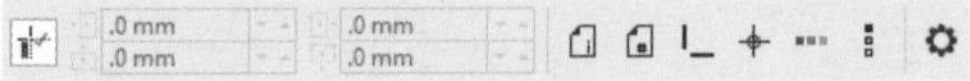

- **"缩放"按钮**：单击该按钮，调整预览画面的显示比例，可以放大和缩小预览页面。

12.2.4 合并打印

在日常处理工作时，常常需要打印一些格式相同而内容不同的东西，如信封、名片、明信片、请柬等，如果一一编辑打印，数量大时操作会非常烦琐。"合并打印"功能可以将来自数据源的文本与当前绘图文档合并，并打印输出。

合并打印分为五个步骤，即创建/载入合并打印、插入域、合并到新文档、社会自域文本属性及打印。

创建 / 载入合并打印

在菜单栏中执行"文件"→"合并打印"→"创建/载入合并打印"命令，打开"合并打印导向"对话框，选择"创建新文本"单选按钮，然后单击"下一步"按钮。

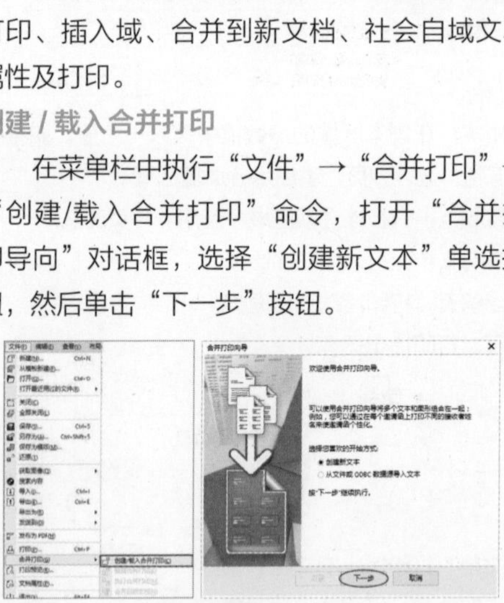

插入域

单击"下一步"按钮，进入"添加域"页面，在"文本域"文本框中输入"姓名"文本后，单击"添加"按钮，即可将其加入到下面的域名列表中。

采用同样的方法，添加"职务"文本域，和"电话"数字域。

单击"下一步"按钮，进入"添加或编辑记录"页面，在"姓名"下的文本框中输入"TOM"，并在"职务"和"电话"下的文本框中输入文本，单击"新建"按钮，可以创建新的条目。

单击"下一步"按钮，进入保存页面，勾选"数据设置另存为"复选框，然后单击  按钮，打开"另存为"对话框，选择保存路径，并输入数据文件名称。

单击"保存"按钮，数据文件将保存在指定目录中。

单击"完成"按钮，此时弹出"合并打印"工具栏，在"域"下拉列表中选择域名，然后单击"插入合并打印字段"按钮，即可在图形文档页面中插入选择的域名。

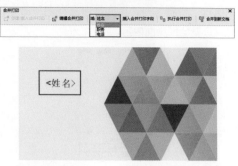

采用同样的方法，插入其他域名，并移动域名到合适的位置。

技巧

若需要对域名中的数据进行修改，可在"合并打印"工具栏上单击"编辑合并打印"按钮，重新打开"合并打印导向"对话框，对需要的内容进行修改即可。

合并到新文档

在"合并打印"工具栏中单击"合并到新文档"按钮，即可将文本数据与图形文件合并，并将合并文档保存到新文件中，当前页面显示合并的新文档。文本数据有三条记录条目，在合并新文档中就有三个页面，每一个页面中显示不同的文本数据。

社会自域文本属性

使用"选择工具" 选中文本对象，在"对象属性"泊坞窗中设置字体、字号、颜色等属性，并移动到适合的位置。然后在菜单栏中执行"查看"→"页面排序器视图"命令，可以查看全部页面内容。

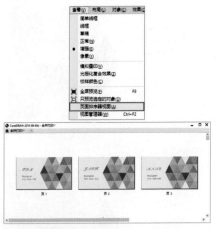

打印

效果满意后，在"合并打印"工具栏中单击"执行合并打印"按钮，弹出"打印"对话框。

在对话框中进行打印的相关设置，选择打印机，并选择需要打印的页面，单击"打印"按钮，即可打印输出合并文档。

12.2.5 收集用于输入的信息

在CorelDRAW中进行设计时，经常要链接位图素材或使用本地的字体文件。如果单独将CDR格式的工程文件转移到其他设备上，打开后可能会出现图像或文字显示不正确的情况。"收集用于输出的信息"功能可以快捷地将链接的位图素材、字体素材等信息进行提取、整理。

在菜单栏中执行"文件"→"收集用于输出"命令，打开"收集用于输出"对话框，选择"自动收集所有与文档相关的文件"单选按钮。

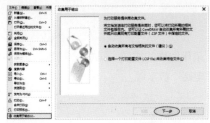

单击"下一步"按钮，在弹出的对话框中选择文档的输出文件格式，勾选"包括PDF"复选框，可以在"PDF预设"下拉列表中选择适合的预设；勾选"包括CDR"复选框，可以在"另存为版本"下拉列表中选择工程文件存储的版本。

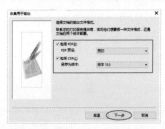

单击"下一步"按钮，在弹出的对话框中可以复制所有文档字体。

单击"下一步"按钮，在弹出的对话框中可以选择是否包括要输出的颜色预置文件，选择"包括颜色预置文件"单选按钮。

单击"下一步"按钮，在弹出的对话框中单击"浏览"按钮，可以设置输出文件的存储

路径，勾选"放入压缩（zipped）文件夹中"复选框，可以压缩文件的形式进行存储，以便于传输。

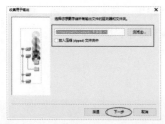

单击"下一步"按钮，系统开始收集用于输出的信息，在弹出的对话框中单击"完成"按钮，即可完成操作。

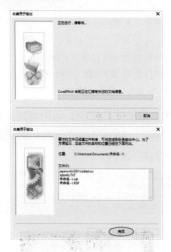

12.2.6 印前技术

印刷不同于打印，印刷是一项相对更复杂的输出方式，它需要先制版才能交付印刷。要得到准确无误的印刷效果，在印刷之前需要了解与印刷相关的基本知识和印刷技术，这样在文稿的设计过程中对于版面的安排、颜色的应用和后期制作等都会有很大帮助。

印刷分为平版印刷、凹版印刷、凸版印刷和丝网印刷4种不同的类型，根据印刷类型的不同，分色出片的要求也会不同。

平版印刷

平版印刷又称为胶印，是根据水和油墨不相互混合的原理制版印刷的。

在印刷过程中，油质的印纹会在油墨辊经过时沾上油墨，而非印纹部分会在水辊经过时吸收水分，然后将纸压在版面上，就使印纹上的油墨转印到纸张上，制成了印刷品。平版印刷主要用于海报、DM单、画册、书刊杂志及月历的印制，它具有吸墨均匀、色调柔和、色彩丰富等特点。

凹版印刷

凹版印刷的印版印刷部分低于空白部分，所有的空白部分都在一个平面上，而印刷部分的凹陷程度则随着图像深浅不同而变化。图像色调深，印版上的对应部位下凹深。印刷时，印版滚筒的整个印版都涂满油墨，然后用刮墨装置刮去凸起的空白部分上的油墨，再放纸加压，使印刷部分上的油墨转移至纸张上，从而获得印刷品。

凸版印刷

在凸版印刷中，印刷机的给墨装置先使油墨分配均匀，然后通过墨辊将油墨转移到印版上，由于凸版上的图文部分远高于印版上的非图文部分，因此，墨辊上的油墨只能转移到印版的图文部分，而非图文部分则没有油墨。

印刷机的给纸机构将纸输送到印刷机的印刷部件，在印版装置和压印装置的共同作用下，印版图文部分的油墨则转移到承印物上，从而完成一件印刷品的印刷。

凸版印刷品的种类很多，有各种开本、各种装订方法的书刊、杂志，也有报纸、画册，还有装潢印刷品等，其具有色彩鲜亮、亮度好、文字与线条清楚等特点，不过它只适合于印刷量少时使用。

丝网印刷

在印刷时，通过刮板的挤压，使油墨通过图文部分的网孔转移到承印物上，形成与原稿一样的图文。丝网印刷应用范围广，常见的印刷品有：彩色油画、招贴画、名片、装帧封面、商品标牌及印染纺织品等。

丝网印刷有设备简单、操作方便、印刷与制版简易、色泽鲜艳、油墨厚实、立体感强、适应性强等优点，但4种颜色以上或有渐变色的图案产品报废率较高，所以很难表现丰富的色彩，且印刷速度慢。

12.3 知识拓展

如果启动CorelDRAW时提示建立新文件失败，这是因为打印机安装故障的原因，删除原有打印机或网络打印机，重新安装一个本地打印机，如果没有本地打印机，安装一个系统自带的虚拟打印机即可。

12.4 拓展训练

本章为读者安排了两个拓展练习，以帮助大家巩固本章内容。

训练12-1 嘴口酥
难度：☆☆
素材文件：素材\第12章\习题1\嘴口酥.cdr
效果文件：素材\第12章\习题1\嘴口酥.gif
在线视频：第12章\习题1\嘴口酥.mp4

根据本章所学的知识，将CorelDRAW文件发布到Web，导出"嘴口酥.gif"文件。

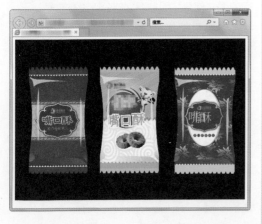

训练12-2 人物
难度：☆☆
素材文件：素材\第12章\习题2\人物.cdr
效果文件：素材\第12章\习题2\人物.pdf
在线视频：第12章\习题2\人物.mp4

根据本章所学的知识，运用管理文件的操作方法，将CorelDRAW文件发布到PDF，导出"人物.pdf"文件。

第 **13** 章

综合案例

在前面的章节中介绍了CorelDRAW 2018中的
一些基本工具及常用功能的操作，本章将以综合
实例的方式来介绍CorelDRAW 2018在不同领
域中的具体应用。

CorelDRAW常常用于工业设计，能够制作出非常逼真的产品效果图，产品是立体的东西，在表现时一定要注意对其体感的把握，体感的表现依赖于对光影的运用，也就是光线投射在物体上所产生的明暗层次变化。

13.1.1 案例分析

本实例制作的是一条珠宝项链，通过椭圆形工具、形状工具绘制形状，制作钻石、宝石及金属片装饰，其中通过旋转泊坞窗进行旋转与复制，再使用交互式填充工具填充颜色，完成吊坠的制作，然后打开项链展示架素材，将项链调整到合适的大小和位置，再制作金属片、链条及钩环，即可完成设计。

13.1.2 具体操作

01 启动 CorelDRAW 2018 软件，新建一个空白文档，单击工具箱中的"椭圆形工具" ○ 按钮，绘制一个正圆，再单击工具箱中的"手绘工具" ╲ 按钮，在打开的工具列表中选择"2 点线工具" ╱ ，绘制直线线段。

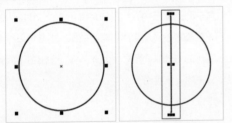

02 保持直线的选中状态，在菜单栏中执行"对象"→"变换"→"旋转"命令，打开"变换"泊坞窗，设置参数，然后单击"应用"按钮，即可旋转并复制对象。

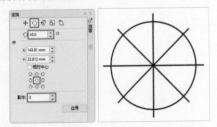

03 使用"选择工具" ╲ 选中全部直线对象，再次单击，然后拖曳旋转 ╲ 按钮旋转对象，单击工具箱中的"智能填充工具" ⬛ 按钮，在属性栏中

设置"填充选项"为"指定"，并在"填充色"的下拉列表中设置填充颜色为（C:41；M:100；Y:100；K:11）。

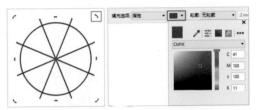

04 将光标移动到需要填充的区域，单击即可填充颜色并创建新对象。

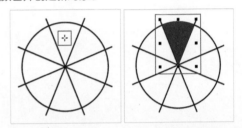

05 采用同样的方法，使用"智能填充工具" ⬛ 为各个区域填充颜色，按顺时针方向依次为（C:0；M:80；Y:64；K:0）、（C:32；M:100；Y:91；K:1）、（C:13；M:100；Y:75；K:0）、（C:67；M:97；Y:100；K:65）、（C:32；M:100；Y:91；K:1）、（C:51；M:100；Y:100；K:35）、（C:0；M:57；Y:32；K:0），然后使用"选择工具" ╲ 选中圆形对象和直线对象，按 Delete 键删除。

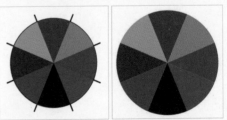

06 单击工具箱中的"多边形工具" ○ 按钮，并在属性栏中设置边数为"8"，绘制一个八边形，再单击八边形对象，然后拖曳旋转 ╲ 按钮旋转对象。

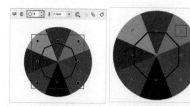

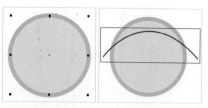

07 单击工具箱中的"交互式填充工具" 按钮，在属性栏中单击"均匀填充" 按钮，在"填充色"的下拉面板中设置填充色为（C:0；M:57；Y:32；K:0），为对象填充粉色，再使用鼠标右键单击调色板中的 按钮，取消轮廓线。

11 释放鼠标后，即可沿曲线切割对象，然后使用"选择工具" 选中上面的形状，单击鼠标右键，在弹出的快捷菜单中单击执行"顺序"→"置于此对象前"命令，当光标变为 形状时，单击大圆形对象，即可调整对象顺序。

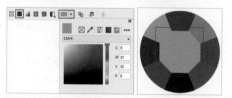

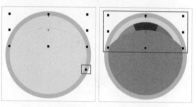

08 使用"选择工具" 选中八边形对象，按 Ctrl+C 快捷键进行复制，再按 Ctrl+V 快捷键粘贴对象，然后更改填充颜色为（C:0；M:29；Y:22；K:0），按 Ctrl+Q 快捷键将其转换为曲线，然后单击工具箱中的"形状工具" 按钮，显示节点，并调整曲线形状。

12 选中切割下面的对象，将颜色更改为（C:16；M:50；Y:88；K:0），再使用"形状工具" 调整曲线形状。

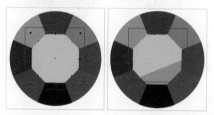

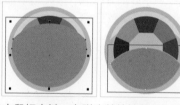

09 使用"椭圆形工具" 绘制一个圆形，使用"交互式填充工具" 填充（C:3；M:28；Y:51；K:0）颜色，再取消轮廓线，然后单击属性栏中的"到图层后面" 按钮，将其置于最下方，并调整至合适的大小和位置。

13 单击鼠标右键，在弹出的快捷菜单中单击执行"顺序"→"置于此对象前"命令，当光标变为 形状时，单击大圆形对象，调整对象顺序，使用"选择工具" 选中全部钻石对象，按 Ctrl+G 快捷键组合对象，再使用"椭圆形工具" 绘制一个圆形，填充（C:40；M:71；Y:100；K:3）颜色，然后取消轮廓线，再单击属性栏中的"到图层后面" 按钮，将其置于最下方。

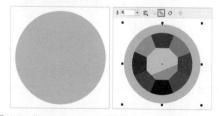

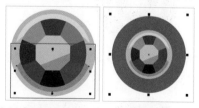

10 使用"椭圆形工具" 绘制一个圆形，为对象填充颜色（C:1；M:11；Y:27；K:0）并取消轮廓线，再单击工具箱中的"刻刀工具" 按钮，在属性栏中单击"贝塞尔模式" 按钮，然后在形状上绘制曲线。

14 绘制金属片装饰，单击工具箱中的"矩形工具" 按钮，绘制一个矩形，再在属性栏中单击"圆角" 按钮，设置转角半径为"2mm"，然后按 Ctrl+Q 快捷键将其转换为曲线，使用"形状工具" 调整曲线形状。

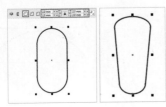

15 为形状填充（C:3；M:28；Y:51；K:0）颜色，并取消轮廓线，再复制一个形状，更改填充颜色为（C:3；M:28；Y:51；K:0），并调整至合适的大小，再使用"形状工具" [k]调整曲线形状。

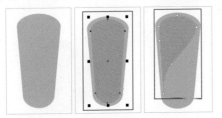

16 复制一个形状，更改填充颜色为（C:16；M:50；Y:88；K:0），使用"形状工具" [k]调整曲线形状，再复制一个最下方的形状，更改填充颜色为（C:1；M:11；Y:27；K:0），并使用"形状工具" [k]调整曲线形状，然后将其调整到合适的大小。

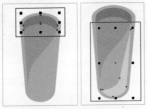

17 使用"选择工具" [k]选中全部形状，按 Ctrl+G 快捷键组合对象，并调整至合适的大小和位置，在"变换"泊坞窗中单击"旋转" [C]按钮，设置参数。

18 使用"选择工具" [k]单击对象，更改中心点的位置，然后单击"应用"按钮，即可旋转并复制对象。

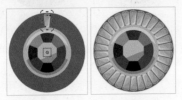

19 使用"椭圆形工具" [O]绘制一个圆形，填充（C:3；M:28；Y:51；K:0）颜色，然后取消轮廓线，再单击属性栏中的"到图层后面" [G]按钮，将其置于最下方，单击工具箱中的"钢笔工具" [A]按钮，绘制曲线形状，填充（C:1；M:11；Y:27；K:0）颜色并取消轮廓线。

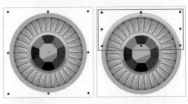

20 复制一个形状，单击属性栏中的"垂直镜像" [B]按钮，从上至下翻转对象，然后更改颜色为（C:3；M:28；Y:51；K:0），并调整至合适的位置，再使用"椭圆形工具" [O]绘制一个圆形，填充（C:40；M:71；Y:100；K:3）颜色，然后取消轮廓线，单击属性栏中的"到图层后面" [G]按钮，将其置于最下方。

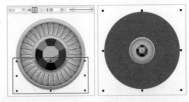

21 制作红色宝石装饰，使用"椭圆形工具" [O]绘制圆形，再单击工具箱中的"交互式填充工具" [A]按钮，在属性栏中单击"渐变填充" [B]按钮，再单击"矩形渐变填充" [B]按钮，填充粉红色（C:0；M:80；Y:24；K:0）到深红色（C:13；M:93；Y:67；K:0）的渐变颜色，取消轮廓线。

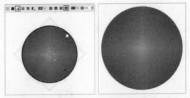

22 复制一个圆形，再单击工具箱中的"交互式填充工具" [A]按钮，在属性栏中单击"线性渐变填充" [B]按钮，更改填充颜色为深红（C:39；M:100；Y:100；K:7）到红色（C:4；M:87；Y:56；K:0）的渐变，再单击属性栏中的"到图层后面" [G]按钮，将其置于最下方，并调整至合适的大小和位置。

23 复制一个圆形对象，按 Ctrl+Q 快捷键将其转换为曲线，然后使用"形状工具"调整曲线形状，再使用"交互式填充工具"更改填充颜色为深红色（C:18；M:97；Y:76；K:0）到白色（C:0；M:0；Y:0；K:0）的渐变，复制一个圆形对象，按 Ctrl+Q 快捷键将其转换为曲线，然后使用"形状工具"调整曲线形状，再使用"交互式填充工具"更改填充颜色为黑色（C:93；M:88；Y:89；K:80）到白色（C:0；M:0；Y:0；K:0）的渐变。

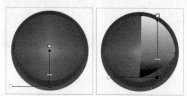

24 单击工具箱中的"透明度工具"按钮，在属性栏中单击"均匀透明度"按钮，设置合并模式为"屏幕"，并设置透明度为"20"，创建透明度效果，再使用"椭圆形工具"绘制一个圆形，填充（C:40；M:71；Y:100；K:3）颜色，然后取消轮廓线，再单击属性栏中的"到图层后面"按钮，将其置于最下方。

25 使用"椭圆形工具"绘制一个圆形，填充（C:3；M:28；Y:51；K:0）颜色，然后取消轮廓线，再单击属性栏中的"到图层后面"按钮，将其置于最下方，复制一个圆形对象，更改填充颜色为（C:1；M:11；Y:27；K:0），再按 Ctrl+Q 快捷键将其转换为曲线，然后使用"形状工具"调整曲线形状。

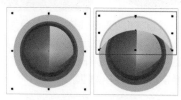

26 单击鼠标右键，在弹出的快捷菜单中执行"顺序"→"置于此对象前"命令，当光标变为◆形状时，单击大圆形对象，调整对象顺序，再复制一个圆形对象，更改填充颜色为（C:16；M:50；Y:88；K:0），再按 Ctrl+Q 快捷键将其转换为曲线，然后使用"形状工具"调整曲线形状。

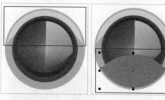

27 单击鼠标右键，在弹出的快捷菜单中执行"顺序"→"置于此对象前"命令，当光标变为◆形状时，单击大圆形对象，调整对象顺序，再使用"椭圆形工具"绘制一个圆形，填充（C:40；M:71；Y:100；K:3）颜色，然后取消轮廓线，再单击属性栏中的"到图层后面"按钮，将其置于最下方。

28 制作宝石旁边的金属片装饰，绘制方法与前面金属片装饰的绘制方法相同，再使用"选择工具"选中全部形状，按 Ctrl+G 快捷键组合对象，并调整至合适的大小和位置。

29 在"变换"泊坞窗中单击"旋转"按钮，设置参数，再使用"选择工具"单击对象，更改中心点的位置。

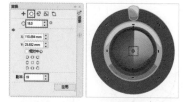

30 单击"应用"按钮，即可旋转并复制对象，再使用"选择工具"选中全部形状，按 Ctrl+G 快捷键组合对象，并调整至合适的大小和位置。

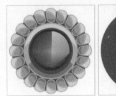

31 在"变换"泊坞窗中单击"旋转" 按钮，设置参数，再使用"选择工具" 单击对象，更改中心点的位置。

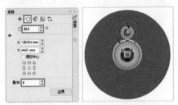

32 单击"应用"按钮，即可旋转并复制对象，再使用"椭圆形工具" 绘制一个大圆形，再绘制一个小圆形，并调整至合适的位置。

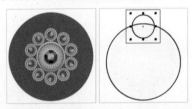

33 在"变换"泊坞窗中单击"旋转" 按钮，设置参数，再使用"选择工具" 单击对象，更改中心点的位置。

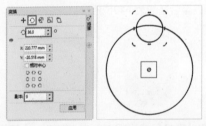

34 单击"应用"按钮，即可旋转并复制对象，然后使用"选择工具" 选中全部圆形对象，再在属性栏中单击"焊接" 按钮，焊接对象，制作花朵形状。

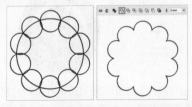

35 使用"选择工具" 将该形状调整到合适大小和位置，再使用"椭圆形工具" 绘制一个圆形，

然后同时选中圆形对象和花朵形状对象，在属性栏中单击"合并" 按钮，合并对象。

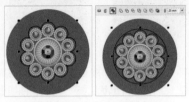

36 使用"交互式填充工具" 填充（C:4；M:38；Y:70；K:0）颜色，并取消轮廓线，复制一个形状对象，更改填充颜色为（C:1；M:11；Y:27；K:0），然后使用"形状工具" 调整曲线形状。

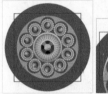 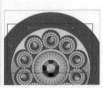

37 复制一个花朵形状对象，更改填充颜色为（C:16；M:50；Y:88；K:0），然后使用"形状工具" 调整曲线形状，再使用"椭圆形工具" 绘制两个圆形。

38 使用"选择工具" 同时选中两个圆形对象，在属性栏中单击"合并" 按钮，合并对象，制作圆环，再使用"交互式填充工具" 填充（C:16；M:50；Y:88；K:0）颜色，取消轮廓线，复制一个圆环形状对象，更改填充颜色为（C:1；M:11；Y:27；K:0），然后使用"形状工具" 调整曲线形状。

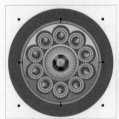 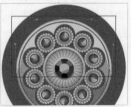

39 复制一个圆环形状对象，更改填充颜色为（C:16；M:50；Y:88；K:0），然后使用"形状工具" 调整曲线形状，接下来制作绿色宝石，绘制方法与前面红色宝石的绘制方法相同。

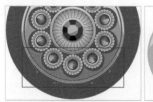

40 使用"选择工具" ▶ 选中全部绿色宝石形状，按 Ctrl+G 快捷键组合对象，并调整至合适的大小和位置，在"变换"泊坞窗中单击"旋转" ⟳ 按钮，设置参数。

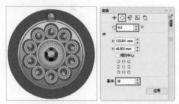

41 使用"选择工具" ▶ 单击对象，更改中心点的位置，然后单击"应用"按钮，即可旋转并复制对象。

42 制作蓝色宝石，使用"椭圆形工具" ○ 绘制一个椭圆形，按 Ctrl+Q 快捷键将其转换曲线，再使用"形状工具" ↰ 调整曲线形状，使用"交互式填充工具" ◈ 填充浅蓝色（C:39；M:0；Y:0；K:0）到蓝色（C:71；M:17；Y:5；K:0）的矩形渐变颜色，再取消轮廓线，然后复制一个该形状，更改填充颜色为（C:73；M:27；Y:13；K:0），单击属性栏中的"到图层后面" 🔲 按钮，将其置于最下方，并调整至合适的位置和大小。

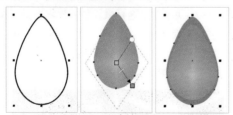

43 复制一个该形状，更改填充颜色为（C:53；M:17；Y:0；K:0），单击属性栏中的"到图层后面" 🔲 按钮，将其置于最下方，并调整至合适的位置和大小，再复制一个形状，使用"形状工具" ↰ 调整曲线形状，单击工具箱中的"透明度工具" ▦ 按钮，在属性栏中设置合并模式为"乘"。

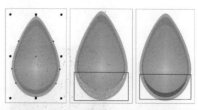

44 根据前面红色宝石的绘制方法继续绘制，再使用"选择工具" ▶ 选中全部蓝色宝石形状，按 Ctrl+G 快捷键组合对象，并调整至合适的大小和位置。

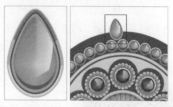

45 在"变换"泊坞窗中单击"旋转" ⟳ 按钮，设置参数，使用"选择工具" ▶ 单击对象，更改中心点的位置。

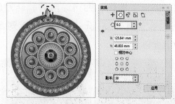

46 单击"应用"按钮，即可旋转并复制对象，则吊坠制作完成，再使用"选择工具" ▶ 选中全部对象，按 Ctrl+G 快捷键组合对象，在菜单栏中单击执行"文件"→"打开"命令，打开本章的素材文件"项链展示架 .cdr"。

47 将制作好的吊坠复制到该文档中，并调整至合适的大小和位置。接下来制作链条，使用"贝塞尔工具" ✒ 绘制曲线，确定链条的形状及位置（此处将轮廓线颜色更改为红色，方便查看）。

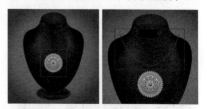

48 根据红色宝石旁的金属片装饰的绘制方法绘制

金属片，然后根据曲线调整至合适的大小和位置，并旋转角度。

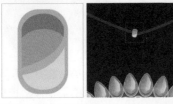

49 复制多个形状，沿着曲线分别进行调整，再使用"选择工具" 选中全部金属片对象，按Ctrl+G快捷键组合对象，再进行复制，在"变换"泊坞窗中单击"缩放和镜像" 按钮，设置参数。

50 单击"确定"按钮，即可复制并翻转对象，再使用"选择工具" 选中红色曲线对象，按Delete键删除。

51 制作钩环，使用"钢笔工具" 绘制曲线形状，再使用"交互式填充工具" 填充（C:16；M:50；Y:88；K:0）颜色，并取消轮廓线，再复制一个形状，更改填充颜色为（C:3；M:28；Y:51；K:0），并调整宽度。

52 复制一个该形状，更改填充颜色为（C:27；M:69；Y:100；K:0），并使用"形状工具" 调整形状，然后使用"钢笔工具" 绘制曲线形状。

53 分别填充颜色并取消轮廓线，从上到下依次为（C:27；M:69；Y:100；K:0）、（C:27；M:69；Y:100；K:0）、（C:27；M:69；Y:100；K:0）、（C:27；M:69；Y:100；K:0）和（C:44；M:76；Y:100；K:9），然后使用"选择工具" 选中全部钩环对象，按Ctrl+G快捷键组合对象。接下来绘制下方的小圆环，使用"椭圆形工具" 绘制两个圆形，再使用"选择工具" 同时选中两个圆形对象，在属性栏中单击"合并" 按钮，合并对象，制作圆环。使用"交互式填充工具" 填充（C:3；M:28；Y:51；K:0）颜色，再取消轮廓线。

54 使用"钢笔工具" 绘制曲线形状（此处将轮廓颜色更改为红、黄、蓝，方便查看），分别填充颜色并取消轮廓线，颜色分别为浅棕色（C:3；M:28；Y:51；K:0）、白色（C:0；M:0；Y:0；K:0）和深棕色（C:3；M:28；Y:51；K:0）。

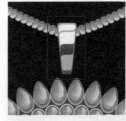
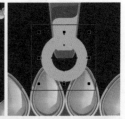

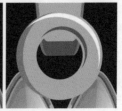

55 使用"选择工具" 同时选中全部圆环对象，按Ctrl+G快捷键组合对象，单击鼠标右键，在弹出的快捷菜单中单击执行"顺序"→"置于此对象后"命令，当光标变为 形状时，单击吊坠对象，调整对象顺序，完成制作。

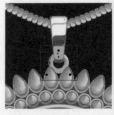

UI即User Interface（用户界面）的简称。UI设计则是指对软件的人机交互、操作逻辑、界面美观的整体设计。好的UI设计不仅可以让软件变得有个性有品味，还可以让软件的操作变得舒适、简单、自由，充分体现软件的定位和特点。

13.2.1 案例分析

本案例制作的是一个UI场景，通过钢笔工具绘制曲线形状，通过块面颜色使其具有立体感，再为山体添加侧面的石块、山顶的石块及树，丰富场景，再制作一个由河流、山脉及云朵组成的背景，然后将其组合在一起，调整至合适的大小和位置，即可完成UI场景的制作。

13.2.2 具体操作

01 启动 CorelDRAW 2018 软件，新建一个空白文档，使用"形状工具" 绘制曲线形状，单击工具箱中的"交互式填充工具" 按钮，在属性栏中单击"均匀填充" 按钮，在"填充色"的下拉颜色框中设置填充颜色为绿色（C:51; M:13; Y:100; K:0），制作草地。

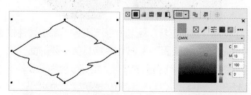

02 右键单击调色板中的 按钮，取消轮廓线，再使用"钢笔工具" 绘制左侧面山的形状，填充浅棕色（C:49; M:73; Y:100; K:13），并取消轮廓线。

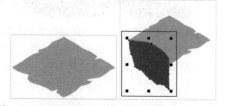

03 使用"选择工具" 选中该形状，然后单击鼠标左键，在弹出的快捷菜单中执行"顺序"→"向后一层"命令，将其置于绿色对象后面，继续使用"钢笔工具" 绘制右侧山的形状，填充浅棕色（C:62; M:89; Y:100; K:55），并取消轮廓线。

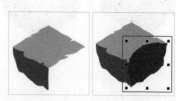

04 右键单击该对象，在弹出的快捷菜单中执行"顺序"→"置于此对象后"命令，当光标变为 形状时，单击左侧的山对象，即可将该对象置于其下方。

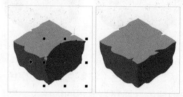

05 使用"选择工具" 选中绿色形状对象，按Ctrl+C 快捷键进行复制，再按 Ctrl+V 快捷键粘贴对象，单击工具箱中的"交互式填充工具" 按钮，更改填充颜色为较浅的绿色（C:35; M:0; Y: 84; K:0），然后左键单击该对象，在弹出的快捷菜单中执行"顺序"→"向后一层"命令，将其置于较深绿色对象的后面，并使用"形状工具" 调整曲线形状。

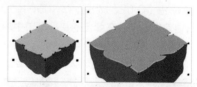

06 使用"钢笔工具" 绘制山的暗部形状，填充较浅棕色并取消轮廓线，再使用"选择工具" 选中两个绿色形状，按 Ctrl+G 快捷键组合对象，然后单击属性栏中的"到图层前面" 按钮，将其置于最前面。

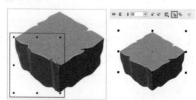

07 使用"钢笔工具" 🖋 绘制形状，填充较深的棕色并取消轮廓线，再使用"选择工具" ▶ 选中绿色组合对象，单击属性栏中的"到图层前面" 🖼 按钮，将其置于最前面。

08 使用"钢笔工具" 🖋 绘制形状，填充更深的棕色并取消轮廓线，丰富暗部的层次，再使用"选择工具" ▶ 选中绿色组合对象，单击属性栏中的"到图层前面" 🖼 按钮，将其置于最前面。

09 制作侧面凸出的山石，使用"钢笔工具" 🖋 绘制形状，填充棕色（左侧为较浅的棕色，右侧为较深的棕色，顶部为最浅的棕色），然后取消对象轮廓线。

10 使用"钢笔工具" 🖋 绘制转折处的形状，填充较深的棕色（C:62；M:84；Y:100；K:53），然后右键单击对象，在弹出的快捷菜单中单击执行"顺序"→"置于此对象后"命令，当光标变为 ▶ 形状时，单击左侧的形状，调整对象顺序。

11 采用同样的方法，制作左侧较亮的转折部分，填充颜色为（C:47；M:76；Y:100；K:13），再制作顶部的转折部分，填充颜色为（C:33；M:56；Y:87；K:0），则一个凸出的山石制作完成。

12 根据以上凸出山石的制作方法，制作其他的山石，然后制作山顶的石块，使用"钢笔工具" 🖋 绘制形状，注意调整对象的顺序。

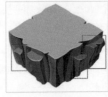

13 取消曲线对象的轮廓线，再绘制暗部，填充颜色为（C:27；M:58；Y:100；K:0），单击工具箱中的"透明度工具" 🖼 按钮，在属性栏中单击"均匀透明度" 🖼 按钮，设置"透明度"为65%，创建透明度效果。

14 使用"选择工具" ▶ 选中顶部对象，单击属性栏中的"到图层前面" 🖼 按钮，将其置于最前面，采用同样的方法制作右侧的暗部，填充颜色为（C:27；M:58；Y:100；K:0），设置"透明度"为40%。

15 绘制暗部，增加层次感，填充颜色为（C:27；M:58；Y:100；K:0），为左侧对象添加透明度效果，设置"透明度"为45%，再绘制最暗部，填充颜色为（C:32；M:64；Y:100；K:0），为左侧对象添加透明度效果，设置"透明度"为45%，增强立体感。

16 绘制顶部的转折部分，填充颜色为（C:0;
M:18; Y:40; K:0），使用"椭圆形工具" ○
绘制不同大小的椭圆，填充颜色并取消轮廓线，
然后创建透明度效果，则一个石块制作完成。

17 根据以上石块的制作方法，制作另一块石块，使
用"钢笔工具" ◎绘制山石块下方的草地，填充草
绿色（C:84; M:2; Y:100; K:0）并取消轮廓线。

18 使用"钢笔工具"◎绘制草地形状，填充较浅
的绿色（C:84; M:2; Y:100; K:0）并取消轮
廓线，单击鼠标右键，在弹出的快捷菜单中执行"顺
序"→"向下一层"命令，将其置于草绿色对象
下方，再在边缘处绘制形状，填充颜色为（C:34;
M:0; Y:100; K:0），增强层次感。

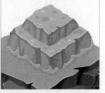

19 使用"钢笔工具"◎绘制阴影形状，填充深绿
（C:82; M:43; Y:100; K:6），然后右键单击
对象，在弹出的快捷菜单中执行"顺序"→"置于
此对象前"命令，当光标变为 ♦ 形状时，单击对象，
调整对象顺序，再使用"透明度工具"▨创建透
明度效果，设置"透明度"为50%。

20 绘制一棵树，使用"钢笔工具"◎绘制树干，
填充棕色（C:55; M:81; Y:100; K:34），再
使用"钢笔工具"◎绘制树叶形状，填充绿色

（C:55; M:81; Y:100; K:34）。

21 使用"选择工具"▶选中该形状，按Ctrl+C快
捷键进行复制，再按Ctrl+V快捷键粘贴对象，更
改填充颜色为较深的绿色（C:56; M:7; Y:100;
K:0），然后使用"形状工具"⟨⟩调整曲线形状，
再复制一个对象，更改填充颜色为更深的绿色（C:
84; M:2; Y:100; K:0），再使用"形状工具"⟨⟩
调整形状。

22 使用"选择工具"▶选中树叶的形状，按
Ctrl+G快捷键组合对象，然后复制对象，调整至
合适的大小和位置，再选择需要镜像的对象，单
击属性栏中的"水平镜像" ▥按钮，镜像对象，
采用同样的方法，添加树干和树叶，注意调整对
象的顺序，则树绘制完成。

23 使用"选择工具"▶选中整棵树，组合对象，
然后将其置于大石块的后面，选择全部对象，并
进行组合，则一个漂浮的山绘制完成。

24 制作背景，使用"矩形工具"□绘制一个矩形，
填充深绿色（C:87; M:74; Y:65; K:36），并取
消轮廓线，然后使用"钢笔工具"◎绘制河流的
形状，填充绿色（C:62; M:0; Y:32; K:0），并
取消轮廓线。

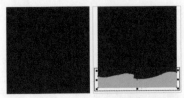

25 复制一个该形状，并更改填充颜色为黄色（C:5；M:8；Y:95；K:0），按住Shift键向上移动对象，然后右键单击该对象，在弹出的快捷菜单中执行"顺序"→"向下一层"命令，将其置于绿色对象的后面，并使用"形状工具"调整曲线形状。

26 使用"钢笔工具"绘制曲线形状，填充黄色（C:1；M:23；Y:96；K:0）并取消轮廓线，右键单击该对象，在弹出的快捷菜单中执行"顺序"→"置于此对象前"命令，当光标变为形状时，单击背景对象，即可将其置于背景对象的前面。

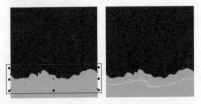

27 复制一个该形状对象，更改填充颜色为绿色（C:25；M:0；Y:8；K:9），然后使用"形状工具"调整曲线形状，继续复制一个该对象，更改填充颜色为较深的绿色（C:42；M:7；Y:100；K:0），再使用"形状工具"调整曲线形状，制作山脉。

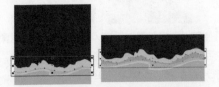

28 使用"钢笔工具"绘制曲线形状，填充（C:71；M:0；Y:41；K:0）颜色并取消轮廓线，制作深色的水花，继续使用"钢笔工具"绘制曲线形状，填充（C:71；M:0；Y:41；K:0）颜色并取消轮廓线，制作浅色的水花。

29 使用"钢笔工具"绘制云朵的曲线形状，填充浅蓝色（C:12；M:0；Y:4；K:0）并取消轮廓线，再复制一个云朵对象，更改填充颜色为较深一点的蓝色（C:39；M:0；Y:13；K:0），然后使用"形状工具"调整曲线形状。

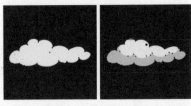

30 复制一个该对象，更改填充颜色为更深一点的蓝色（C:55；M:0；Y:15；K:0），并调整曲线形状，制作云朵对象的层次，最后使用"钢笔工具"绘制曲线形状，将光标放在调色板中，使用鼠标左键单击"白"，填充白色，再取消轮廓线，制作云朵的高光部分。

31 使用"选择工具"选中全部的云朵对象，按Ctrl+G快捷键组合对象，并调整到合适的位置及大小，然后复制一个对象，单击属性栏中的"水平镜像"按钮，镜像对象，并调整到合适的位置及大小。

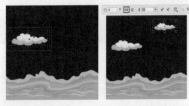

32 采用相同的方法，制作不同形状的云朵，背景制作完成。然后使用"选择工具"选中漂浮的山对象，将其移动到背景上，再单击属性栏中的"到图层前面"按钮，将其置于最上方，最后调整至合适的位置和大小，UI场景制作完成。

13.3 POP广告设计

POP被称为现场广告，又叫售点广告。POP广告设计必须以简练、单纯、视觉效果强烈为根本要求，必须注意展示平面的图形与色彩，以及文字与广告内容的有效结合。

13.3.1 案例分析

本实例制作的是一种促销广告，使用矩形工具绘制矩形，使用网格填充工具填充颜色，制作背景，使用文本工具输入文本，然后使用钢笔工具根据文本对象绘制形状，再使用网格填充工具填充颜色，接下来使用矩形工具、椭圆形工具、钢笔工具绘制形状，制作棕榈、西瓜、墨镜等装饰，其中还使用了造型功能，使用交互式填充工具填充颜色，使用透明度工具创建透明度效果，最后为各个对象制作阴影，完成POP广告的设计。

13.3.2 具体操作

01 启动CorelDRAW 2018软件，新建一个空白文档，使用"矩形工具"□绘制一个矩形，单击工具箱中的"交互式填充工具"◈按钮，在属性栏中单击"渐变填充"▤按钮，再单击"线性渐变填充"▨按钮，为矩形对象填充白色（C:0；M:0；Y:0；K:0）到蓝色（C:67；M:13；Y:60；K:0）的渐变颜色。

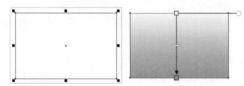

02 单击工具箱中的"网状填充工具"▦按钮，显示网格节点，并在属性栏中设置"网格大小"的行数和列数。

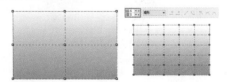

03 单击选中节点，在属性栏中的"网状填充颜色"的下拉颜色框中设置节点颜色，即可更改所选节点颜色。

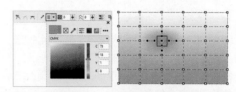

04 采用同样的方法，继续更改节点颜色，然后按住鼠标左键拖动节点，即可调整节点位置。

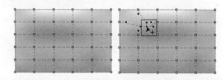

05 调整节点位置，使用"选择工具"▶选中矩形对象，将光标放在调色板中，右键单击⊠按钮，取消对象的轮廓线，完成背景的制作。

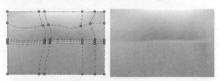

06 单击工具箱中的"椭圆形工具"○按钮，绘制一个椭圆形，再使用"矩形工具"□绘制一个与背景对象一样大小的矩形。

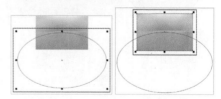

07 使用"选择工具"▶同时选中矩形对象和背景对象，在菜单栏中执行"对象"→"造型"→"造型"命令，打开"造型"泊坞窗，在"造型"类型的下拉列表框中选择"相交"选项，然后单击"相交对象"按钮，当光标变为�形状时，在矩形对象上单击，即可保留两个形状相交的区域。

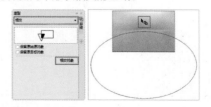

08 使用"交互式填充工具" ❖ 填充浅黄色（C:2；M:13；Y:29；K:0）到黄色（C:2；M:22；Y:55；K:0）的渐变颜色，并取消轮廓线。

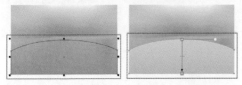

09 单击工具箱中的"网状填充工具" ⊞ 按钮，显示网格节点，并在属性栏中设置"网格大小"的行数和列数，然后依照前面的方法，更改节点颜色并调整节点位置。

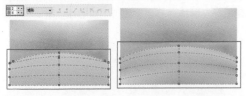

10 使用"椭圆形工具" ◯ 按住 Ctrl 键绘制一个正圆，将光标放在调色板中，左键单击"白"，为对象填充白色，再取消轮廓线，并调整至合适的大小和位置，制作沙子。

11 使用"选择工具" ▶ 选中圆形对象，按 Ctrl+C 快捷键进行复制，再按 Ctrl+V 快捷键粘贴对象，然后移动位置，继续复制对象，分别移动位置。

12 采用同样的方法，使用"椭圆形工具" ◯ 绘制圆形，单击工具箱中的"交互式填充工具" ❖ 按钮，在属性栏中单击"均匀填充" ■ 按钮，在"填充色"的下拉面板中设置填充色为（C:40；M:41；Y:53；K:0），并取消轮廓线，然后复制多个对象，分别调整位置，制作灰色的沙子。

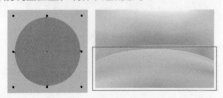

13 绘制棕榈叶子，使用"钢笔工具" ✎ 绘制叶子形状，再使用"交互式填充工具" ❖ 为对象填充渐变颜色，从上到下依次为黄绿色（C:37；M:0；Y:82；K:0）、绿色（C:69；M:0；Y:100；K:0）深绿色（C:86；M:40；Y:100；K:2），然后取消对象的轮廓线。

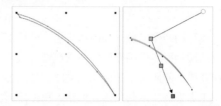

14 使用"钢笔工具" ✎ 绘制曲线形状，再单击工具箱中的"属性滴管工具" ✎ 按钮，当光标变为 ✎ 形状时，单击前一对象，复制属性。

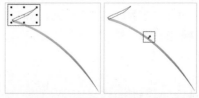

15 当光标变为 ❖ 形状时，单击该形状对象，即可将复制的属性应用到该对象上，然后单击工具箱中的"交互式填充工具" ❖ 按钮，调整渐变形状及范围。

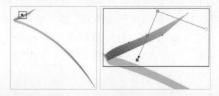

16 采用同样的方法，继续使用"钢笔工具" ✎ 绘制形状并填充渐变颜色，然后使用"选择工具" ▶ 选中最开始绘制的叶子对象，单击鼠标右键，在弹出的快捷菜单中执行"顺序"→"到图层前面"命令，将其置于最上方。

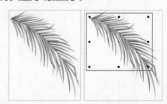

17 使用"选择工具" ▶ 选中全部叶子，按 Ctrl+G 快捷键组合对象，完成棕榈叶子的制作，然后将其移动到背景对象的左上方，调整至合适的大小和位置，再复制一个叶子对象，调整位置、大小及角度。

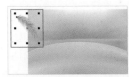

18 复制一个叶子对象，进行调整，然后使用"选择工具" 选中左侧的三个叶子对象，进行复制后，在属性栏中单击"水平镜像" 按钮，从左至右翻转对象，并移至背景对象右侧。

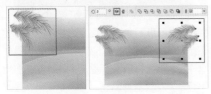

19 使用"矩形工具" 绘制一个与背景对象同样大小的矩形，然后使用"选择工具" 选中全部叶子对象，再单击鼠标右键，在弹出的快捷菜单中单击执行"PowerClip 内部"命令，当光标变为 形状时，在矩形对象上单击，即可将所选叶子对象置于矩形对象内部，隐藏多余的部分。

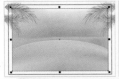

20 使用"选择工具" 选中矩形对象，将光标放在调色板中，右键单击 按钮，取消对象的轮廓线，完成背景的制作。

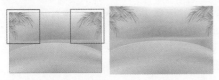

21 单击工具箱中的"文本工具" 按钮，输入文本，然后使用"钢笔工具" 根据文本绘制曲线形状（此处将文本对象更改为白色，方便绘制）。

22 绘制其他形状，绘制完成后，使用"选择工具" 选中文本对象，按 Delete 键将其删除，再使用"选择工具"选中形状对象，在菜单栏中执行"效果"→"添加透视"命令，显示透视

节点。

23 调整透视节点，创建变形效果，采用同样的方法，对其他形状创建变形。

24 使用"选择工具" 分别调整各个形状的大小和位置，然后为形状对象填充橘色（C:0；M:87；Y:98；K:0），并调整对象顺序。

25 使用"选择工具"选中"S"形状，单击工具箱中的"网状填充工具" 按钮，显示网格节点，在属性栏中设置"网格大小"的行数和列数，然后依照前面的方法，更改节点颜色并调整节点位置，并取消轮廓线。

使用"网状填充工具" 对其他形状进行填充，然后取消轮廓线，接下来使用"文本工具" 输入文本，在属性栏中设置字体为"BellGothiop"，并调整至合适的大小和位置。

26 单击工具箱中的"形状工具" 按钮，拖动右下角的 按钮，调整字符间距，继续使用"文本工具" 输入文本，在属性栏中设置字体为"BellGothiop"，并调整至合适的大小和位置。

267

27 使用"矩形工具"□绘制一个矩形，填充红色并取消轮廓线，再使用"文本工具"字输入文本，在属性栏中设置字体为"Arial"，再单击"粗体"B按钮，加粗文本，并调整至合适的大小、位置及字符间距。

28 绘制西瓜，使用"钢笔工具"◊绘制西瓜的形状，单击工具箱中的"交互式填充工具"◈按钮，在属性栏中单击"渐变填充"■按钮，再单击"椭圆形渐变填充"▨按钮，为形状对象填充渐变颜色，从左到右依次为（C:25；M:13；Y:50；K:0）、（C:25；M:13；Y:50；K:0）、（C:39；M:5；Y:79；K:0）、（C:67；M:7；Y:93；K:0）、（C:70；M:21；Y:93；K:0），并取消轮廓线。

29 使用"钢笔工具"◊绘制形状，然后填充红色（C:6；M:95；Y:88；K:0）到粉色（C:0；M:74；Y:34；K:0）的渐变颜色，并取消轮廓线，继续绘制西瓜子的形状，填充深灰色（C:74；M:74；Y:75；K:45）并取消轮廓线。

30 绘制形状，填充灰色（C:74；M:74；Y:75；K:45）并取消轮廓线，继续绘制形状，填充红色（C:0；M:74；Y:34；K:0）并取消轮廓线。

31 使用"选择工具"▶选中全部西瓜子对象，按 Ctrl+G 快捷键组合对象，然后复制几个对象，调整大小、位置及角度，完成西瓜制作。然后选中全部西瓜对象，按 Ctrl+G 快捷键组合对象，并调整到合适的大小和位置。

32 复制一个西瓜对象，调整至合适的大小、位置及角度。接下来绘制墨镜，使用"钢笔工具"◊绘制墨镜的形状，填充黑色（C:90；M:89；Y:88；K:78）并取消轮廓线。

33 使用"钢笔工具"◊绘制镜片形状（此处将轮廓线颜色更改为红色，方便视图），然后复制一个镜片对象，在属性栏中单击"水平镜像"▥按钮，从左至右翻转对象，并移至右侧。

34 使用"选择工具"▶选中镜片形状，按住 Shift 键加选墨镜形状，再在属性栏中单击"修剪"☐按钮，修剪对象，然后选中镜片形状，填充黑色（C:93；M:88；Y:89；K:80）到灰色（C:0；M:0；Y:0；K:75）的渐变颜色并取消轮廓线。

35 保持形状的选中状态，单击工具箱中的"透明度工具"▨按钮，在属性栏中单击"均匀透明度"▣按钮，设置"透明度"为20%，创建透明度效果，使用"钢笔工具"◊在镜片的左上角绘制形状，填充渐变颜色，从左到右依次为（C:0；M:0；Y:0；K:75）、（C:0；M:0；Y:0；K:0）、（C:0；M:0；Y:0；K:0）、（C:0；

M:0；Y:0；K:70），并取消轮廓线。

36 在镜片的右下角绘制形状，填充渐变颜色，从左到右依次为（C:0；M:0；Y:0；K:75）、（C:0；M:0；Y:0；K:0）、（C:0；M:0；Y:0；K:0），并取消轮廓线。采用同样的方法，制作右边的镜片。

37 使用"钢笔工具" 绘制形状，填充灰色（C:65；M:62；Y:58；K:8）并取消轮廓线，使用"椭圆形工具" 绘制圆形，填充灰色（C:0；M:0；Y:0；K:40），再绘制一个圆形，填充白色（C:0；M:0；Y:0；K:0），并调整至合适的大小和位置。

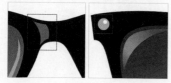

38 绘制右边的圆形，并调整至合适的大小和位置，完成墨镜制作，然后使用"选择工具" 选中全部墨镜对象，按 Ctrl+G 快捷键组合对象，并调整到合适的大小和位置。

39 制作阴影，使用"椭圆形工具" 绘制椭圆，填充黄棕色（C:44；M:75；Y:100；K:8）到白色（C:0；M:0；Y:0；K:0）的渐变颜色，并取消轮廓线，再单击工具箱中的"透明度工具" 按钮，在属性栏中设置合并模式为"乘"，创建透明度效果。

40 使用"选择工具" 选中阴影对象，再单击鼠标右键，在弹出的快捷菜单中执行"顺序"→"置于此对象后"命令，当光标变为 形状时，单击目标对象，将其置于文字下方，调整对象顺序。

41 采用同样的方法，为其他对象制作阴影，最后使用"选择工具" 选中文本对象，按 Ctrl+Q 快捷键转换为曲线，则制作 POP 广告完成。

13.4 插画设计

插画是一种艺术形式，作为现代设计一种重要视觉传达形式，以其直观的形象性、真实的生活感和美的感染力在现代设计中占有特定的地位。现已广泛用于现代设计的多个领域，涉及文化活动、社会公共事业、商业活动、影视文化等方面。

13.4.1 案例分析

本实例通过渐变填充绘制天空的背景，再使用星形工具和椭圆形工具绘制太阳，填充渐变颜色并创建阴影效果，制作立体感的太阳，然后使用椭圆形工具和造型功能制作彩虹，使用贝塞尔工具绘制自行车，作为画面的主体，并添加气球、花朵等装饰，最后添加几只大雁，丰富画面，完成插画的制作。

13.4.2 具体操作

01 启动 CorelDRAW 2018 软件，新建一个空白文档，使用"矩形工具"□绘制一个矩形，单击工具箱中的"交互式填充工具"◈按钮，在属性栏中单击"渐变填充"■按钮，再单击"椭圆形渐变填充"■按钮，为矩形对象填充浅蓝（C:24；M:9；Y:3；K:0）到深蓝（C:56；M:19；Y:9；K:0）的渐变色。

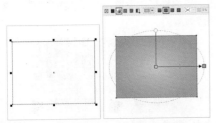

02 将光标放在调色板中，右键单击⊠按钮，取消轮廓线，使用"星形工具"☆按住 Ctrl 键绘制一个星形，再在属性栏中设置"点数或边数"为20，"锐度"为15。

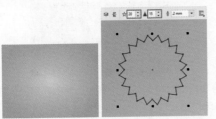

03 单击工具箱中的"交互式填充工具"◈按钮，在属性栏中单击"渐变填充"■按钮，再单击"线性渐变填充"■按钮，填充渐变颜色，从左到右依次为（C:9；M:30；Y:92；K:0）、（C:11；M:14；Y:82；K:0）和（C:5；M:1；Y:9；K:0），然后取消轮廓线，再使用"椭圆形工具"○按住 Ctrl 键绘制一个正圆。

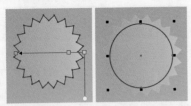

04 单击工具箱中的"交互式填充工具"◈按钮，在属性栏中单击"渐变填充"■按钮，再单击"线性渐变填充"■按钮，填充渐变颜色，从左到右依次为（C:3；M:6；Y:80；K:0）、（C:17；M:24；Y:100；K:0）和（C:17；M:24；Y:100；K:0），然后取消轮廓线。

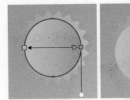

05 使用"选择工具"▸选中星形对象和圆形对象，按 Ctrl+G 快捷键组合对象，然后调整到合适的大小和位置，单击工具箱中的"阴影工具"▢按钮，在对象中心单击并向右拖曳，创建阴影效果。

06 在属性栏中设置"阴影的不透明度"为35%，"阴影羽化"为15，"阴影颜色"为（C:88；M:65；Y:38；K:0），然后使用"贝塞尔工具"✎绘制云朵的曲线形状。

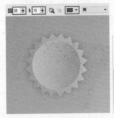
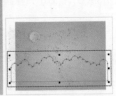

07 单击工具箱中的"交互式填充工具"◈按钮，在属性栏中单击"均匀填充"■按钮，在"填充色"的下拉颜色框中设置填充颜色为（C:12；M:6；Y:13；K:0），然后取消轮廓线。

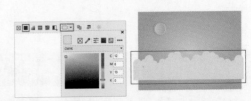

08 单击工具箱中的"阴影工具"▢按钮，在对象中心单击并向右拖曳，创建阴影效果，再在属性栏中设置"阴影的不透明度"为20%，"阴影羽化"为25，"阴影颜色"为黑色（C:0；M:0；Y:0；K:100），使用"选择工具"▸选中云朵对象，按Ctrl+C 快捷键进行复制，再按 Ctrl+V 快捷键粘贴，复制一个对象并向下移动到合适的位置，然后将光标放在调色板中，左键单击"白"，更改填充颜色为白色。

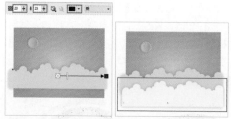

09 复制一个对象并调整到合适的位置，单击工具箱中的"交互式填充工具" 按钮，在属性栏中"填充色"的下拉颜色框中更改填充颜色为（C:4；M:3；Y:3；K:0），然后使用"选择工具" 选中三个云朵对象，按 Ctrl+G 快捷键组合对象，再单击鼠标右键，在弹出的快捷菜单中执行"PowerClip 内部"命令，当光标变为 形状时，单击背景对象。

10 隐藏多余的部分，使用"椭圆形工具" 按住Ctrl 键绘制两个正圆。

11 使用"选择工具" 选中两个圆形对象，在属性栏中单击"合并" 按钮，合并两个对象，然后使用"交互式填充工具" 为对象填充红色（C:0；M:96；Y:84；K:0）并取消轮廓线，继续使用"椭圆形工具" 绘制两个圆形，然后在属性栏中单击"合并" 按钮，合并对象。

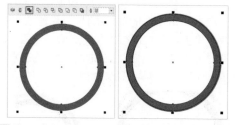

12 使用"交互式填充工具" 为对象填充橙色（C:0；M:64；Y:77；K:0）并取消轮廓线，采用同样的方法，制作圆环，颜色分别为黄色（C:2；M:6；Y:66；K:0）、绿 色（C:55；M:0；Y:

100；K:0）、蓝紫色（C:85；M:88；Y:0；K:0）、蓝色（C:58；M:2；Y:0；K:0）、紫色（C:36；M:87；Y:0；K:0）。

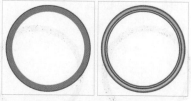

13 使用"选择工具" 选中所有的圆环对象，按Ctrl+G 快捷键组合对象，调整至合适的大小和位置，使用"阴影工具" 创建阴影效果。

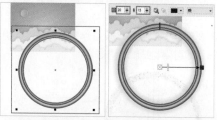

14 右键单击圆环对象，在弹出的快捷菜单中执行"PowerClip 内部"命令，当光标变为 形状时，单击背景对象，即可将其置于背景对象内部，并隐藏多余的部分，完成彩虹的制作。然后绘制一个自行车，首先使用"椭圆形工具" 绘制两个圆形，然后在属性栏中单击"合并" 按钮，合并对象，再填充（C:70；M:67；Y:64；K:74）到（C:75；M:68；Y:76；K:90）的渐变色，并取消轮廓线。

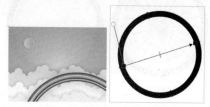

15 复制一个圆环对象，更改填充颜色为灰色（C:45；M:36；Y:35；K:1），并向右上方移动，然后右键单击灰色圆环，在弹出的快捷菜单中执行"顺序"→"向后一层"命令，将其置于黑色圆环的下方，制作轮胎。

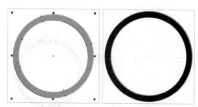

16 制作一个圆环，填充白色（C:0；M:0；Y:0；K:0）到灰色（C:23；M:18；Y:19；K:0）的渐变色，并取消轮廓线，使用"椭圆形工具" 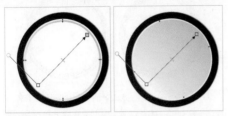 绘制一个正圆，填充相同的渐变色。

17 使用"矩形工具"  绘制一个矩形，填充黑色（C:0；M:0；Y:0；K:100）并取消轮廓线，在菜单栏中执行"对象"→"变换"→"旋转"命令，打开"变换"泊坞窗，设置参数，单击"应用"按钮，即可复制并旋转对象。

18 使用"选择工具" 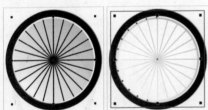 选中全部的矩形对象，按Ctrl+G快捷键组合对象，再同时选中灰色渐变的圆形对象，在属性栏中单击"相交"按钮，再删除源对象，保留目标对象，即可制作轮毂。

19 使用"矩形工具" 绘制一个矩形，再在属性栏中单击"圆角"按钮，设置转角半径为"10mm"，按Ctrl+Q快捷键将其转换为曲线，再使用"形状工具"调整曲线形状，然后填充（C:15；M:98；Y:91；K:5）到（C:2；M:98；Y:91；K:0）的渐变颜色，并取消轮廓线，制作挡泥板。

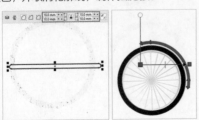

20 复制一个对象，更改填充颜色为粉色（C:0；M:28；Y:11；K:0），并向右上方移动，然后将光标放在粉色形状上，单击鼠标右键，在弹出的快捷菜单中执行"顺序"→"向后一层"命令，将其置于红色形状的下方。

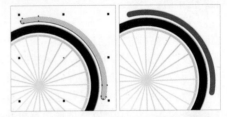

21 复制轮胎对象，并按住Shift键向右移动，制作后轮，再采用同样的方法制作后轮的挡泥板。

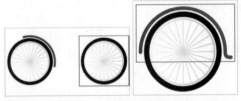

22 制作其他部件，使用"椭圆形工具" 绘制两个圆形，使用"贝塞尔工具" 绘制曲线形状，使用"选择工具" 选中大圆、小圆和形状对象，再单击属性栏中的"焊接"按钮，焊接对象，制作链条。

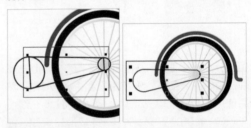

23 使用"椭圆形工具" 绘制一个圆形，填充黑色（C:75；M:68；Y:76；K:90）并取消轮廓线，复制一个圆形，调整大小，再更改填充颜色为灰色（C:45；M:36；Y:35；K:1），并更改对象顺序。再使用"椭圆形工具" 绘制一个圆形，使用"贝塞尔工具" 绘制曲线形状（为了方便查看，此处将轮廓颜色更改为蓝色）。

24 选中圆形和形状对象，再单击属性栏中的"焊接" ⊡ 按钮，焊接对象，然后填充（C:24；M:100；Y:93；K:20）到（C:16；M:100；Y:98；K:6）的渐变颜色，并取消轮廓线。

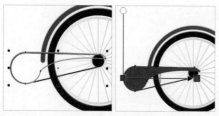

25 复制一个该对象，更改填充颜色为粉色（C:0；M:28；Y:11；K:0），并向右上方移动，然后右键单击粉色形状，在弹出的快捷菜单中执行"顺序"→"向后一层"命令，将其置于红色形状的下方，再使用"椭圆形工具" ⊙ 绘制一个圆形，填充灰色（C:23；M:18；Y:19；K:0）到白色（C:0；M:0；Y:0；K:0）的渐变颜色并取消轮廓线。

26 使用"矩形工具" ▢ 绘制一个矩形和一个圆角矩形，并调整角度，制作踏板，然后填充颜色（C:75；M:68；Y:76；K:90）并取消轮廓线，再分别制作灰色阴影。

27 根据前面的方法，使用"矩形工具" ▢ 绘制自行车的其他部件，然后使用"选择工具" ▶ 选中需要调整的形状，按 Ctrl+Q 快捷键将其转换为曲线，并调整形状（为了方便查看，此处将轮廓颜色更改为蓝色）。

28 分别填充颜色，再调整对象的顺序，然后分别制作粉色阴影。

29 使用"贝塞尔工具" ✐ 绘制车座的形状，填充黑色（C:71；M:69；Y:65；K:84）并取消轮廓线，再制作灰色阴影。

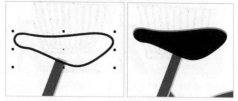

30 使用"矩形工具" ▢ 绘制矩形，在属性栏中单击"圆角" ▢ 按钮，设置转角半径为"10mm"，制作把手，然后填充颜色并取消轮廓线，再调整对象顺序，最后制作灰色阴影。

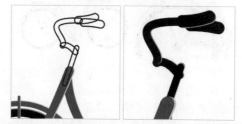

31 使用"矩形工具" ▢ 绘制圆角矩形，并调整角度，然后使用"选择工具" ▶ 选中对象，单击属性栏中的"焊接" ⊡ 按钮，焊接对象，填充颜色并取消轮廓线，再调整对象顺序，制作灰色阴影。

32 使用"贝塞尔工具" ✐ 绘制车篮的形状，填充（C:71；M:69；Y:65；K:84）到（C:71；M:69；Y:65；K:84）的渐变颜色，并取消轮廓线，再使用"贝塞尔工具" ✐ 绘制多个形状，填充颜色并取消轮廓线。

33 使用"选择工具" ![]选中全部的蓝色对象，按 Ctrl+G 快捷键组合对象，单击属性栏中的"修剪" ![]按钮，然后删除蓝色部分，即可制作镂空的车篮，再制作灰色阴影。

34 最后使用"矩形工具" ![]绘制自行车的后座，然后填充颜色并取消轮廓线，注意调整对象顺序，再制作灰色阴影，则制作自行车完成。

35 使用"选择工具" ![]选中自行车对象，按 Ctrl+G 快捷键组合对象，将其移动到图像上，调整至合适的大小和位置，使用"贝塞尔工具" ![]绘制草的形状，填充绿色（C:84；M:100；Y:18；K:4）并取消轮廓线。

36 使用"椭圆形工具" ![]绘制一个椭圆形，按 Ctrl+G 快捷键将其转换为曲线，调整形状，填充黄色（C:84；M:100；Y:18；K:4），双击对象，调整中心点位置，再在"变换"泊坞窗中设置参数。

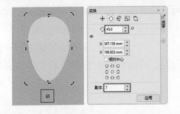

37 单击"应用"按钮，旋转并复制对象，制作花瓣。使用"椭圆形工具" ![]绘制一个圆形，填充紫色（C:26；M:83；Y:0；K:0）并取消轮廓线，制作花心。

38 组合花朵对象，并调整大小和位置，采用同样的方法制作其他花朵。

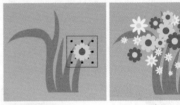

39 组合全部花朵对象，移动到车篮对象上，再单击鼠标右键，在弹出的快捷菜单中执行"顺序"→"置于此对象后"命令，当光标变为 ![] 形状时，单击自行车对象，即可以将其置于车篮对象后，再按 Ctrl+U 快捷键取消组合对象，挑选几个花朵对象，将其置于自行车对象前，然后使用"阴影工具" ![]为重叠的气球对象创建阴影效果。

40 使用"贝塞尔工具" ![]绘制气球的形状，填充紫色（C:72；M:90；Y:22；K:15）并取消轮廓线，使用"椭圆形工具" ![]绘制一个小圆形，填充浅紫色（C:15；M:37；Y:0；K:0）并取消轮廓线。

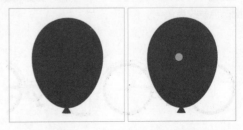

41 复制几个小圆形，使用"选择工具" ▶ 选中全部小圆形，在菜单栏中执行"对象"→"对齐与分布"→"对齐与分布"命令，打开"对齐与分布"泊坞窗，单击"水平分散排列中心" ▣ 按钮，以相同的间距排列对象。

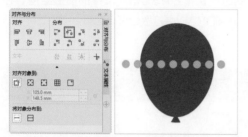

42 使用"选择工具" ▶ 选中全部小圆形，按Ctrl+G 快捷键组合对象，再复制几个对象，选择全部小圆形对象，单击"对齐与分布"泊坞窗中的"垂直分散排列中心" ▣ 按钮，以相同的间距垂直排列对象。然后选择全部小圆形对象，单击鼠标右键，在弹出的快捷菜单中执行"PowerClip 内部"命令，当光标变为 ▸ 形状时，单击气球对象，将其置于气球对象内部。

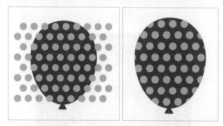

43 采用同样的方法，制作各种颜色及各种花纹的气球，然后调整至合适的大小和位置，使用"阴影工具" ▣ 为重叠的气球对象创建阴影效果。

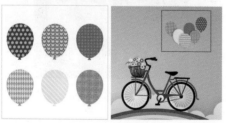

44 使用"矩形工具" ▢ 绘制矩形，填充白色（C:0；M:0；Y:0；K:0）并取消轮廓线，制作气球与自行车后座相连的绳子，再绘制一个矩形，按Ctrl+Q 快捷键将其转换为曲线，再调整曲线形状，制作气球上的绳子，继续绘制其他气球上的绳子。

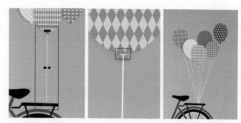

45 使用"矩形工具" ▢ 绘制矩形，转换为曲线并调整形状，制作车座上的绳结（为了方便查看，此处将轮廓颜色更改为彩色），然后填充白色（C:0；M:0；Y:0；K:0）并取消轮廓线。

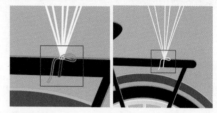

46 使用"选择工具" ▶ 选中自行车、花和气球对象，按Ctrl+G 快捷键组合对象，单击工具箱中的"阴影工具" ▣ 按钮，单击属性栏中的"复制阴影效果属性" ▣ 按钮，当光标变为 ▸ 形状时，单击太阳的阴影对象，即可复制其阴影属性至该对象上。

47 使用"贝塞尔工具" ✐ 绘制大雁的形状，填充深灰（C:23；M:18；Y:19；K:0）到浅灰（C:11；M:89；Y:0；K:0）到白色（C:0；M:0；Y:0；K:0）的渐变颜色，再复制太阳对象的阴影效果。

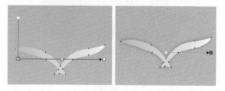

48 最后复制几个大雁对象，并调整至合适的大小、位置及角度，则制作插画完成。

13.5 知识拓展

　　如果CorelDRAW文件要在Photoshop中应用，需要输出成JPEG或PSD格式。PSD文件要到CorelDRAW中应用，只需要在CorelDRAW中直接输入PSD文件即可，同时还保留着PSD格式文件的图层结构，在CorelDRAW中打散后可以编辑。

13.6 拓展训练

本章为读者安排了两个拓展练习，以帮助大家巩固本章内容。

训练13-1　电影海报
难度：☆☆
素材文件：无
效果文件：素材\第13章\习题1\电影海报.cdr
在线视频：第13章\习题1\电影海报.mp4

　　根据本章所学的知识，运用矩形工具、椭圆形工具、3点曲线工具、调和工具和文本工具制作电影海报。

训练13-2　鲸鱼插画
难度：☆☆
素材文件：无
效果文件：素材\第13章\习题2\鲸鱼插画.cdr
在线视频：第13章\习题2\鲸鱼插画.mp4

　　根据本章所学的知识，运用矩形工具、贝塞尔工具、交互式填充工具、椭圆形工具、透明度工具、刻刀工具和3点曲线工具制作鲸鱼插画。